U0142516

凝煉知識品味閱讀

凝煉知識品味閱讀

組織行爲與學校治理
文化與心理脈絡分析批判

Organizational Behavior and School Governance:
Contextual Analysis and Criticism of Culture and Psychology

李新鄉　著

五南圖書出版公司 印行

序　言

～特別感謝社團法人台灣點燈關懷教育促進協會將本書列爲協會贊助出版學術專書～

本書從撰寫到完成歷經近十載，自本書的基礎版《組織心理學》於2008年出版之後，由於各領域讀者提供了很多善意的建言，加以筆者在教學和演講過程中也累積了相當多的回饋和省思；同時間，筆者也因幾次國科會國外專案研究和訪問教授的機緣，涉入了文化心理學領域，使得文化與心理兩大脈絡，漸漸融入了個人組織社會行為論述的縱橫雙軸思維中。由於這些因緣，導致筆者未考慮出版《組織心理學》第二版，而是以個人「組織心理學」為基礎，藉由左右人類社會行為的文化與心理脈絡，深入探討組織行為的運作機制，進而省思學校治理的可行策略，這也是使得本專書跳脱教科書格局的深厚淵源。

本書主軸在於探討組織社會行為，而個人乃是社會最基本的組成單位，個人行為固受其當下心理欲望動機所引發，然不論其內隱或外顯的行為展現，皆將受到此時此刻時空環境下的文化體制和規範所左右，據此而言，瞭解和預測人類的行為模式，必然需剖析其文化與心理兩大脈絡，始能窺其全貌。

人類行為的形塑要素，包含與生俱來的心理特質、環境與學習，環境與學習的潛在脈絡就是文化。Edgar H. Schein（1992）在其

Organizational Culture and Psychology 一書第二章提到，文化的最底層就是人類族群的基本假定，乃是同一族群共同無可質疑、不可逾越的人生真理。就現實的社會生活來看，放眼所及，所有不同人群的行為舉止，歸根究柢很難脫離文化體制與規範的影響。人具有其自主意識，但人類行為模式的建構，卻是心理需求和社會文化規範下創生的歷程；剖析社會行為的文化與心理脈絡，乃是探討組織行為的根本之道。

社會文化理論或稱社會發展理論（Sociocultural Theory/Social Development Theory），特別強調社會文化乃是影響認知發展的重要因素（Vygotsky, 1978）。從社會心理學的行為脈絡來看，個人行為從出生起就脫離不了社會文化的影響，此一文化心理學與社會心理學的核心思維，乃為本文構想的起源。

再者，自然與文化生態間的嚴重失衡，終將導致全球人類生存的危機，引發了當代人與自然、文化與文化之間的緊張對峙，鑑於教育在自然生態與文化傳承和創新中的重要性，透過教育孕育全民積極的社會永續實踐理念，乃是當今共生教育的起源。

是以本文撰寫之旨趣，乃盼拓展目前組織行為學科面貌，藉由跨社會學、社會心理學、系統理論和文化心理學等與社會行為有關的學術領域，檢視有關人與自然、文化與文化、文化與人類心理行為間的關聯脈絡，透過文化族群心理行為的比較觀點，秉持在地主體性，爬梳當今各領域探討文化、心理行為與組織治理相關之理論和實證案例，以期建構具全球和在地思維的組織行為論述，營造組織創新與永續發展的文化和心理氛圍，以期構築學校共生、共存與共榮文化之教育藍圖。

本書將從社會行為的文化與心理關聯脈絡談起，以釐清左右組織社會行為之文化與心理場域，並分析文化的組織社會行為調節功能；接著探討文化與心理脈絡交織下的社會組織動力情境，以及組織治理的社會責任和友善環境和共存、共榮的文化思維，藉以點出本書組織社會行為論述之核心議題：一、組織成員心理欲求與社會文化規範調適議題：動機、欲求與社會文化體制和規範；二、成員個人自我人格特質社會化議題：自我概念、態度與價值觀；三、個人和團體人際行為隱含的文化與心理脈絡：社會文化體制與團體氛圍；四、組織運作系統過程變項的文化與心理脈絡議題：領導、溝通、協調、合作、競爭、衝突暨相互競合和資源分配；五、全球與在地的組織創新和永續發展，以及其對外之友善環境和社會責任議題。

個人自撰寫博士論文《國小教師教育專業承諾及其相關因素之研究》以來，將近三十多年間，所有發表的著作、教學的學科、演講和參與研討會的主題，幾乎皆與組織行為和學校治理領域有關，而文化與心理脈絡乃是寸步不離的論述主軸；筆者在大學學術體系內的工作心得，以及以前在教育行政單位和中小學的教學與職掌校務經驗，加上幾次到國外易地研究、擔任訪問學者或客座教授的所見所聞，讓我眼光和視野不斷在擴增。尤其面對後 COVID-19 疫情時代的當前世局，全球正籠罩在中西政經強權之爭中，反全球化呼聲再起，而人文社會學術體系之歐美霸權宰制現象仍受詬病，組織治理之論述，更需突顯全球在地化主體思維，組織治理論述更需貫徹去中心、解構、多元、互為主體、反思批判的精神，以期建立一套免於文化霸權的在地組織治理論述，此也是本書撰寫的主因。

本書在撰寫過程中，除了上述的因素以外，還要感謝以下的各種上善因緣：首先要感謝打從進入研究所起，在學術探討路上影響我的指導教授、授課的師長，以及很多在教育學、社會學、心理學相關領域的前輩學者，他們的鼓勵與啟導，讓我奠定了學術生涯的基礎；其次是所有在本專書參考文獻中所列的文獻作者，這些學者的文獻都是我分析和批判的思考線索，沒有這些文獻，本專書實難有成；接著是很多我在各章實證研究案例中引述的案例研究提供者，這些是我在各章中省思和建議的主要來源之一；再來是我在服務歷程中，不論大學、中小學或教育行政單位，許許多多的工作夥伴，他們都是我亦師亦友的同行，從和他們互動的過程中，獲得無數的領導、溝通、協調的經驗傳承，以及實務的經驗和心得。而我在嘉義大學教育學系所、教育行政與政策發展所上課課堂中不管是博士生或碩士生，每一堂課都讓我能獲得無數教學相長的機會，經由他們的課堂討論、書面及口頭報告，這些都是我累積這本專書的泉源。

此外還有以下的三項助力：一、五南圖書出版公司黃文瓊副總編引介的李敏華執行編輯，也是2008年協助我出版《組織心理學》的同一執行編輯，感謝她們的熱忱服務；二、我互動的生活圈大都在教育領域中，企業界則少之又少，但是有兩位是我隱含的助手，那是我轉行到企業界的同學賴武宗、我弟弟李新樺，常是我觀察省思企業領域策略的對象；三、社團法人台灣點燈關懷教育促進協會自2016年成立以來，一直期望能喚起有志於善盡社會責任之社群，透過教育活動主軸，為社會各角落帶來更多的溫暖與希望，其理監事們有鑒於本書在學校「自發、互動、共好」教育促進上的策略構思，正與其經營方向相謀合，經常主動協助筆者蒐集各種資源，深深感謝。

一本書醞釀了十年才完成，筆者資質駑鈍固是主因，但筆者感到自己似乎年齡愈長、顧慮愈多，而蒐集到的資料、思索到的論點又多得捨不得割捨，草稿一修再修，本書固然付梓，自己依然是感到不滿意，但願讀者們能多所包容，多多給予回饋與鞭策，讓筆者能有更精進的機會。最後不能免俗的，還是要感謝我的內人王亮月等所有家人，以及已過世的父母親李栢、李謝桃，家庭可以說是最原初的初級團體，我幸而能在成長過程中獲得父母親的諄諄教誨及家人的體諒與支持，感恩不盡。

目錄

第五章 113

個人和團體人際行為的文化與心理脈絡——社會文化體制與團體氛圍

第六章 153

領導的文化與心理脈絡

～人類行為的形塑要素包含：與生俱來的心理特質、環境與學習，環境與學習的潛在脈絡就是文化。Edgar H. Schein（1992）在其 *Organizational Culture and Psychology* 一書第二章提到文化的最底層就是人類族群的基本假定，乃是同一族群共同無可質疑、不可逾越的人生真理。就現實的社會生活來看，放眼所及，所有不同人群的行為舉止，歸根究柢很難脫離文化體制思維的影響。人具有其自主意識，但人類的行為模式的建構，卻是心理需求和社會文化體制下創生的歷程；剖析社會行為的文化與心理脈絡，乃是探討組織行為的根本之道～

本書第三章至第八章乃是以個人《組織心理學》（李新鄉，2018）為基礎，進而整合影響人類社會行為的文化與心理脈絡，全面探討組織行為的運作機制，藉此省思學校治理的可行策略。

第一章

緒　論

組織行爲之文化與心理脈絡論述核心及其在學校治理之旨趣

組織行為本質上就是人群的社會行為，亦即是社會群體中個人、團體與組織間的互動歷程。人一生絕難遺世而獨立，個人基本的生存欲求，固易受到生理因素驅使，然當處於社會情境中，任何欲求的滿足，都將受到有形或無形的社會體制及文化規範所左右。

文化隱含著人類族群發展的歷史脈絡和風土情懷，2020年興起的全球COVID-19疫情恐慌，更突顯了組織當今所處的社會文化情境面臨未曾有的世紀大變局。全世界歷經全球化、在地化、全球在地化、在地全球化的浪潮，地球村的生活體系已然成形，構思如何能以全球化視野暨在地主體性（subjectivity）之思維，藉由反思、批判、多元、和解、變革創新，以期在全球化的生活世界之中，本土文化除仍能占有一席之地，並與之共存共榮，乃為在地組織治理的重要議題（方永泉，2009；陳伯璋、薛曉華，2001；劉美慧、洪麗卿，2018；蕭全政，2000；Beck, 1999; Cole, 1990; Robertson, 1992）。

20世紀初，相對論等首先突破了自然科學量化典範和唯一真理迷思，繼之現象學、後現代主義、批判詮釋論等相繼崛起，去中心、解構、多元、互為主體、反思批判等思維，開展了人文社會體系理論和方法論的新局（楊深坑，2007；楊洲松，2000；賈馥茗，2009；Carvalho, 2021; Lyotard, 1954）。

再者強勢政經組織的全球化壟斷與資源掠奪，造成環境惡化、社會體系失衡，於是反全球化浪潮興起，在地主體意識萌發，更催生了全球組織治理的企業社會責任呼聲，追求共存、共好與共榮，乃成為全球組織治理的普世價值。衡諸當前教育體系推展的大學社會責任，和中小學「自發、互動、共好」核心素養的新課綱訴求，與此潮流若合符節（李安明，2020；教育部，2019；教育部，2021；楊深坑，2007；詹盛如，2020；蔡清田，2021；Shek & Hollister, 2017）。

衡此本專書撰寫之目的與方向，乃盼拓展目前組織行為學科面貌，藉由跨社會學、社會心理學、系統理論和文化心理學領域，分析文化與心理行為間之關聯脈絡，透過泛文化比較的觀點，秉持在地主體性，爬梳當今各領域探討文化、心理行為與組織治理相關之理論和實證案例，以期建構具全球和在地思維的組織行為論述，營造組織創新與永續發展的文化和心理氛圍，並期能為學校組織之治理提供省思與參考。

綜上所述，本章將從社會行為的文化與心理關聯脈絡談起，以釐清左右組織社會行為之文化與心理場域，並分析文化的組織社會行為調節功能；接著探討文化與心理脈絡交織下的社會組織動力情境，以及組織治理的社會責任與友善環境和共存、共榮的文化思維，藉以點出本書組織社會行為論述之核心議題：一、組織成員心理欲求與社會文化體系調適議題：動機、欲求與社會文化體制；二、成員個人自我人格特質社會化議題：自我概念、態度與價值觀；三、個人和團體人際行為的文化與心理脈絡：社會文化體制與團體氛圍；四、組織運作系統過程變項的文化與心理脈絡議題：領導、溝通、協調、合作、競爭、衝突－相互競合資源分配；五、組織之創新和永續發展及其對外之友善環境與社會責任議題：全球與在地觀。

第一節　社會行爲之文化、心理關聯脈絡簡析

L. S. Vygotsky 之社會文化理論（Sociocultural Theory/Social Development Theory）特別強調社會文化是影響認知發展的重要因素：個人行為從出生起就脫離不了社會文化的影響，此一文化心理學的核心思維，也正是本書構思的起源（鍾鳳嬌，1999；Cole, 1990; Vygotsky, 1978）。再者，從 Abraham H. Maslow（1943）的動機需求層次論或動機階層論（hierarchy of needs）而言，人固然無法不受制於最基本的生理欲求及所處周遭情境，但是經由社會文化與學習，長期浸淫的理想與價值觀，終究還是會伺機影響其行為（周玉秀，1998：241；Maslow, 1954; Riddle, 2008）。

臺灣人、日本人、美國人，為何其日常生活的方式、人生目標以至於思考模式都不太相同？而同樣是臺灣人，卻經常可以發現老、中、青三代中，不管是言行舉止或對於工作的價值觀，總是存在或多

或少的差異。全球的社會組織，不論是學校、企業、政府機構或非營利組織，都面臨了同樣複雜社會行為動力情境的挑戰，人類行為的瞭解實有賴跨領域科際整合的探討，方能釐清其全貌；再者，由於行為科學方法論的演進，其諸多研究取向的共同性，導致各學科領域研究成果可以互補與共享，泛文化與跨領域的心理與社會行為探討，乃成為在地文化創新與社會組織永續治理的另一新方向。

「人同此心，心同此理」是我們耳熟能詳的一句話，然而同樣另有一句話「橘逾淮而為枳」，不同的環境，造就了行為的不同表裡與質地。飢餓激發了求食的動機，對大多數人來說，填飽肚子活下去是最重要的了，可是有人卻能「不食嗟來食」，終至餓死路旁。從個體的角度而言，動機激發了個人原始欲望，但是個人的行為養成卻是遺傳、環境與學習的結果。這中間的環境與學習兩大因素，顯現個人自出生伊始，從原生家庭以至於重重外在社會環境，隨著生活圈不斷擴大，在不斷的行為形塑歷程中，層層的社會文化脈絡貫穿其中。

一、文化的意涵

（一）文化

不同學術體系對於文化意涵的論述，各有其不同重點與方向，就本書的系統思考方向，文化簡言之就是指一個族群所具有的共同生活、語言、習俗、制度、規範和價值觀等等的整合體（徐木蘭，1983）。個人行為無疑是受到其生理和心理動機的引發，但除非是無意識的行為，否則一經思考形之於外，從其表情的符號、使用的語言到隱含的價值判斷，無一不是其所處環境影響與學習的結果，而環境與學習的核心來源即是文化。以下有關文化的意涵與特質的描述彙整了多人的意見（余安邦，1996；徐木蘭，1983；陳奎熹，2014；Schein, 1985），惟大致是以 Schein（1985, p. 64）所歸納的三大層面來說明：

1. 文化的表層：即所謂外顯的人造物與發明（artifacts and creations）

包含日常生活周遭使用的生活器具、建築、藝術、語言、科技；社會關係系統，如地位、性別角色、年齡角色等。其他諸如符號、典故或儀式、慶典等，凡此皆明顯形諸於外，但就一個局外人來說，卻很難直接從表面解讀，必須進入其中逐步推敲才能瞭解其意涵。

2. 外顯或內隱兼具的價值觀和意識型態（values and ideology）

包括組織運作法則、制度設計、價值規範、道德和倫理等行為規範，它可能左右我們的目標與手段，也規範了團體人際間的倫理關係。通常可以隨時隨地察覺它們的存在，包含了有意識與無意識的部分。如學校教師不可以在上課時穿著短褲與拖鞋，顯然是受到某一種價值意識影響下的產物，也是一種符合制度角色期望的行為。

3. 潛在深層的基本假設（basic assumptions and premises）

隱含了對於真理、人性、人與自然、人與環境、時空的基本看法或哲學觀，它是文化的核心層面，闡釋了根本價值與意識型態，生活在同一文化層次的人，理所當然而無可質疑的承繼與接受它，因此儘管代代相傳，潛藏於思想內裡，但常常並無所覺（徐木蘭，1983）。

（二）次文化（subculture）

次文化是一個社會中，不同層次人群所特有的生活方式及其行為特質（林清江，1981；李亦園，1984）；例如：有的可從年齡層去劃分，便含有青少年次文化、銀髮族次文化等等。一個組織在大社會系統中，它是整個大社會系統的次級組織；但就這個組織內部去看，它又包含有許多次級組織。比如學校組織中，便存在有很多的次級文化，我們經常提到學生次文化、教師次文化和行政次文化等等（方永泉，2009；陳奎熹，1994）。

次文化雖然各有所異，而且各種次文化之間亦會呈現互斥的現象，甚而與主文化之間也會有所扞格；但次文化乃是依附於主文化之間的產物，與主文化可能同中有異，也可能異中有同。

二、文化的特性

（一）文化是族群的共同核心特質

從家庭到社區，由工作團體到社會組織，擴大到國家民族，任何族群均會形成代表該族群共有的核心特質，包含生活工具、語言、習俗、制度、規範、價值觀與哲學思維等等，這些都是族群所共同具有的文化核心特質。

（二）文化是緩慢發展而來的

文化是族群成員長期互動中緩慢發展而來的，不管是食、衣、住、行的生活模式，工作的方式和目標，甚或是價值觀或信仰，都是族群在長久的生活互動中，不斷的批判、試煉、累積、傳承而來的精華。

（三）文化是獨特且穩固的

文化是同一族群長期積累的結晶，由於其成員特質、體制等等生活方式不一，因此每一族群的文化一旦成形，其風貌必然是獨特的；同時由於文化是長期醞釀而成，其所彰顯的核心特質，已被同一族群成員視為理所當然的價值體系，因此要有所改變，亦非短時間內可能達成。

（四）主文化下經常隱含次文化

族群的大小不一，族群成員的複雜度亦有不同；愈大的族群，其內含的成員層次愈多；愈大的組織團體，其內含的次級組織團體也愈多。這些層次可以因年齡、職務、身分、生活區域等的不同，而凝聚成大族群文化下的次文化，此即文化人類學者 Margaret Mead（1935）所謂之「文化區塊」（culture area），就如組織理論學者（Schein, 1992）有「組織次級文化」之稱相類似。

（五）文化須不斷更新調適

文化為因應生存與適應環境而起，當生活環境一旦面臨變遷或威脅，為求族群的存續，從生活方式、生產技術到制度規範，都需要有一番澈底的檢視與更新；要是沒有警覺或者抱殘守缺，往往會面臨傳統文化的崩解。

三、文化的社會行為調節功能

自 19 世紀科學心理學興起後，心理學追求的是普遍、可驗證的人類行為法則，而文化對於人類行為的影響性，甚少受科學心理學家所重視。一直到 20 世紀 20 年代中期至 30 年代，以 Vygotsky 為代表的社會文化歷史學派（socio-cultural historical school），經由陸續對於人類高層次的意識行為進行了長期的研究之後，發表了所謂的社會文化論（sociocultural theory），提出了文化在人類行為心理歷程的中介功能（余安邦，1996；鍾年、彭凱平，2016；Cole, 1990; Vygotsky, 1978）。此一中介調節功能，乃是人類社會行為之所以會因為異文化而大異其趣的主因。

（一）文化是形塑行為的隱形動力

不同族群的人，生活方式就是不一樣。廣義上來說，包含了語言、習俗、信仰與價值觀，就如大多數印度人從每天肚子餓了吃什麼，以至於工作追求的目標和宗教信仰，和阿拉伯人自是不同。其實大到一個國家，小至一個公司、團體或家庭，從其個體所顯現的行為特質，往往就能看出潛藏其內的文化影子。

（二）文化是同一族群個體行為判斷的指引

文化經常不知不覺的指引一個人的行為舉止，當個人處在某一特殊情境，該說什麼話或表現什麼態度等，文化往往就是做決定的方針。假如有一天，我們忽然間處在一個完全陌生的生活環境，一下子要採取行動時，我們會感到腦筋一片空白、手足無措，或者說亂了方針。

（三）文化是族群認同與凝聚的核心

文化是族群向心力凝聚的核心，英雄典故、解憂抒情的歌曲、過往的傲人史蹟，無一不是族群認同與凝聚向心力的文化內涵。一個沒有優勢文化的族群，很容易崩解，因為沒有了明顯的族群文化象徵，就沒有互享的主流的價值，族群內個體之間密切往來的動力必然消失，疏離感愈來愈大，族群也將面臨崩解的局面。

四、文化、心理與社會行為之對應脈絡

到底是「人同此心，心同此理」，還是「人心不同，各如其面」？或許我們可以從行為科學的角度來看，人類行為與動物之不同，乃在於其行為涵育的模式絕然不同，動物行為絕大多數純然來自於求生存的內在驅力和遺傳本能，但是人類行為的養成卻是漫長的遺傳、環境與學習的歷程。任何人只要餓了，一定會引起飲食的欲望，但是飲食的模式，卻是隨著族群不同而各異其趣，文化心理與行為互為表裡，其呼應脈絡隱然可見。

（一）瞭解人類心理行為的意義須從其當下的社會文化場域入手

人類行為的形塑來自於文化與心理因素的交互影響脈絡，因此對於人類心理行為意義的解析，自然不能脫離行為者當下所處的社會文化場域，同樣的外表行為，在不同的場域、不同的族群，其顯示的行為意義，可能是北轍南轅，一旦脫離了行為當下的社會文化生活場域，絕難掌握人類心理行為的完整面貌。心理行為是在其開放的生活系統環境中自主建構的，但是人一出生，所有行為模式就在其社會生活場域中養成，人與人之間有其差異性，但又有其相同性，人們能夠自由抉擇以建構其自己內在的心理生活空間，但外表卻很難違逆社會

規範而特異獨行。

臺灣人、日本人、美國人，為何其日常生活的方式、人生目標以至於思考模式都不太相同？而同樣是臺灣人，卻經常可以發現老、中、青三代中，不管是言行舉止或對於工作的價值觀，總是存在或多或少的差異。我們很容易體察到在 1970 年代以前出生的臺灣人，言行舉止深受傳統文化的影響；但是在 1980 年代以後出生的中生代，眼光見識漸漸顯出與各種異文化交融的痕跡，這在 2000 年以後新生代的身上更是顯著，要能透澈瞭解人類心理行為的意義，必須從其當下的社會文化場域入手。

（二）心理行為與社會文化互為表裡

從另一個社會角度來看，日本的社會體系講究輩分倫理，組織中職位的升遷，傳統上不只注重功績，更重視排班論輩。日本的社會傳統上把公司當成大家庭，從公司的會長、社長到任何一位員工，大家幾乎都有同甘共苦一輩子的想法。美國社會個人主義當道，資本社會講究的是針對個人論功行賞，能力表現和對組織的貢獻度，就是升遷以及待遇的衡量依據，公司經營不善，則採依法裁員或資遣員工等等方式因應（Ouchi, 1981）。不同的社會文化，隱含著不同的社會體制以及生活模式。

（三）人類心理的主動性與生活場域文化的歧異性形塑複雜的人群行為樣貌

人具有其自主意識，但人類的行為模式的建構，卻是心理需求和社會文化體制下創生的歷程。人類的行為並非是單純隨意的反應行為，K. Lewin 的場地論（Field Theory）採取完形心理學（Gestalt Psychology）的看法，主張心理知覺的主動建構性，人類並非被動的感知外來枝枝節節的訊息，而是將外來訊息主動建構出完整的認知意義，意義的建構乃是透過不斷與周遭環境互動而來，也是學習的結果

（張春興，1991；張景媛，2000；Lewin, 1935）。

符號互動論與知識社會學以及社會心理學，分別從不同領域人與他人或群體互動氛圍中論述人的社會化歷程，凡人格、自我概念、價值觀、意識型態與真理假設的形成，都在自我意識與社會文化體制互動經驗中孕育而生。文化心理學則從文化與心理行為的歷史和地理脈絡探討人類的行為，分析各個族群此時此地生活文化形成的因素，乃是長期以來在地族人與環境時空互動的差異結果，顯露了所有人類同樣為了求生存，累積族群智慧適應不同環境的經驗，終而衍生出各自不同的生活場域文化型態。

文化的多元性和心理的主動性，透過個人不同的生活環境和學習經驗，形塑出多樣與複雜的人類行為面貌，族群文化的多元性，衍生人類心理行為的多樣與差異性。文化與心理行為互為表裡，每一種文化，都觀照著特定的心理樣式，心理生活具有文化的性質，而文化又是心理生活的體現（余安邦，2017；Cole, 1990）。

第二節 組織行爲核心議題之文化與心理脈絡——以社會開放生態系統動力情境概述之

組織行為本質上就是社會行為，亦即是以文化為中介的反應行為，就組織成員而言，動機激發了個人原始欲望，但是行為的養成卻是遺傳、環境與學習的結果，無一不受個案當下心理狀況與在地社會文化規範所左右。組織本身就是整體人類社會開放生態系統的一環，社會任何組織，其內部有各層的次級系統，組織外部環境系統層層往外擴充；個人從原生家庭、同儕團體、初級團體，不斷往外推及次級團體、參考團體；任一層次系統皆隱然可見其社會文化與個人心理之交織脈絡，此動力情境乃本文以下將論述之社會開放生態系統。

一、組織社會行為開放生態系統下的文化與心理動力情境脈絡

社會動力的論述，早期社會學家 August Comte（1798-1857）即已提出（賈馥茗，2000；陳奎熹，2014）。從組織行為的整體脈絡來看，其本質上即是社會文化體制、個人心理需求交織的動力歷程。社會組織內部，由個人與組織內在各次級團體所組成，往外更有層層外在社會組織環繞；組織內之個人或次級團體任何互動行為歷程，乃是指組織內外環境中包含個人、組織內團體與外在組織間交互影響的行為互動整體。組織可以大到跨國際，小到兩人以上的工作團體或家庭，但是無論任何組織團體，其存在的意義與目的，不外是完成組織的機構使命，以及滿足組織成員個人的需求，同時尚需兼顧外在環境與社會永續的（sustainability）發展（賴英照，2021），也就是目前全球關注的「環境、社會與公司治理」（ESG: environmental, social, and corporate governance）。

組織在實現此一功能的動力歷程中，所投入的是組織團體與成員的質與量（包含團體結構與規模、個人能力性格和動機等），透過團體過程（領導、溝通與人際互動等）而影響到組織團體治理成效（Campion et al., 1993; Guzzo & Shea, 1992），其關係可整理成圖 1-1。

從圖 1-1 可看出，開放生態系統下的動力情境因素相當複雜，基本上可分成投入、過程、成果或產出三大歷程變項，呼應組織系統理論的五個次級系統：結構、成員能力（知識和技術等）、心理社會文化交互運作、目標與管理（秦夢群，1987/2019；謝文全，2003/2018；Bertalanffy, 1968; Kast & Rosenzweig, 1970）；同時又牽涉到生態系統理論（Ecological Systems Theory）相關聯的五個系統：微觀系統（Microsystem）、中介系統（Mesosystem）、外部系統（Exosystem）、宏觀系統（Macrosystem），以及時間系統（Chronosystem）的影響（陳英豪，2017；Bronfenbrenner, 1979）；而回饋現象，則是隨時在運作歷程中發生。

圖 1-1
開放生態系統下的文化與心理動力情境脈絡

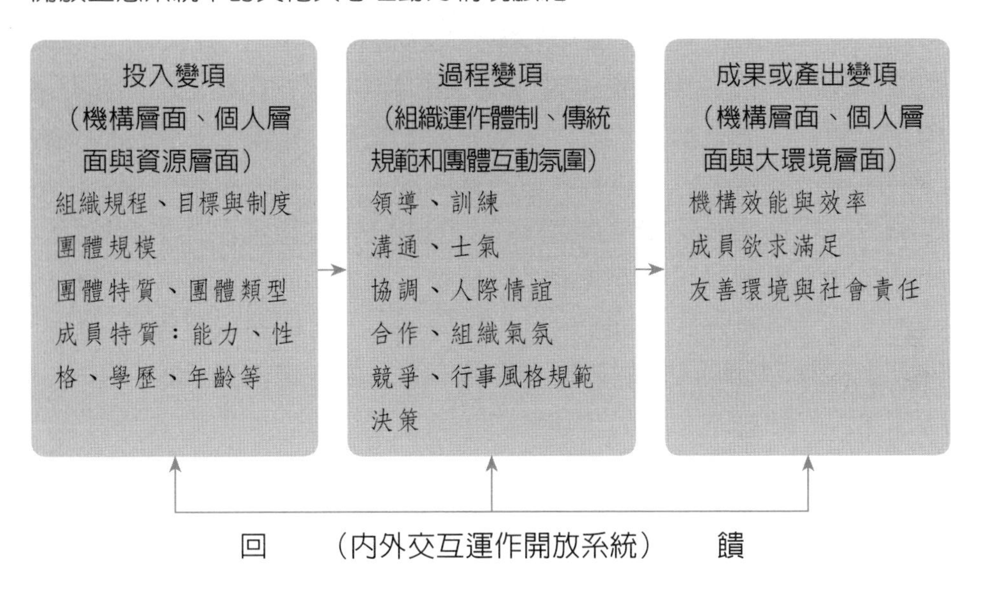

三大歷程變項、組織本身五個次級系統和社會環境生態體系，每一個層面均脫離不了文化與心理交互因素的影響。投入變項中，不同的文化體制，其組織類型自然不同；但是同樣的，類型不同的組織的文化也會不一樣，包含人格、動機和興趣、能力等成員特質，乃是經社會文化環境的涵化與學習而來；不論溝通、協調或組織氣氛等動態過程變項，更是成員心理需求與文化規範的互動產物；至於產出變項中，無論機構目標的達成、成員的工作滿足，也均離不開社會文化的期許與成員心理的需求。當然運作歷程中，隨時要回饋檢視每一個人、每一部門的任務完成度，瞭解每一環節是否順利銜接，最後更要反思如何能更精進、更完美，達成環境友善與社會責任，以求永續發展。

二、文化與心理脈絡下的組織社會行為五大核心議題

前述社會團體動力情境，可以爬梳出受文化與心理所蘊涵的社會行為的五大核心議題，此五大核心議題乃是本書後續各章將要逐一討

論的核心：

（一）成員心理需求與社會文化體制調適議題

到底是什麼原因驅使一個人每天準時到工作場所，而且努力工作？人類行為最基本的原動力或驅力就是動機，組織成員相同的外在行為表現，可能是由不同的內在動機或需求所驅使；再者動機是促發組織成員行為的原動力，而動機在什麼情況下被激發呢？組織是個人的集合體，組織如何篩選成員？成員進入組織到底所求何來？哪些因素足以影響組織成員在組織內的表現，如何激勵組織成員獲得最高成就，這些包含組織成員個人的主客觀特質，都是組織經營者必須瞭解的主題。

（二）個人自我人格特質心理社會化議題——自我概念、態度與價值觀的形成

諸如興趣、能力、態度與價值觀，涉及自我概念乃至於行事風格等人格特質的養成，乃是經社會文化環境涵化與學習而來，整個身心成長的歷程，包含自我概念、態度與價值觀的形成，都是經由外在社會文化體系與個人內在身心成長交互影響的社會化歷程，不同的個人心理狀況和複雜的環境文化情境，造就了繁複不同的心理行為模式，此乃形成組織動力情境（dynamic condition）重要之影響因素。因此要瞭解組織動力情境，經由自我人格特質心理社會化歷程之探討乃為必要。

（三）文化規範及團體氛圍影響個人和團體的行為表現議題

諸如從眾行為（conformity behavior）、社會助長（social facilitation）、社會抑制（social inhibition）、社會閒散（social loafing）等現象，皆為個人和團體受制於文化規範及團體氛圍（group atmosphere）下的行為表現重要議題。團體中的個人、團體如何受社

會力所影響，此乃為團體動力（group dynamic）分析的重心。團體動力分析之觀點有二（Forsyth, 2006）：一為著重分析團體中的人、團體如何被社會力所影響，以及影響社會力之運作；另一則是著重個人在團體中，而非獨處時的想法、情緒和行為，如對群眾心理之探討。

三個臭皮匠是否真的能夠勝過一個諸葛亮？三個和尚是否真的就沒水喝？很多人在一起工作，其表現是否比一個人單獨工作更好？這些關係到個人在廣義社會他人氛圍下的行為表現，諸如團體對個人的行為助長與抑制等，涉及團體中的個人、團體如何受社會動力所影響的問題（Ellis & Fisher, 1994）。

（四）組織運作系統過程變項的文化與心理脈絡議題：領導、溝通、協調、合作、競爭、衝突—相互競合、資源分配

開放生態觀的組織社會動力系統情境中，組織系統內結構面因素、過程面因素加上系統外各種環境因素交互作用，不斷影響了組織的凝聚力和產出績效（Forsyth, 2006）。組織結構面因素，諸如組織團體的規模、權威組合、機構之目標、職務角色規範與任務；運作過程面因素，如組織工作氣氛、行事的風格、溝通協調與衝突、團體凝聚力（group cohesiveness）、團體壓力（group pressure），以及決策過程等；凡此皆影響到組織整體的績效表現，這些的總和也就是每一個組織有別於其他組織的文化與結構特質，實為重要的探討議題。

組織的典章、制度等儘管再完備，但終究是靜態的結構體，促動組織任務的執行，自需賴其群策群力的實踐，組織間各層級部門領導者與成員間，如何溝通、協調，以獲致共識，形成願景，這些與領導和溝通自是關係密切。

組織內的資源有限，各部門間為了獲取更多的資源，以求得自己團體部門的卓越表現，無不企圖謀取更多的有利條件，以突顯自己的功績。於是各部門團體間的功績考核和酬賞（incentives）的分配制

度，影響到團體與團體或部門與部門間的競爭或合作關係的形成，其結果也易造成各種不同的衝突、妥協（compromise）等組織行為。全球視野與在地主體思維探討組織內之創新與永續發展，以及對組織外之友善環境與社會責任議題。

（五）組織之創新和永續發展及其對外之友善環境與社會責任議題——全球與在地觀

社會組織對內而言，乃是個人、團體與其互動關係結合而成的生命體；對外而言，則是存在於一個複雜而多變的開放的環境體系（open system）中。任一社會組織內外環境的界線，有時並不易完全劃分，任何一個組織內部的成員，同時也是外部的社會成員，是組織的員工，同時也是外部社會組織環境的消費者（賴英照，2021）。

就此一複雜的社會內外在組織體系而言，任一組織內在環境原本就是一個大社會情境系統中的小系統，內外的關係密切，組織內有許多次級系統（sub-systems 或 secondary system），而組織外部環境更延伸環繞著一層層的外在系統。此際全球化地球村成形的任一在地組織，要能永久生存於全球大社會環境系統中，唯有開展全球泛文化視野與在地主體思維，深入探討組織文化創新與永續生存之道，不斷的提升其成員的知識與技能，改變其生產理念，洞察機先，發展與創新，方是治理之道。

第三節　當前組織行爲探討趨勢——全球視野、本土意識泛文化科際整合

任何型態的組織治理，首要之務在於釐清組織的行為動力情境，人、他人、團體次級系統、組織、外在系統等統合成整體的開放生態系統，系統之內、系統之外種種行為型態的文化與心理脈絡，凡此複雜多樣脈絡的釐清，勢需整合各領域學科知識方能窺其全貌。

再者，全球化發展與在地文化主體意識相互激盪的結果，透過泛文化與跨領域的心理與社會行為探討，更有助於對全球多元族群的瞭解，進而形塑全球族群文化共存、共榮，以及環境與社會永續發展的組織治理氛圍。

一、文化樣貌與心理生態的複雜度需整合社會行為各領域學科的發現方能窺其全貌

人本身乃是具有意識、思想、情感、氣質、性格的自主行為個體，而從出生後的原生家庭（family of origin）開始，行為的養成就脫離不開生活場域文化的規範，不同的個人心理狀況和複雜的文化情境，造就了繁複不同的心理行為模式，凡此總總行為因素層面的瞭解，勢需整合各領域學科知識方能窺其全貌。人類行為的內涵非常廣泛，因此探討與人類行為議題有關的學科頗多，幾乎包含了所有藝術人文、社會科學領域，以至於如腦神經科學、神經心理學等的生物醫學領域亦然。

從起源來看，心理學與社會學，其內涵衍生自哲學領域，社會心理學、文化心理學與文化人類學則宜屬於心理學、社會學和人類學的次領域學科，而組織系統理論則受到生態學、人類學、發展心理學、完形學派、人本心理學、社會心理學、一般系統理論、社會系統理論、社會動力論等理論的影響（賴秀玉，2003），但由於本書重心在於組織行為的探討，衡諸此四領域核心焦點均環繞在社會組織行為的文化與心理脈絡上，也是本書重要的跨領域文獻探索領域重心。

再者全球化發展與在地文化主體意識相互激盪的結果，透過泛文化與跨領域的心理與社會行為探討，更有助於對全球多元族群文化的瞭解，進而形塑全球族群文化共存、共榮以及環境與社會永續發展的組織治理氛圍。

二、行為科學方法論的質與量並進而引發各相關領域科技整合探討的趨勢

1960 年代前後，現象學、後現代主義、批判社會學以及俗民方法論等的興起，突破了科學實證理性的思維，尤其對於社會人文現象的探索途徑開展出質化取向的方法論，諸如田野調查等各種方法逐漸廣被運用於社會學、人類學等學科。由於行為科學方法論的演進，諸多社會行為研究主題透過各學科領域從不同層次與角度的發現，可以互補與共享所有人類行為的研究成果，跨領域知識的整合更受關注（Babbie, 2020）。

行為科學的研究方法，歷經科學實證、田野調查與批判整合等不同思潮的洗滌，質化與量化並重已成為當今建構學術理論的共同取向；包含了實驗研究法（laboratory experiment）、準實驗研究法（quasi-experimental）、問卷調查法（questionnaire survey）、觀察訪談（observation and interview）、田野研究（field study）、俗民誌研究（ethnographic study）、個案研究（case study）等方法，都已廣泛被人文社會領域所採用（王文科、王智弘，2020；李奉儒、高淑清、鄭瑞隆、林麗菊、吳芝儀、洪志成、蔡清田，2001；林清山，2020）。

探討文化、心理與社會行為的各學科領域，皆屬於行為科學體系，對於各領域學門在探討人類行為現象，諸如人類行為模式的養成、人格態度的社會化歷程、組織團體氛圍、團體凝聚力與訊息溝通、族群文化與心理等行為主題，都可藉由不同領域角度的探索，一方面擴展了研究視野，有利於各學科領域構築本身更廣更深的理論思索脈絡；另一方面，各學門對於研究成果可以從不同角度相互印證，也促使各學科跨領域整合研究的趨勢益形普遍。

三、全球視野與在地意識激發族群泛文化心理行為比較探討的潮流

Hofstede 全球泛文化與心理行為的比較研究著作 *Culture's Consequences: International Differences in Work-Related Values*，1980 年在美國公開發表，使他成為全球泛文化比較研究的重要開創者（Hofstede, 1980a）。Hofstede 認為文化是在一個環境中人們共同的心理程式，不是一種個體特徵，而是具有相同的教育和生活經驗的許多人所共有的心理程式；而不同的群體、區域或國家的這種程式互有差異（俞文釧，1996；Hofstede, 1980a）。

泛文化心理的研究到了 1970 年代，逐漸減少了與心理人類學的重疊，開始注重在人類行為的社會文化脈絡探討（余安邦，1996），在全球化浪潮下開闊了文化心理行為比較探索的視野。荷蘭文化協會研究所所長也是美國管理學會心理學家 Geert Hofstede，更是世界相當著名的跨文化組織治理學者，他在進行了一項規模龐大的全球跨文化民族性格的比較研究後，提出了四個區分全球各國家地區民族文化心理行為的構面（Hofstede, 1980a）：權力距離（power distance）、不確定性避免（uncertainty avoidance）、個人主義—集體主義（individualism—collectivism）、男性度—女性度（masculinity dimension—feminine dimension）。

本土管理學界在泛文化探討中，亦著力不少。俞文釧（1996）在其《管理心理學》一書中，參考 Hofstede, G.（1980a）所著 *Culture's Consequences: International Differences in Work-Related Values* 書中的論點，就區分不同民族文化的性格傾向上，提出了如上述的四個構面特徵：權力距離、不確定性避免、個人主義—集體主義、男性度—女性度。此一論著，進一步從日本與美國人力資源管理的比較上提到：自從 60 年代以來，美國產生和輸出了世界上最多的管理理論，如：激勵理論、領導理論和組織理論等（俞文釧，1996）。

任何一種理論，反映了一定的文化環境，某一理論的作者是在其特定的文化環境中寫成的，不同國家或社會體系的理論，都只能反映了本身那個地區與時代的文化環境。所以，一種在某一文化體系中著有成效的經營理論，在哪些方面、自什麼程度上能夠應用到別的國家或社會體系呢（俞文釧，1996）？而當全球化浪潮席捲全球後，跨國組織如何面對廣布於全球在地組織成員的文化特質，以追求組織的最高經營績效？這些論述，事實上在 Hofstede, G.（1980b）所著〈Motivation, Leadership, and Organization: Do American Theories Apply Abroad?〉一文中，也曾有多所著墨。他認為對於不同組織族群，由於其傳統文化環境伴隨根深蒂固的價值觀，在相關互動模式、經營策略和激勵管理上，應採取彈性思維等策略，對於當前全球化跨國經營的各種組織，提供了相當多的參考應用價值。這些觀點，在後來 Leithwood, K., Jantzi, D., & Steinbach, R.（2000）等人的著作中，也有不少論述。

第四節　綜合探討各領域社會行爲核心議題論述在學校治理之旨趣

學校乃是其所處整個社會文化系統的一環，內有次級系統，外有層層環繞的外在系統。社會文化既是影響學校教育的根本，更是整個教育內容的泉源。學校治理的核心任務，在於面臨錯綜複雜的組織社會文化生態系統中，如何糾合群力以完成社會所賦予的教育使命。學校之所以無可取代之處，在於其兼顧系統的課程規劃以及潛移默化之環境教化功能。無論人心之教化，抑或人群之導引，依賴的都在於施與受雙方之間的心理契合，施教者如何引導受教者、經營領導者如何影響組織內外系統成員，需要的不只是各種有關的教育專業理論，同樣重要的是如何深度體現此時此地的社會文化脈絡，以期全盤掌握學校治理的系統因素，共創永續發展的社會文化環境。

一、整合社會行為的文化與心理脈絡論述乃是探討學校治理之要務

從社會系統理論來看，學校體系乃是內存於整個大社會系統中；從社會學或教育社會學的角度來看，社會為了培育各領域的人才而有學校制度的興起，學校肩負了傳遞、繁衍與創新社會文化的責任。因此，學校教育的主要目的就在於培養一個具有理想人格的社會人，不只本身知識、情意與才能完備，而且更能為社會與文化的發展和創新奉獻心力。

從心理學、教育心理學、社會心理學和文化心理學的探討中，我們可以發現，一個人一生成長的歷程，除了本身遺傳的生理與心理能力條件之外，自出生伊始就脫離不了社會文化環境的影響，而有形及無形的學習歷程扮演了極為重要的角色；而此中學校教育更是最完整且重要的學習歷程。

如此來說，一個具有理想人格的社會人到底為何？從發展心理學、社會心理學與文化心理學整合來看，應就是能自主思考、主動負責、有互為主體的意識與同理溝通的能力，同時具有民胞物與而兼善天下的共好情懷。而從哲學、教育學和教育哲學的看法，教育的過程、內容和方法應具有：合認知性——經得起理性經驗檢證、合價值性——合乎情理法為社會所需、合自願性——尊重學習者的自主意識，也就是 R. S. Peters（1966, p. 23）所提的教育三大規準（洪銘國、但昭偉，2015；歐陽教，1973）。

二、學校場域的典章、制度、課程與教學都是此時此地社會生活文化的縮影

學校既是因應社會的需求而產生，學習者到學校來最需要學習的內容，自是最有益於其所處社會生活的文化精華。到底什麼是最重要且最有價值的生活經驗？不同的社會族群會有不同的見解，當然有人也許認為今天已是地球村的社會生活型態，但是全球化的同時沒有人

能漠視「全球在地化，在地全球化」。事實上，社會為維繫其整個族群的生存，莫不全力維護與保存其社會傳統的生活樣式；但是當面臨外來社會的衝擊，而危害到其社會的生存時，則又不能不想方設法吸收可以增益自己社會永續發展的新生活內容。

人類社會生活經驗的精華就是這樣，日積月累不斷的傳遞、繁衍、擴充、改革與創新，而這些就形成了不同社會族群個殊又類似的生活核心，文化就是這樣發展成形。所以很簡單的說，文化就是所有生活的內容，從最簡單的每天食、衣、住、行、育、樂，到我們的社會制度，進而到最頂層的人生觀與價值哲學觀。這也就很自然的呈現在整個學校教育的目的，正式與潛在課程、相應的教育過程、伴隨的教學設施，以至於學校的生活禮儀規範，甚而學校建築，校園的一草一木，無非就是此社會人群生活文化的縮影。

三、學校雖雙重系統並存，然其體制、規範、成員特質與需求仍隱現其所在場域文化脈絡

學校有結構明確的行政體系層級，從校長、各處室以至各承辦人員，均有與其相稱的職級劃分，且訂有明確的分層負責明細表，各層級人員皆須依法行事，人員任用亦皆有其相符應之條款，這些充分呈現了Max Weber（1864-1920）所謂的社會機構科層體制（Bureaucracy Theory/hierarchical structure）面貌（秦夢群，2019；謝文全、林新發、張德銳、張明輝，1995；Udy, Jr., 1959, pp. 791-795）。

另一方面來看，學校中的教學專業人員卻因為其教學生態體系之殊異，出現了極大的次文化差異。教學專業人員固然不能逾越法令規範，但是教學之過程、師生之互動等相關的教育環節，每一位教學者均擁有自我決策的專業權責，就算同一科目，不同的教學者間的教學過程亦不同調，這些十足呈現了 K. E. Weick（1978）所謂的鬆散結構現象（loosely coupling systems）。

從組織社會系統理論而言，社會對於學校機構層面各個角色的規範相當明確，學校內各層級系統成員擔負著社會對於角色期望的有形與無形壓力，時時必須揣摩與反思自我角色扮演是否恰如其分。而從校內個人層面來看，校內個人層面的需求頗為複雜，學校內每天互動最密切的教師、行政服務人員、學生等各次級系統人員，其身心特質與生活文化背景各有差異，學校要能滿足不同成員的需求誠非易事。

學校雖然行政體系與教學專業雙重系統並存（Meyer & Rowan, 1983），但是其所在場域的文化脈絡，對於學校機構內包含師生及所有人員，仍然顯現社會對其角色明確的規範與期望；學校內所有人員固然各有其不同的心理需求，但是任何人員心理需求的最大限度，亦然不能違反有形或無形的社會傳統及文化規範（秦夢群，2019；謝文全，1990）。

四、師生全員間互動之鑰在於本以至誠、和諧理性、互為主體、同理溝通

真正的教育應是本以至誠，營造一個充滿同理心與教育愛的情境，讓受教者依循其自我條件，在心悅誠服的氣氛中，藉由施教者的指引薰陶下，不論知識、能力和為人處事，都獲得充分且喜悅的成長。學校應該就是這種場所，校長固然是這條船上的掌舵者，然而學校這條船上的任何一位經營者，都無法置身事外。

一般來說，學校理應是一個講求自然與人文共融、友善和諧發展的環境，但是傳統上，學校被認為是知識的寶庫和傳習所，學校老師是知識的擁有者，在華人社會中更是頗受尊重的道德權威，然而就後現代主義等理論的批判，知識本應是開展智慧之窗，但在一般現實社會中，知識卻可能與真理和權力成一直線，教師被認為是知識擁有的權威者，很容易使學校與教師也成為「真理政權」（Foucault, 1970）的助長者，學術體系一旦定於一尊，知識就等同於真理與權力。從培養尊重多元、創新、開放、包容、共好，以及獨立自主人格

的當代教育理念而言，後現代主義、批判和知識社會學的論述頗值得作為借鏡（楊洲松、王俊斌，2021）。

成長中的受教者，其身心皆未成熟，施教者的一言一行都是學習者仿效的對象。施教者其施教方式必然要依循教育的本質、目的與方法，符應當代教育哲學家 R. S. Peters（1966）所謂真、善、美的三大教育規準（歐陽教，1973）：合價值性（worthwhileness）、合認知性（cognitiveness）及合自願性（voluntariness）；也就是不違反學習者的自主認知、理性經驗與多元價值觀，如此學校的陶冶性情場域方能成形。

因此學校內任何一個體系的經營領導者，都需具有愛與包容的心態，秉持互為主體、同理溝通，如此學校層層系統之間的領導、溝通與協調才能暢通無礙，學校才有可能成為一個相互依賴且相互影響的大家庭。

五、瞭解學習者的生活文化背景、心理發展狀況，乃是教與學的起點

學校構思任何有形或無形的教育策略，都要掌握學習者的生活文化背景與心理發展狀況，瞭解學習者的先備條件與起點行為，才能有無礙的教學歷程，也才有可能使每位學習者都受益（張春興、林清山，1991；甄曉蘭、曾志華，1997）。

從學校安排的知識、技能與情意的學習來看，學習者的生活文化背景、學習條件與能力各有不同，因此不同領域的教學者，除了需要瞭解其教學領域的專業知識之外，也要瞭解該學科的知識結構，全面思考如何配合學習者的生活文化背景、心理發展狀況；另一方面，還要熟悉社會心理學、發展心理學以及教學心理學等，瞭解學習者的能力與心態，營造有益於學習的教學情境，才能完成教學的任務。

六、潛在的文化傳統與團體心理氛圍對於學習之影響力勝過有形之教導

學校教育之無可取代處，正在於人品道德與核心素養的涵育。從優質情操的陶冶來看，情意的涵育，很難靠著有形的教育來完成，只有從無隔閡的人際互動心理情境經營上著手。既要有足以陶冶人心的情境，且要有充滿教育愛與同理心的教學者，更需要透過足以發揮潛移默化的各式各樣校內外活動與環境，從這些各式各樣有形與無形課程的學習中，期能涵育作為一個優質社會公民所具備的核心素養。

潛在課程的體現，依靠的就是學校場域中人際的互動情境，而一個充滿優質情操和人文關懷的社會人，更需要沉浸在一個充滿溫暖和樂、互信互賴的團體氛圍場域中（黃政傑，1986；歐用生，2010）。此外，藉由學校的傳統、習俗、儀式、慶典、傳說、英雄故事與共同語言等學校文化，維繫與傳遞學校的核心價值，這也正是學校之所以成為社會無可取代的教育場所之主因。

七、弭平文化差異、凝聚各個次級系統成員的向心力，以形塑優質學校文化

弭平文化不利以追求社會公平正義，乃是教育的崇高理想，也是社會對於學校治理的最高期許，尤其是在全民與全人教育訴求的中小學教育。但是實際的社會現實生活場域內，卻是到處呈現文化不利與差距頗大的生活條件，不論是Bourdieu（1973）的文化再製（Cultural Reproduction）論，或者是Bernstein（1990）的符碼理論（Code Theory），都在論述與批判弱勢族群的文化不利造成社會階級之間發展歷程的不公（楊深坑，2007）。

文化背景的差異很容易導致族群社會行為認知的偏差，諸如文化意識型態、刻板印象（stereotype）與偏見（prejudice）等，由此引起的學校內衝突與霸凌現象也經常可見。學校老師以其本身成長的階層文化背景，是否能領會學生來自各個階層文化背景所形塑的族群文

化特質？而國民中學以下階段更是常態分班的教學型態，每一個學習者皆要接受相同的教材與進度，由於階層生活成長經驗、原生家庭使用語言習慣等不同，其人格特質、態度與能力皆呈現差異，不僅師生之間甚且學生之間的次級文化形成的隔閡，更可能造成學習與互動上的不利，這些都可能造成弱勢族群更大的學習不利。

學校教育的目的既在於涵養自發、互動、共好的社會公民，因此學校治理上勢必要能體察學校所處場域此時此地的社會文化脈絡，形塑優質學校文化，以掃除傳統的知識真理權威心態，凝聚各個次級系統成員的向心力，營造整個系統成員的全球視野、主體意識、理性溝通、多元包容、共存共榮、科技人文、社會責任，以期能弭平社會系統的文化落差，追求整個學校組織生態系統文化與自然環境的永續發展，善盡學校治理的社會責任，以達成教育使命、共築永續發展的未來。

第二章

社會行爲核心議題之文化與心理脈絡跨領域分析及其在學校治理之意涵

人類行為的內涵非常廣泛，因此探索有關人類行為議題的學科頗多，幾乎包含了所有藝術、人文、社會科學領域，甚至如腦神經科學等的生物科學亦然涉及。惟本書之旨趣在於探索人類社會行為的文化與心理脈絡，其焦點在於綜覽社會組織成員、團體與組織及其與外在各層級社會系統間互動脈絡之相關領域學科。衡諸社會學、社會心理學、文化心理學和跨自然科學與人文社會科學的社會系統理論四領域，其探討之核心即在於社會文化規範與組織和個體心理行為間之關聯脈絡，據此本書對於組織社會行為之文化與心理脈絡跨領域探討主軸，便聚焦在社會學、社會心理學、文化心理學與社會系統理論四領域學科的文化與心理交疊議題上。

個人人格、動機、態度與價值觀等個人特質的發展，原屬於心理學的發展心理學領域，然而個人特質的發展乃是在社會人際互動中所形成，這與社會心理學的領域又有所重疊；個人、社會他人與群體之間的互動關係，涉及人類社會行為、人群關係、社會結構和變遷以及社會活動的探索，此又屬於社會學的大領域；而人類行為乃是歷史與空間的產物，不同的人類生活場域，其生活經驗自然衍生不同的人群生活模式，探討不同人類族群的心理行為模式的文化心理學，乃成為當今全球化下的顯學（余安邦，2017；Cole, 1990）。再者，人群社會體系本身就是一個動力系統，此一系統動力不只來之於自我所屬體系之內，更有來之於外在體系，因此從社會開放生態系統角度，探索系統因素對於人際行為的影響，亦屬瞭解人類行為重要之一環（黃昆輝、張德銳，2000；Bertalanffy, 1968; Owens, 1987）。

學校治理的獨特和繁複處，一方面在於組織結構上結合了行政體系和教學專業體系的雙重系統（秦夢群，1987；Weick, 1978），而另一方面又面臨組織內部成員中受教者與施教者間心理成熟度與專業知識系統上的差距，造成學校治理上的極大挑戰，尤其是沒有篩選學生次級系統成員權力的國民中小學。學校相關次級系統包含了校長、老師、職工、學生、家長、社區等群體，這些群體對內各自有其次級系統，對外還有各種直接隸屬和間接隸屬性質的層層外在系統，各次級系統間文化與心理需求上又各有殊異；治理這樣一個複雜的社會生態體系，亟需廣泛剖析各領域在有關形塑社會行為的文化與心理脈絡論述，探源與發微，以期能全盤掌握治理之鑰。

第一節　社會學關於社會行爲核心議題之文化與心理脈絡探討重點

社會學、心理學均衍生自哲學領域，被稱為社會學之父的法國實證主義哲學家 Auguste Comte，開啟了以科學方法來研究社會問題的先河（徐宗林、沈姍姍，2000）；後續社會心理學與文化心理學則宜屬於心理學、社會學和人類學的次領域學科，在個人特質社會化等議題，發展心理學又與社會心理學有所重疊（Wrightsman, 1977），而社會系統理論在社會學體系亦論述頗多，組織行為事實上就是社會行為，因此社會學有關文化、心理與社會行為交互影響脈絡論述之議題，包含個人、社會他人與群體之間的互動關係，涉及人類社會行為、人群關係、社會結構和變遷以及人群社會活動的探索，在其他各領域中皆分別出現。因此，聚焦於社會學各種理論中，對於社會行為核心議題的文化與心理脈絡探索，宜為首要釐清之務。

一、結構功能論（Structural-functionalism）

（一）社會結構蘊含形塑成員行為的文化傳統、社會體制與個人角色規範

社會體系存在的制度、規範、角色等社會結構，本即文化的內涵（Parsons, 1951）。任何一個成員，一出生就自然的成為家庭社會組織的一分子，也就扮演了這個社會組織中的一個角色，社會體系中對於個人應該扮演行為的期盼，即是角色期望（role-expectation），社會體系顯然提供了個人行為養成中的環境與學習兩大要素。

從社會學的結構功能理論角度來看（Parsons, 1951），整個社會體系就如層層交互作用的網狀組織，每個人在任何一層組織中都存在著他扮演的角色，個人固然有其自我的內在需求，惟除非離開組織，否則他必然要受到組織對其角色的約束，扮演符合組織角色規範的行為。由家庭初級組織往外擴張，任何組織中的實體器物、典章制度，以至於互動的規範與傳統，無一不是此一社會文化體系的內涵。

這些時時刻刻影響個人在組織中角色行為的要素與功能，整體而言就是文化的現象。任何一種文化現象，最具體的，包含食、衣、住、行的具體生活物質，所有滿足人類實際生活需要的器物，這些都具有一定的功能；再者可形之於外或觀測而得的社會現象，如組織制度、風俗習慣、思想道德等。這些現象本體或相互之間的關聯互動，都是當下整體社會中不可分割的一部分，此一完整的社會體系即是文化的整體，也是左右社會成員行為的核心（Parsons, 1951; Schein, 1985）。

（二）社會化乃是個人接受所屬社會文化薰陶成為社會一分子的歷程

個人要能成為社會體系中的一分子，就必須學習如何扮演好符合其身分的行為舉止，也就是要表現出符合社會對此角色的期望，才能為社會所接受與讚許，否則將如格格不入的異鄉人。英國人類學家 Edward Burnett Tylor（1889）提到人類文化發揮了其對個人心理與社會行為形塑功能的濡化（enculturation）潛在歷程（詹棟樑，2000），也就是所謂社會化的歷程。

陳奎憙（2014）整合了社會學者的論述，提出社會化的定義：

> 所謂個人社會化，是個人基於其身心特質與稟賦，和外界社會環境交互感應或學習模仿的一種歷程；個人因此而獲得社會上的各種知識、技能、行爲模式與價值觀念，一方面形成其獨特自我，一方面履行其社會角色，以圓滿的參與社會生活，克盡社會一分子之職責。（頁 40）

《狼人》是大家耳熟能詳的一部電影故事，從其初生時遺傳的身心特質來看，是一個正常嬰孩，但因為生長在與人類隔絕的環境中，他的行為逐漸地也就跟人類社會的模式截然有異。任何人類社會組織必然會形成其獨特的生活方式與規範，存在愈久遠的社會，其社會組織結構將愈趨複雜，各種制度也愈趨完整。同一社會的成員，不斷調適，透過個人在其所處生活環境的成長過程中，有意或無意的學習各種生活的模式，終而成為其社會中的一分子。此種社會文化對於個人成長和發展的環境與學習功能，即是個人接受社會文化的濡化過程。

二、衝突理論（Conflict Theory）

衝突理論與結構功能論最大的差異在於對社會結構的功能看法不同，結構功能論認為社會成員人人皆能盡其角色義務，則社會制度的功能便能充分發揮，整個社會即能和諧發展；惟衝突理論卻看到了社會體系和制度之間的負面現象（姜添輝，2006；Marx, 1969）。批判理論與衝突理論最大的差異在於：

（一）社會體系團體間經常存在對立、衝突與鬥爭，優勢者掌握支配權

衝突理論認為社會體系團體間經常存在著資源和利益的紛爭，任何團體或個人都想取得優勢地位以獲取更多利益，因此對立、衝突與鬥爭不斷產生，社會體系也就時時面臨變遷與改革。變遷之後雖會有短暫的和諧穩定，但這種穩定現象的背後，可能是優勢者強制合作或者弱勢者隱忍並徐圖再起的結果，因此衝突與變遷乃是循環不已的社會現象（林生傳，2000）。

（二）語言符碼（language code）與社會再製（social reproduction）或文化再製（cultural reproduction）

由於社會體系中的資源掌握在優勢者或上層社會階級之間，上層社會階級或優勢族群的下一代仍然是資源掌控者，低層級的後代永

遠難以脫離貧困與弱勢，這就是所謂的社會再製（陳奎熹，2014：40；Bowles & Gintis, 1976）。

但是 Bourdieu（1973）認為再製的基本動力因素，不純然是社會的政經因素使然。依據其看法，認為透過不同階級間，日常所使用的語言、文字精緻度和生活方式等的文化資本（cultural capital），不同階級間就存在著差異，不同階級從每天最基本的生活、語言等文化資本所造成的文化不利，將造成其下一代在學習與成長過程中產生不利的現象，這種現象就是文化再製（林生傳，2000；譚光鼎，2010；Bourdieu, 1973）。

三、詮釋論或解釋論（Interpretive Theory）

諸如現象社會學（phenomenological sociology）、符號互動論或象徵互動論（symbolic interactionism theory）等詮釋論或解釋論者，和前述兩大學派最大之差異在於研究方法取向上。

（一）理論或方法論上之轉變

從理論或方法論上來看，不論結構功能學派或衝突學派，其立論著眼點均放在分析整個社會文化體制的鉅觀層面上，從而探索人際行為之間的法則，冀圖歸結出社會群體運作的共同規範。而詮釋學派雖然瞭解到語言在社會結構中的功能，但在探討方向上則是轉向微觀分析的角度，諸如現象社會學、俗民方法論（ethnomethodology）、符號互動論等強調的質化取向的方法，從社會組織成員個體的生活場域入手，就每天實際的人際互動行為中，解析社會人際行為的內涵與意義（林生傳，2000；陳奎熹，2014）。

Alfred Schutz 的現象社會學（Schutz, 1976），承續 E. Husserl 現象學（phenomenology）對於透過工具理性尋求普遍法則以預測和控制自然現象的批判，引用現象學方法，提出以「互為主體性」（intersubjectivity）瞭解人類生活中的社會世界，認為人類的世界乃是認知主體跟他人直接或間接協商所形成的世界，瞭解日常生活世界的意義結構，也就是探索現實的社會建構過程（林生傳，2000；郭諭陵，2006；Schutz, 1976）。

此一理念影響了 Harold Garfinkel 俗民方法論的取向，從研究社會本身結構，改為從人們日常生活互動情境中探討真實的社會（葉乃靜，2012；Garfinkel, 1967）。Garfinkel（1967）提出以日常生活、常識觀點為主，認為每天實際生活世界中人與環境、他人或事物互動情境中意義的建構和分享，就是社會的呈現，以此樹立其俗民方法論，認為「只要理解人們如何地詮釋社會本身，就可以瞭解整體的社會」（葉乃靜，2012：156），所以俗民方法論是一種由個體到整體的研究過程。

（二）語言在建構人際互動中的關鍵功能

社會人際互動來自於語言符碼的運用，這是人類社會與動物世界溝通上的極大差異，符號互動論傾向於藉助社會心理學的觀點，從日常生活場域的人際動態關係中，探討各種社會現象的象徵意義。到了 B. Bernstein 因其語言學的學術專業歷練，發表了一系列符號互動論著述，成為此一理論體系的代表人物（王瑞賢，2002；譚光鼎，2010）。

Bernstein（1971）認為語句、語意、語法等組成了語言形式，從其內涵中可以分析語言形式與社會關係之間的關聯性，特定的社會關係形成了不同的語言形式。家庭是個人語言習得的初始機構，特定的語言符碼運用習得過程，即是家庭社會關係形成的過程，也是個人初始社會化的過程。而由此進一步可以論證家庭社會關係如何受到社會結構間之關係，也就是語言符號與社會結構之間的相互建構歷程所影響，並從而剖析潛在的階級結構如何透過此一習得歷程而達成階級再造或文化再製（王瑞賢，2002；Bernstein, 1990）。

（三）互為主體（intersubjectivity）和同理的瞭解（empathic understanding），賦予行為互動者雙方主體意識及自主性

Schutz 整合 M. Weber 和 Husserl 的主體性（subjectivity）論述，以獨立自主和自由意志為內涵，認為每個人在其認知主體中有一先驗的自我，有認知他我的能力，由此構成認知上的相互共同性或同理性，這種社會意識也是互為主體性的表現（趙曉薇，2000；郭諭陵，2005；Schutz, 1976）。

探討真實世界生活場域的解釋論者，為避免質化研究過程中研究者的主觀與偏見，透過所謂互為主體和同理的瞭解，企圖能深入解析行動者社會行為的意義。此派學者強調行動者的主動性，他們認為社會人際互動雙方均具有主動性，在其主體意識和社會文化環境條件下，享有某種程度的自主性，因此行為的意義才能不斷深化，社會文化的創新也才有可能。

互為主體性意謂著主客體之間或我與他者之間，彼此均能認同、尊重且接受每一個體的主體性，站在他者主體的角度來看自己。惟作為理解他者的我，如何跳脫其文化背景下的自我主體，以他者的背景脈絡作為思考主軸，達到真正的同理性，誠為關鍵，此一探討於後續批判理論中亦將再次提及。

（四）解釋整體社會現象必須透過個人日常互動行為過程的意義分析

社會是由個人所構成，個人與個人或團體的交互影響，時時刻刻存在日常生活中，任何日常互動行為均存在著意義，唯有透過個人日常互動行為過程的意義分析，才能解釋整體社會現象，此乃詮釋論者共同的探究方向（林生傳，2000；陳奎熹，2014；Garfinkel, 1967）。

四、批判理論（Critical Theory）

批判理論起源於質疑社會結構體系理論的鉅觀論點邊緣化了生命個體實質存在的意義，認為注重工具理性的結果反而陷理性於不義；而另一方面又有感於若干微觀社會學卻又以價值中立的思維，過於強調描述生命個體的主觀性，明顯忽略了社會體系的規範機能，無助於改善社會既存的不公義現實，批判社會學在此一情境中逐漸成形（黃瑞祺，1996；張建成，2004）。

（一）兼顧鉅觀的社會結構問題以及微觀的個人主體意識理性反思，企圖改革社會的不平等與不合理的權力支配等現象

批判理論兼顧鉅觀的社會政經、文化體系等制度層面所產生的社會結構問題，同時也關注到微觀的個人主體意識和理性反思。以 H. Marcuse 和 J. Habermas 為首的法蘭克福學派為此一理論重心，延伸到後現代主義的批判觀均屬之（陳伯璋，1987；黃瑞祺，1996；Habermas, 1984）。

此學派一方面承續馬克思等人對於社會各階級間，因為優勢、霸權與宰制所導致的對立、衝突與鬥爭現象的一系列批判；另一方面則試圖延伸解釋學派中如現象學或象徵互動論等論述，認為主體性含蘊的自由意志與自我主觀（subjective）先驗理性，容易流於真理霸權和宰制，因此必須以個體自我的理性思辨為前提，以喚起社會大眾批判意識的覺醒，進而企圖經由平等與互為主體的理性溝通，達成改革社會的不平等、剝削、不合理的權力支配等現象（張建成，2004：47-48）。

（二）主張批判理性，批判科學實證論在研究方法上過度主張工具理性，對於衝突論和解釋論的主張亦提出批判

批判學派提出所謂的批判理性，一方面在研究方法上批判過度主張工具理性的科學實證論，另一方面則對於衝突論和解釋論的主張

亦提出批判。批判學派認為科學實證論發展到20世紀以來，已過度倚賴自然科學量化數據和價值中立的論證模式，期以工具理性來探討人類社會現象，試圖尋求一系列公式化的自然法則來檢驗人類社會行為，如此終將矮化了人的自由意志與理性思辨等的可能性，任何情境中的個人，都不可能是一個在完全被動安排下的客體（黃瑞祺，1996；Habermas, 1984）。

再者批判理論認為，衝突論者一味突顯人類社會族群與階級間的矛盾、對立、衝突與鬥爭，對於人類追求和諧安樂的社會生活，實無助益；再者解釋論者只是反覆宣揚人的主動創造以及互為主體的相互理解能力，事實上仍無法有效化解社會的不公、複製與霸凌（黃瑞祺，1996；Habermas, 1984）。

（三）合理性的共識有賴不同層級間自主的互動與溝通

溝通行動的目的在導向社會各主體間的相互瞭解，藉以獲取雙方皆可接受的共識（張源泉，2006；Habermas, 1979）。個人與團體、團體與團體，或不同社會階層間，遇到相互間對於行為意義產生歧見時，必須不斷交換雙方的目的、理由或重要性等看法，直到大家達成共識，此乃獲致合理性共識的歷程。

第二節　開放生態觀的社會系統理論對於社會行為核心議題之文化與心理脈絡探討重點

早期的社會學者 August Comte（1798-1857）即已提出社會靜學與社會動學的論述，而社會動學就在論述所謂社會動力（social dynamic），主要討論社會體系內結構因素間的互動脈絡（賈馥茗，2005；陳奎熹，2014）。此後社會動力之理念一直延續在社會學及其相關領域，如 T. Parsons 結構功能觀的系統動力論述（郭諭陵，2006；Parsons, 1951），認為社會乃是一個追求和諧的體系，透過社會體系的結構、角色和互動的模式，促使社會系統調適與統整共識，以維持系統的穩定與進化（鄭世仁，2001）。而 K. Marx 衝突論點的物質動力說，認為經濟結構是造成社會階級衝突、鬥爭以及社會進化的原動力，凡此均可見其動力系統脈絡（姜添輝，2006）。

一、承續一般系統並整合了開放社會系統與生態發展系統之理念

本文開放生態觀的組織社會系統理論，乃以社會學之社會系統理論為主軸，承續生物學者 Bertalanffy 於 1928 年起陸續提出的一般系統理論（秦夢群，1987；黃昆輝，2000），並整合組織開放社會系統（Katz & Kahn, 1966; Kast & Rosenzweig, 1985）和社會工作生態發展系統（Bronfenbrenner, 1979）的看法，綜合分析組織社會動力情境中的所有交互影響因素。這些開放生態觀之社會系統，含括組織系統內結構面因素、過程面因素加上系統外各種環境因素，一般系統理論五個次級系統：結構、成員能力（知識和技術等）、心理社會文化交互運作、目標與管理（秦夢群，2019；謝文全，2018；Bertalanffy, 1968），和生態發展系統五個次級系統：微觀系統、中介系統、外部系統、宏觀系統以及時間系統（陳英豪，2017；Bronfenbrenner, 1979），這些都是隨時左右組織的凝聚力和產出績效的相關因素（Forsyth, 2006）。

F. E. Kast 和 J. E. Rosenzweig 基於系統理論的看法，提出組織開放社會系統理論（Kast & Rosenzweig, 1985），此與其他行政學、管理學或組織行為領域學者之組織社會系統理論相契合，同樣將組織視為開放的社會系統（謝文全，1990/2018；秦夢群，1987/2019；黃昆輝，1988；Getzels & Guba, 1957; Getzels, Lipham, & Campbell, 1968; Hoy & Miskel, 1982）。系統外有各級系統，系統內有次級系統；系統本身包含組織機構層面，以及組織成員個人兩大層面；再者，組織系統中尚有非正式組織系統，諸如各種居於興趣、友誼、利

益和認同等而來的小團體均是；同時組織外尚有各層級系統，如地方政府上有中央政府、學校外有教育局或教育部。組織系統之運作，有賴於系統內外各層面因素的交互作用，茲將以 J. W. Getzels 與 E. G. Guba（1957）所著〈Social behavior and the administrative process〉一文，登載於 *School Review, 65*，頁 429 所附之系統圖為構思來源，並整合自前述各領域觀點（謝文全，1978；秦夢群，1987；黃昆輝，1988；Getzels & Guba, 1957; Getzels, Lipham, & Campbell, 1968; Hoy & Miskel, 1982）的開放生態觀之組織社會系統圖示，如圖 2-1。

圖 2-1
開放生態觀的組織社會系統

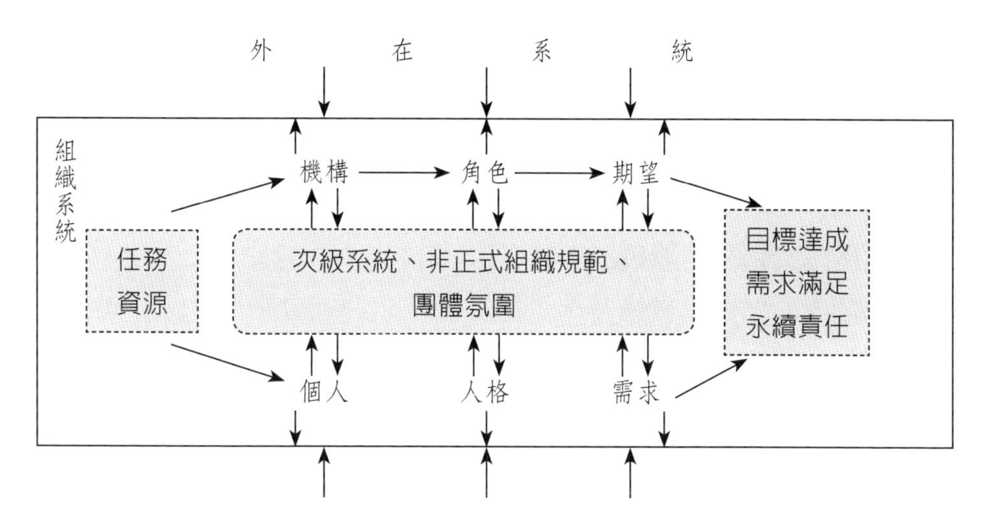

二、組織機構層面的角色期望行為受社會文化因素所左右

組織系統內之機構層面，由制度、規範、職務等組織結構因素，以及隨之而來的職位角色和角色期望所組成。任何組織機構的形成，都起於組織所處大環境下社會文化結構之需要，為了達成這些需求，此一機構組織必須建立一套制度、規範、職位等結構要素，以完成社會使命。從機構層面來看，任一職位都以完成組織交付的任務為

依歸，任何成員居於此一職位，皆有與其職位相符的角色期望行為，組織機構層面的任務與功能才能達成。組織結構是縱橫交錯的，職位之間也是相輔相成的，有靜態、有動態，呈現一個完整的社會生態系統。

三、組織成員個人層面行為表現受其獨特心理特質與需求所影響

組織任一職位均需由成員來擔任，然而成員個人乃是其所處生活場域中一個活生生的個體，每一個體均有其自由意志、喜怒好惡與情緒變化。每一個人也都有其不同的成長歷程、人格特質、有形和無形學習環境，造就其不同的動機需求。因此同一個職位，不同的人去扮演，所表現的行為就是不同。但無論如何，其自我心理特質與需求的行為表現，仍無法背離社會文化系統的規範。

四、組織存續有賴機構層面和個人層面相調和，以及永續環境和社會責任之達成

每個人固然有其獨特需求，但組織是一個社會團體，除非離開此一團體，否則任一成員都需面對組織的規範與期望。組織乃因成員需求而產生，成員可從團體中獲得認同與地位，組織的凝聚力和約束力確保團體可以存續。但是成員如果長期感受到其個人需求落差太大，一旦有更能滿足其需求之組織，極可能離此而去。

社會系統乃是交互運作的生態系統，社會不斷變遷，文化內涵與外貌亦會繁衍、更迭與創新，唯有機構面與個人面、角色期望與個人需求之間，不斷調適與相容，同時還得要隨時體察組織的社會責任，以及外在系統環境的訊息，一切往前看，組織系統才能永續生存，個人的心理需求層次也才能獲得最大的提升，否則組織就會面臨外在系統的制約，甚或解組的可能。

第三節 社會心理學對於組織成員社會行爲核心議題之文化與心理脈絡探討重點

組織成員的人際互動，大多是產生在日常的工作與生活環境中，社會心理學主要在探討個人處在廣義的他人存在環境中，如何影響他人，或如何受他人影響的行為（鄭瑞澤，1980；Allport, 1968），亦即社會文化情境中的個人行為。

所謂廣義的他人存在環境或社會文化情境，是指他人不一定實際就在周遭，只要個人意識到自己是社會中的一分子，個人社會化歷程中所形成的人格特質，包含態度、價值觀與真理假設等，這些時時刻刻左右個人行為的潛在情境即是。因此，所謂社會行為，乃是指在社會環境相關聯下所產生的行為，亦即是個人與他人或團體互動情境中的行為（張春興，2003）。

固然社會心理學的探討主題，大致上跨越了心理學、社會學和文化人類學（李美枝，1982；Berelson & Steiner, 1964），從其探討主題來看有些和組織心理學有所重疊，然其探索的核心焦點仍有其特有面貌（Baron, Branscombe, & Byrne, 2008）。以下就幾個部分做簡要敘述：

一、對社會的認知

社會認知，包含了個人對社會環境事項的認知及社會環境因素對個人認知的影響。個人所處的社會環境，包含物理環境，以及人際關係、政經法律、風俗習慣、制度規範等廣大的社會文化環境（李美枝，1992）。

（一）認知的社會因素

L. S. Vygotsky 之社會文化理論或社會發展理論（Sociocultural Theory/Social Development Theory），特別強調社會文化是影響

認知發展的重要因素（張春興，2003；劉威德，2000；鄭瑞澤，1980；Vygotsky, 1978）。個人行為從出生起就脫離不了社會文化的影響，此一論點與文化心理學的核心思維頗為相近，個人認知行為反應的產生，除了要有足以引起感官知覺等的環境物理刺激以外，所有關聯的社會屬性因素，這些都是影響個人對所受環境刺激採取反應行為的重要社會認知因素。當一個在臺灣長大的人和一個在日本長大的人，這兩個人同時看到某人手上拿著裝禮金的白色信封袋時，這兩個人認知的意義是完全不同的。

（二）社會文化因素對個人認知的影響

個人認知方式一般情況下，通常會依其所處社會文化的優勢價值而做判斷，個人很容易受到社會文化規範或其價值觀而影響其認知（鄭瑞澤，1980：41）。從社會上經常可見的族群歧視或種族偏見中，我們會發現所屬族群不同，對某些族群常會出現不當的評價，這些即是所謂的族群刻板印象（stereotype）或意識型態（ideology）等現象。

偏見（prejudice）乃是沒有充分合理性的推理信念，同時又伴隨有正向或負向的價值判斷，這種帶價值判斷的不合理性信念，往往為同一族群所共有，是社會化歷程下的產物（鄭瑞澤，1980）。

個人的生活經驗和學習歷程，有時也可能影響而淡化或改變一個人的偏見或刻板印象（鄭瑞澤，1980：76；Taylor, 1971）。有時一個位處於封閉文化的內陸國家居民，當有一天移民到一個政治與宗教信仰開放的國家後，有可能因為接受了新社會的教育與生活方式，不知不覺中其對於宗教的某些偏見也就逐漸破解。

（三）個人所屬團體或社會環境因素對個人認知的影響因素

個人的生活與學習經驗、價值觀及其人格特質等的形塑，起源於其所屬的團體，其中與個人生活和學習最直接深入的家庭、學校、工作團體，或如年齡等社會階層，這些團體的規範、信念、行事風格，在個人耳濡目染與日積月累後，就成為個人言行舉止、甚至思考模式等的參考架構（frame of reference）或參照標準，而此一團體又稱為參照團體（reference groups）。

與個人生活愈直接有關的團體，其團體規範對個人社會行為的約束力愈大，尤其在資訊缺乏，或需急迫做決定的情況下，常會以大多數成員的判斷做準據，因此有所謂從眾壓力（conformity pressure）。但是團體決策（group decision-making）也常會出現很多迷思，尤其愈封閉的社會團體，團體決策也會愈偏狹，行為也會愈極端或充滿冒險性（鄭瑞澤，1980：42；Moscovici & Zavalloni, 1969）。

個人並非只會有一個參照團體，在愈開放的社會文化氛圍下，參照團體可能更多。此外，參照團體也不一定是個人實際所屬的社會團體，有人雖非某一社會團體之成員，然而一直心儀該社會團體的人文風尚，於是奉行該一團體的生活方式，表現出其心理上認同團體的行事風格（徐木蘭，1983：236；Schein, 1988）。

二、對團體中他人的認知

個人身處於社會群體環境中，所作所為可能影響到他人，也可能受他人所影響，對於與其生活有關聯的他人，該人外在的行為表現與內在思維，這些外顯或內隱的訊息，個人如何判斷其意義？這是每個人天天要面臨的人際互動事務。

其實在人際互動行為中，最難的，也就是瞭解一個人，當我們在陌生環境想要找人問路時，我們總會盡可能找那些我們看起來最可靠的；當一個組織要遴選一個新成員時，總是要審查很多基本能力資料，而且還要面試，錄取進來後還設有觀察試用期。我們最怕以貌取人，但是在資訊有限的情境下，我們常常也會受限於此。事實上，有時就算是對於我們身邊相處的人，也會以其局部的某些表現去論斷其整體人格特質，比如有句「情人眼裡出西施」的俗語，所謂的月暈效應或暈輪效應（halo effect）即是指此（李美枝，1992；鄭瑞澤，1980：57）。

有些人同理心很強，也善解人意，但是對人的認知中我們必須留意文化差異的問題，同樣的外表行為訊息，在不同族群文化裡呈現的意義卻是完全不同的。比如很多族群文化中，比大拇指是讚許的意思，但是在有些文化體系中，意義卻是完全相反的，如果沒有瞭解認知對象的社會人文背景，很容易南轅北轍，產生誤會。

在對人的認知中，也有所謂的刻板印象（李美枝，1982；Asch, 1946），比如不少族群存在著男性剛強、女性柔弱，男主外、女主內等性別刻板印象，造成社會上某些行業大多數從業人員偏於單一性別，這些不少是因為族群文化而形成的刻板印象（張嘉真、李美枝，2000）。

三、對社會角色扮演的知覺

對社會角色扮演的知覺，包含對角色期望或如何扮演社會某一角色的知覺（role perception），以及對自己的角色扮演是否符合社會期望的知覺；也是衍生自我概念、角色知覺與社會化統合（social integration）的過程（鄭瑞澤，1980：276）。

（一）對角色期望或如何扮演社會某一角色的知覺

每個人每天要扮演的角色很多，一個人可能在家庭中是父親，到了工作場所是單位的主管，參加政府的會議時是公司的代表，隨時空環境不同而變換角色，因此如何拿捏自己的身分，以扮演得恰如其分，就需要有敏銳的角色知覺。再者角色也非永遠固定不變的，角色既是社會文化經久累積、約定俗成的行為模式，由於時空因素的改變，或者社會組織成員的更迭，內外環境既然改變，角色行為規範也就自然地起了變化，當事者須能敏銳察覺社會文化環境的變遷，才能在相互磨合適應中有所調適（Merton, 1957），扮演恰如其分的角色行為。就如一位在偏遠地區服務的小型學校校長，當調到市中心的大型學校當校長後，他首先需要的，就是深入分析新學校的內外社會人文環境特質，瞭解本身能掌握的有形及無形資源，清楚組織成員、家長與社區對於學校的需求與校長的期望，如此方能扮演一位稱職的領導者。

（二）對自己角色扮演是否符合社會期望的知覺

一個人是否有自知之明，對一個人的社會角色扮演是非常重要的，所謂「以銅為鏡，可以正衣冠；以古為鏡，可以知興替；以人為鏡，可以明得失」，一個人社會行為的形塑，自始就是在與社會環境互動中養成。惟一個人是否能夠清楚瞭解社會文化對於某一角色的期望，或者明確判斷自己的言行舉止是否符合社會期望，就涉及到個人本身的知覺特質等身心條件，以及從與社會環境互動和教養歷程中形成的自我人格特質，這包含了在社會化歷程中所形塑的自我概念和角色認知。

從遺傳因素來看，如一個人的知覺敏銳度，以及某些核心氣質（temperament），從發展心理學的觀點認為大致是與生俱來的（張春興，2003）。比如有些人感覺較為遲鈍，有些人則反應靈敏；有的人情緒容易失控，而有些人卻很少發脾氣；有些人很霸道，某些人則不慍不火。這裡面有少數是比較難以改變的遺傳體質，像知覺敏銳度或情緒特質（emotional traits）等；但是有些若透過環境與學習，改變的可能性是不低的。所謂「江山易改，本性難移」，從一個人的倚賴性和可塑性來看，由於生長環境以及學習的因素，一個人的性格特質仍然是可能改變的，比如挫折容忍力、領導行為等。

（三）自我概念、角色知覺與社會化

從社會行為的意義來看，社會化乃是指個人在社會環境生活互動中成為社會人，表現出符應社會角色期盼的歷程，亦即是個人與他人或團體互動中的行為改變歷程（張春興，2003；鄭瑞澤，1980）。

社會化歷程中，剛出生後為求生存，只能被動的接受和順化生活環境的一切約束，或非自主性的模仿各種角色行為，慢慢習得語言以及各種溝通模式。隨著智能與學習能力的增長，主體意識也漸漸抬頭，加以互動範圍、對象和內涵的擴大，漸漸能在自我能力條件下有選擇性的認同社會角色行為規範，進而將社會文化價值觀內化，自我概念逐漸成形。當然社會環境不斷在變化，個人自我調適的歷程也不斷在進行，社會化也是終身的歷程。

自我概念（self conception）是自己瞭解自己是怎麼樣的一個人，也是對自己的看法和評斷，包括自己的體態、外貌等外表形象，也包含自己的能力、性向和價值等的想法和感受。整體而言，含括對物質我（material self）、社會我（social self）和精神我（spiritual self）三種屬性的認知（郭為藩、李安德，1979；James, 1890）。物質我是對自己在生存和生理滿足需求的知覺，社會我是對現實社會中自己行為可被接受或評價的知覺，精神我則是主觀的理想價值觀和道德良心等的自我抉擇（郭為藩、李安德，1979）。

角色扮演（role-playing）本身即是個人社會化的歷程，也是自我概念形塑歷程中的必要事件（Mead, 1935）。當個體在扮演社會某一角色時，必須瞭解其所處社會文化環境對此一角色行為的期待與規範，藉著社會學習歷程而內化於自我概念中，社會我的知覺輪廓也逐漸明晰，也就能扮演恰如其分的角色行為。當然所謂「近朱者赤，近墨者黑」，設若成長在背離正常社會規範的環境，當其習染養成偏差的自我概念，就容易呈現諸如反社會行為（anti-social behavior）等不被所處社會大眾認同的問題行為或稱偏差行為（problem behavior），諸如Bowlby（1969）的依附理論（attachment theory），Bandura（1977）的社會學習論（social learning theory），對於角色扮演的社會化歷程論述，皆在闡釋此一議題。

角色的扮演，若從Maslow（1954）的動機階層（motivation hierarchy）或需求層次（need hierarchy）來看，最高層次的自我實現動機也就是個人理想我的實現。動機階層理論後來也引起很多的批判，不過安全生活環境大致是被認為最基本的，而最高層次到底為何？看法就頗多分歧（徐木蘭，1983）。

第四節 文化心理學對於人類社會行爲核心議題之文化與心理脈絡探討重點

文化心理學本質上是一門跨領域的學科，含括語言、文化、社會、心理與人類學等之內涵，探討的是族群成員在其生存的環境中，社會文化規範與族群及個體心理行為間的關聯脈絡，也關注族群個體對於社會文化環境刺激所引發的反應行為模式，亦即是探討族群與個體的文化心理或文化行為模式的科學（余安邦，1996；鍾年、彭凱平，2016；Cole, 1990）。

人的行為並非只是順應生物本能的反應行為，而是受到一套與其相稱的社會文化所左右；就如餐桌上的喝湯禮節，有些族群是端起碗來就口喝，但是有些族群則是習慣用湯匙舀起來送到嘴裡。文化心理學所關心的心理與行為，不只是個人，而是不同文化族群或社會群體的集體心理特徵（鍾鳳嬌，1999；Cole, 1990）。文化心理學者認為，從實驗室裡去解析一個人的行為意義，就如以管窺天一樣；儘管人的生存本能沒有差異，但是要瞭解一個人的行為，如果沒有釐清其所處的整體社會文化脈絡，終究只是一知半解，難窺全貌。

一、文化心理學研究方法論與理論探討主軸的演化

文化心理學的起源最早要追溯到 Wilhelm Wundt（1832-1920），科學心理學之父 Wundt 除了開創實驗心理學之外，也透過了觀察與描述的取向來關注人類高層的心理歷程。所謂歷史文化層面的心理學，他認為由歷史累積而成的文化，乃是塑造人類高級心理歷程的根源（余安邦，1996；鍾鳳嬌，1999；Cole, 1990），此與後來 L. S. Vygotsky（1896-1934）所提出的社會文化論或社會發展論

（Sociocultural Theory/Social Development Theory）認為文化乃是人類心理歷程的中介，特別強調社會文化是影響認知發展的重要因素，個人行為從出生起就脫離不了社會文化的影響，此一文化心理學的核心思維，頗可相互對照（余安邦，1996；Cole, 1990; Vygotsky, 1978）。

1969 年 G. A. De Vos 和 A. E. Hippler 正式提出以文化心理學為論文主題的論著（De Vos & Hippler, 1969），從邏輯實證論的角度，視文化為獨立客觀存在，並由外而內支配人類的心理行為，個體人格的形塑乃是透過社會文化環境的薰陶而成；其探討的方向基本上和環境心理學類似，企圖以嚴謹的心理測量歷程與工具來探究各種不同文化情境中共同的行為組型（余安邦，1996；De Vos & Hippler, 1969）。

二、文化是左右人類心理行為發展的潛在框架或調節變項

Wundt 當年的心理學探討方向，一方面是心理實驗室裡的生理與物理心理學，此乃科學心理學或為實驗心理學興起的里程碑。然而另一方面，他也探討行為現象組型背後的族群文化影響因素，也就是所謂的民族文化心理學，雖然此方面的發展當時未如前者受到注目，但是近年已成為文化心理學探討的主要核心之一（余安邦，1996）。

1930 年代前後，俄羅斯學者 Vygotsky 在烏克蘭神經心理學院提出的社會文化理論（Sociocultural Theory），在其認知發展理論中，特別強調社會文化是影響人類認知發展的重要因素，主張以文化為中介的人類心理認知歷程（周玉秀，1998；鍾鳳嬌，1999；Cole, 1990; Vygotsky, 1978）。

Vygotsky 的社會認知發展理論強調，人類從一出生就在一個屬於人的社會環境裡成長，他的認知架構發展上，是由外化而逐漸內化的，由無律、他律（heteronomy）而自律（autonomy），也就是從自然人而逐漸變成社會人，人類的認知發展藉由社會學習的歷程得

以完成，改變學習者的社會文化環境，將有可能改變其認知架構（鍾鳳嬌，1999；Cole, 1990; Vygotsky, 1978）。此與 J. Piaget（1896-1980）所提兒童道德判斷（moral judgement）認知發展年齡的三階段論點主張類似，可視為 Immanuel Kant（1724-1804）哲學道德律（moral law）在心理學上的論證（方永泉，2009；張春興，1978；歐陽教，1997）。

三、關注人類主體意識下的文化、心理與社會行為之互動及變遷

文化心理學在文化與心理脈絡形塑社會行為的探討，重要主軸在於文化如何影響人類心理社會行為，同時人類心理又如何反作用於文化等問題。

綜合各領域學者對於文化心理行為的論述（余安邦，1996；鍾年、彭凱平，2016；Cole, 1990; Schein, 1985），歸納文化對人群行為的影響可以區分為三個層次：第一個層次表現在對人們可觀察的外在物品的影響上，如不同文化中人們的服飾、習俗、語言等各不相同，最容易被看到，只是外人要瞭解其意涵，必須深入其族群生活場域與歷史時空中；第二個層次，表現在對族群價值觀與意識型態等的影響上，不同文化族群人們的價值觀有差異，這正是目前許多跨文化研究的理論基礎；文化影響心理行為的第三個層次，在其對人們潛在的基本假設與真理等的影響上，這種作用是無意識的，但它卻是文化影響的最終層次，它決定著人們的知覺思維過程、情感以及行為模式。

當代文化心理學的研究主軸，較為關注文化對人類行為影響的第二與第三層次，尤其第三層次，深入爬梳文化與心理之間的脈絡。其探討關注的主題含括：文化與人格、文化與情緒、文化與基本心理過程（包括行為的生理基礎、知覺認知、意識和智力等）、文化與發展、文化與社會性別（gender）、文化與社會行為（包括人際關係、

人際知覺、人際吸引、歸因、從眾攻擊、合作等）、文化與組織、文化與自我，以及民族自我中心主義刻板印象和偏見等（鍾年、彭凱平，2016）。

另一方面人類心理如何作用於文化的問題，也是文化心理學的重要課題。文化心理學所探討的人，是一個具有主體意識的人，文化固然是左右人類行為的框架或中介變項，同時它們也反過來界定了文化的範圍與內容；就如某些族群，主人家敬酒，客人一飲而盡、不醉不歸乃是必然的禮節，但由於醫學健康知識的發現，加上個人自主權利的普受重視，這種習俗大都已逐漸式微。這種文化與行為間相互調適的過程，也就是文化變遷的過程（余安邦，1996；鍾鳳嬌，1999；Cole, 1990）。

四、不同族群文化、心理與社會行為的泛文化探討

文化乃是族群時空環境背景的產物，任何族群在其不同的生活場域經久累積適應的生活方式，都應被同理的理解與尊重，不應有普世價值和孰優孰劣的分別，這也是文化心理學泛文化探討最重要的啟示（余安邦，1996；Price-Williams, 1980）。

（一）文化背景的不同，乃是族群成員溝通互動模式、自我概念、性格、角色認知、態度、社會價值觀與意識型態等行為互異之根源

1. 不同族群其文化認知行爲表現自然存在差異

從族群文化行為結構的三大層次來看，外表層次形諸於外，很容易被察覺，諸如食、衣、住、行和語言等；中間層次兼具外顯和內隱的特質，如社會文化體制、價值觀、道德倫理和意識型態（values and ideology）等，規範同一族群間的行為型態，就像某些族群視紅色為喜事時的裝飾；而最內層的則是潛意識層次，存在於同一族群所有成員間，被視為是無可質疑的真理假設，諸如人性觀、時空觀等。

這些文化體系，不同層次在不同族群間，或多或少都存在著差異（俞文釧，1996；Hofstede, 1980a）。

我們經常以民族性（national character）來描述一個族群基於文化特質而表現的一般共同反應行為型態，固然個人行為表現乃受個人當下的所有情境條件而有不同，但由於文化的差異，自然孕育了人類行為的不同意涵，久別重逢時當眾擁抱的行為，在受華人文化影響下的族群即使是親人或好友之間也很少出現，但在習於西方文化的歐美人則是相當自然的表現。文化的形成乃是某一族群在其共有之特定時空環境中，經長期生活互動中所凝聚成的，因此都具有其存在的意義與地位，沒有普世的存在，也不宜有價值優劣的問題。

2. 文化差異經常導致族群社會行爲認知的偏差

當兩族群文化相接觸時，由於族群文化的歧異，很容易形成族群之間的我族中心主義（ethnocentrism），一般人容易認為自己的文化是最好的，將與自己族群不同的文化行為視之為落後，於是產生所謂文化刻板印象（stereotype）與偏見（prejudice）等族群社會行為認知的偏差（鄭瑞澤，1980；Taylor, 1971）。

全球化浪潮的衝擊，文化交流莫之能禦，但也因此導致了不同文化之間的消長與快速變遷，常常由於偏激的文化意識型態，導致族群之間的文化衝突和霸凌，優勢文化侵蝕了弱勢文化的現象也到處可見，這不只是促成文化心理學興起的原因之一，也是導致後現代主義與批判社會學等提出所謂互為主體、容忍差異和共存共榮呼聲的主要原因。

（二）全球泛族群文化行為研究提供人類行為之文化影響機制探索

泛文化心理的研究到 1970 年代，逐漸減少了與心理人類學的重疊，開始注重在人類行為的社會文化脈絡探討（余安邦，1996），在全球化浪潮下開闊了文化心理行為比較探索的視野。1980 年代起，泛文化族群心理行為的比較研究受到關注，Price-Williams, D. R. 的文化心理學探討對象發生了改變（余安邦，1996；Price-Williams, 1980），他在所著〈Toward the idea of a cultural psychology: A superordinate theme for study〉一文，肯定了不同文化之間的歧異性，試圖從跨文化的比較中，發現不同的文化因素對人類心理行為的影響機制，其重心從文化對個體的制約轉為不同文化族群的行為組型；再者，其在研究方法上也大量導入個案研究、民族誌與田野調查法。此外，對於語言在文化脈絡中的重要意涵也闡釋頗多，強調語意、語法和語用三者間在分析文化與心理行為的關鍵地位（余安邦，1996；Price-Williams, 1980）。

荷蘭文化協會研究所所長也是美國管理學會心理學家 Geert Hofstede，是相當早期著手跨文化組織治理探討的學者之一。Hofstede 認為文化是在一個環境中人們共同的心理程式，不是一種個體特徵，而是具有相同的文化、教育和生活經驗的許多人所共有的心理程式；不同的群體、區域或國家的這種程式自然互有差異（俞文釗，1996；Hofstede, 1980）。他在 1970 年代進行了一項規模龐大的全球跨文化民族性格的比較研究（Hofstede, 1980）。他以一個跨國公司分布在全球各地各分公司所有職級的雇用人員為對象，此一研究前後 7 年，跨越五大洲 66 個國家與地區，總共調查了 117,000 份問卷，研究的目的在於瞭解不同文化族群間整體性格與行為特質的差異，以利此一跨國公司針對不同國家族群構思相對的治理策略。

此一研究是相當早期的全球性組織治理探討開創者之一，在全球泛文化比較研究上亦是（俞文釗，1996；Hofstede, 1980），研究結果提出了被引用甚廣的四個區分全球各國家地區民族文化心理行為的構面：權力距離（power distance）、不確定性避免（uncertainty avoidance）、個人主義—集體主義（individualism—collectivism）、男性度—女性度（masculinity dimension—feminine dimension）。權力距離：是指組織層級結構間，不同職級人員其相互主客觀的尊卑程度有多大，或者說下級人員是否視上級人員為不能隨便親近的人，也就是相互間人際關係的親疏或社會距離有多大；不確定性避免：是指容許模糊的空間有多大，可以不做決定的時間有多長，對不同意見的容忍度有多高，也可說是否凡事要求一致性；個人主義—集體主義：是指個人的自主權利在團體中獲得重視程度有多高，個人的努力一切都是為了團體或者也應該回饋給個人，組織結構是鬆散的，還是層層節制的科層體制；男性度—女性度：是指傳統被視為男性陽剛特質的價值優勢有多高，性別平等是否受重視，生活目標是在追求偉大成就、財富與地位，或者是有品質的生活（俞文釗，1996；Hofstede, 1980）。

第五節 從各領域探討社會行爲之文化與心理脈絡在學校治理上的意涵

學校乃是其所處社會文化系統的一環，內有雙重複雜的次級系統，外有層層環繞的外在系統，開放社會生態系統的特質顯著（秦夢群，2019；Hoy & Miskel, 2001）。社會文化體系既是影響學校教育的根本，更是整個教育內容的泉源。學校治理的核心任務，在於面臨錯綜複雜的組織社會文化生態系統中，如何糾合群力以完成社會所賦予的教育使命。

一、學校治理核心議題正是跨學科領域探討社會行為的文化與心理脈絡主題

不論是學校、企業、政府機構或非營利組織的治理，都同樣必須面對下述三大共同關鍵議題：人群特質的多元性、糾合群力的理性與情感兼具性，以及群際動力歷程的複雜性。

（一）人群特質的多元性

所謂人心不同各如其面，任何組織的治理首需瞭解人的本性與特質，又需要清楚認知所面對群體的規範、文化與制度。人性雖然有其

共通處，惟人乃是一個活生生的個體，由於其天生的智能和教養的環境，導致每一個組織中互動的個體，均有其不同的殊異特質。而不同特質的個體在組織群體互動中，加上群體規範、文化與制度各種因素的影響，導致人群互動樣貌多元且複雜，對各領域的組織社會行為治理而言，誠為極高之挑戰也（張鈿富，1996；黃宗顯、湯堯、林明地等譯，2003；Hoy & Miskel, 2003）。

（二）糾合群力歷程的重心在於謹守溝通理性與互為主體的感性包容

組織團體的效能全賴領導、溝通與協調來促動，人群力量有阻力亦有助力，如何化阻力為助力，一方面需要具溝通理性的各領導階層宏觀縝密的策略思維，另方面更需要具有創意、彈性與包容的巧妙藝術布局。所謂運用之妙，存乎一心是也。

惟其有宏觀縝密的理性溝通思維，才能在每天面臨的組織複雜情境中，理出頭緒，穩定方向。遇到難題時，方能有條不紊、鉅細靡遺的思考其問題所在，尋求有效的解決問題策略，發展出各種可能的解決方案。惟其有巧妙的藝術布局，面對衝突或立場相左的溝通情境時，方能發揮互為主體的包容感性，使複雜的人群互動力道呈現和諧美境。

影響組織治理的人群因素既如此複雜，且團體間的互動力道縱橫雜陳，若無包容的巧妙藝術布局，則焉能尋得和諧美境？再者人群組合境遇隨時變異，社會情境變遷急遽，政治角力詭譎莫測，外在環境不斷在變，組織治理者必須隨時保持敏銳觸覺，推陳出新，方能永續生存於大環境中。

（三）群際動力歷程的難以預測與掌控性

任何組織內人際動力的影響因素皆頗為複雜，這些包含了靜態的結構因素、工作特質的因素、個人的人格特質因素、組織內的士氣和氣氛等文化的因素，組織外社會、政治、經濟和技術變遷等的環境因素，而運作歷程間涉及了所有系統內外足以牽動群際動力的所有因素，諸如資源的分配策略、領導溝通與協調、組織的規範與傳統等，在上述這些因素的互為消長與折衝之下，開放生態系統的人群動力歷程變化莫測，實非可以完全預測與掌控者也。

二、社會行為之文化與心理脈絡跨學科領域探討可供學校組織治理之借鑑

（一）有助於學校治理者充分瞭解組織心理力場

學校是不同人群互動的場域，經營者若不瞭解人心，何以影響人群？學校是由不同人群所組合而成，有教育工作者、有學習者，此外尚有外在直接或間接的影響者。我們常說人心不同各如其面，最上層的治理者從校長以下，每天要面對的就是如何讓每個人安於其位、樂於其事，怎麼激勵同事發揮效率、鼓勵學習者日日有長進，這些組織領導者影響人心所必需的知識、能力與態度，乃是任一層次的治理者均需力求精進之道。

（二）深度體現此時此地組織的社會結構與文化脈絡

社會文化既是影響學校教育的根本也是內容的泉源，唯有深入瞭解其脈絡始能全盤掌握。學校既是不同人群聚集處，不管學習者、教學者或其他各類服務人員，都有它不同的成長與生活背景，從此一角度看，每個人都脫離不了家庭與社會與生俱來的影響，而影響家庭與社會最根本的當屬其生長環境的社會文化脈絡。

學校體系無論是教育的目的、學習的內容、教學的設施以及服務的內容，沒有一樣不受到社會結構與文化體制的影響。小自每天的作息與校園布置，以至於什麼是最有價值的學習課程，樣樣顯示著學校體系自有一套運作的機制與規範（吳清基、陳美玉、楊振昇、顏國樑，2000；Owens, 1987/2000）。學校組織之治理，務須時時深度體現組織此時此地的社會結構與文化脈絡，方能不負社會之重托。

（三）整合影響學校組織體系內外系統之主客觀因素，群策群力達成教育使命

學校的雙重系統以及鬆散結合的特質，導致了經營效能與效率評鑑的困難度，也引起不同系統間溝通協調上的複雜度；而中小學的經營上，更因為受教者與施教者間心理成熟度上的差距，此兩個次級系統間心理與文化上的殊異，更是學校經營上必須多元與彈性因應的主因（丁一顧、張德銳，2004；吳清山、林天佑，2005；謝文全，2003）。

教育是百年樹人的工作，受教者資質互異、家長要求不同、校內服務社群職務有別，校外壓力團體形形色色，作為學校經營者，毫無疑問的，只有透澈瞭解與每一群體的心理與文化現象，方足以順暢的發揮影響力、同心協力營造一所理想的校園。

第三章

組織成員心理欲求與社會文化調適

動機、欲求與社會文化體制

「躺平」是當前年輕一族的流行語，意即有一部分不滿現狀的年輕人，排斥社會主流價值觀，面對積極上進力爭上游的期許懷有滿滿的厭倦感，認為與其努力付出不如選擇隨遇而安的生活態度。我們不禁要問一個人到組織來工作到底所求為何？什麼原因驅使一個人每天準時到工作場所，而且努力投入？這涉及了人性、工作動機以及組織欲求滿足策略的議題。人性觀乃是同一族群經久累積潛藏於其文化深層的基本假設，因此隨時不自覺的左右一個人對人的認知，進而影響個人在組織中種種人際行為的抉擇（徐木蘭，1983；Cole, 1990），抱持著好逸惡勞人性觀的組織治理者，和一個相信人一旦溫飽無憂必然會進而更投入於其工作的組織治理者，其組織的成員的欲求滿足策略必然大相逕庭。

整合 Vygotsky 和 Maslow 的理論來看，個人愈基本的欲求如飢渴等，其滿足欲求的行為模式，愈容易直接受到生理因素所驅動。然作為群體中的一分子，其任一滿足心理欲求的行為，都將受社會文化體制所左右（李新鄉，2008；佘安邦，2017；俞文釗，1996；Cole, 1990; Hofstede, 1980a; Schein, 1985）。

人性、欲求、動機與價值觀有時不太容易區分得很清楚，比如德國文化學派 E. Spranger（1882-1963）將人追求的生活價值類型分為六類：理論、經濟、審美、社會、政治與宗教，每個人或多或少都會含有六種類型（何英奇，1990；賈馥茗，2009；Spranger, 1928）。Schein（1988）則依組織成員的工作需求，將人性假設歸類成理性—經濟（rational—economic）、社會傾向（social tendencies）、自我實現（self-actualization）與複雜的整合人性假設（complex assumptions）四大類；而在組織人際行為中顯現的組織公民行為（organizational citizenship behavior）、組織政治行為（organizational political behavior），以及所謂為達目的不擇手段的馬基維利主義（Machiavellianism）者，其實兼具了人性、動機需求與價值觀的特質與意涵（鄭瑞澤，1980；Christie & Geis, 1970）。

誠如 Hofstede 所提的，文化是在某一族群環境中，具有相同的教育和生活經驗的人們所共有的行為模式（俞文釧，1996；Hofstede, 1980）。人類行為最基本的原動力或驅力就是動機，組織成員相同的外在行為表現，可能是由不同的內在動機或需求所驅使；再者動機是促發組織成員行為的原動力，而動機在什麼情況下被激發呢？組織是個人的集合體，組織如何篩選成員？成員進入組織到底所求為何？哪些因素足以影響組織成員在組織內的表現，如何激勵組織成員獲得最高成就，這些包含組織成員個人的主客觀特質，都是組織治理者必須瞭解的成員個人心理欲求滿足模式與社會文化體制調適歷程的議題。

第一節　不同社會文化體系的人性假定與組織成員基本心理需求觀

不論中西方任何民族，自古以來皆各自衍生出根深蒂固的不同人性基本假定，亦即所謂的人性哲學觀。不同的人性觀點，對於人類本性的積極與消極信念就不一樣，從而使得組織中的人際關係與管理思維產生根本的差異。大家耳熟能詳的，諸如性善說、性惡說、性有善有惡說、性無善無惡說等。性善說認為人是有理性的個體，人會秉持良心做事，對於成員鼓勵多於要求，無需有太多的外在約束；性惡說者的管理思維，便相反。由於人性觀的探討較屬於哲學層次的議題，本文將直接從幾個影響人際關係與管理思維的人性假設談起。

一、Wrightsman 六向度人性哲學觀

Wrightsman（1977）曾經嘗試從下述六個向度來分析及測量每個人對人性的信念，六向度詳如表 3-1。表 3-1 的前四項，乃是負面人性觀與理想人性觀的四個判斷因素，而後面兩項則是複雜與單純人性觀的判斷基準。不同的人性信念，必然導致不同的管理思考邏輯。一個對人性抱持著正面、理性看法的管理者，不太可能訂定太多的規範

條款來管理員工；一個對人性抱持著負面、非理性的經營者，其管理思維想當然會防弊多於興利。一個具複雜人性看法的經營者，其管理思維也會有多樣不同的因應策略（李美枝，1982）。

表 3-1
人性六向度信念程度測量表

可信	不可信
利他	自私
獨立自主	依賴順從團體或權威
堅強理性意志	屈從內在或外在非理性壓力
不同的思考、價值	共同的基本看法與價值、知覺
人是高度複雜的有機體	人是單純的有機體

註：Adapted from *Social psychology* (2nd ed., p. 98), by L. S. Wrightsman, 1977. Montery, California: Brooks/Cole Publishing Company.

二、XYZ 理論中的人性觀

（一）XY 理論

Douglas McGregor（1960）將其對人性的看法，歸納出兩種相對的人性理論，即 X 理論與 Y 理論（秦夢群，1997：136）。XY 理論對於人性的假設是相對的，如表 3-2 所示可看出，X 理論與傳統的性惡說相近，Y 理論則與傳統的性善說類似。如從組織管理理論來看，科學管理論者（Taylor, 1912; Udy, Jr., 1959; Weber, 1969）的管理思維中，大致都主張高度科層化的組織，認為人常為經濟利益所驅使，因此企圖訂定一套標準化的工作流程和嚴謹的獎懲制度與規則等，這些管理的思考方向事實上就是 X 理論人性觀的反映。

人群關係論者（Mayo, 1945; Maslow, 1954; Argyris, 1957/1964）大都採取人性善的觀點，認為人與人之間的關懷與尊重有時比規範更能感動人心，外在的控制和懲罰的威脅，對於組織目標的達成並非是唯一良方。人只要生計與安全無虞，便會尋求具有更上層意義的工作以求自我的實現。這些管理的思維，與Y理論的人性看法若合符節。

茲將主要參考自Maslow, A.（1954）和McGregor, D. M.（1960/1967）兩人對於人性假設與激勵策略的論述，整合成表3-2。

表3-2

X Y 理論人性假設與激勵策略對比表

X 理論	Y 理論
(1) 人是被動的，因此必須以外在誘因激發。	(1) 人有基本生理需求、安全需求、愛與歸屬需求、自尊和自我實現需求，當底層基本需求滿足時，則會追求更上層需求（Maslow, 1954）。
(2) 個人必須經由外在力量的控制，才能確保其工作目標與組織目標一致。	(2) 個人尋求從工作中成長與發展，從情境適應中鍛鍊其自主與獨立，發展其特殊能力。
(3) 人由於其非理性感情，基本上是不可能自我引導或自我控制的。	(3) 人基本上是可能自動自發與自制的，外在的誘因與控制，對個人而言反而是一種威脅，可能導致其不良適應。
(4) 除了上述的人性外，另一種具有自我激發和自我控制的人，必須為所有其他人承擔各種管理之責，管理者就是這種人。	(4) 自我實現與組織成效的追求之間並無根本上的衝突，如有機會，組織成員會整合自己和組織目標。

構思來源：1. Maslow, A. (1954). *Motivation & personality*. New York: Harper & Row.
2. McGregor, D. M. (1960). *The human side of enterprise*. New York: McGraw-Hill.
3. McGregor, D. M. (1967). *The professional manager*. New York: McGraw-Hill.

（二）Ouchi（1981）Z 理論（Theory Z）的人性觀

Ouchi（1981）以日本企業的經營經驗及其對於多數優質企業的觀察與歸納，提出全方位員工照顧的家長式生活共同體之日本企業經營模式。員工互相信任，強調團隊合作而非個人表現（秦夢群，1997：314）。

公司注重的是福利與提供照顧，藉由穩定的長期僱用關係來增進員工的向心力與忠誠。這些管理思維，乃是由於 Ouchi 理論所歸納的日本企業經營者，大致上都對員工抱持著信任與親情關懷，與員工同甘苦、共進退，成敗大家共同負責任，相信人的可成長潛能，因此採取參與管理的方式，同時不斷的輪調其工作崗位，並在可能範圍內升遷其職位。

三、Schein 的假設分類

Schein（1988）依組織成員的工作需求，將人性假設歸類成理性—經濟（rational—economic）、社會傾向（social tendencies）、自我實現（self-actualization）與複雜的整合人性假設（complex assumptions）四大類。

（一）理性—經濟人性假設

Schein（1988）認為組織成員之所以到職業現場，目的之一為的就是獲取報酬；理性—經濟人性假設就是這些人性觀，其內容包括下述：

1. 組織成員只要有利益，他們就會付出。
2. 在經濟誘因下，員工是被動的、受控制的。
3. 感情易使理性偏移，紊亂理性思維。

（二）社會需求傾向

人不能離群而獨立，組織成員的社會性驅力或組織中成員的社會人際互動需求，乃是組織成員人性的核心特質；喜怒哀樂的分擔與成就的分享，正是組織成員工作的原動力。

（三）自我實現的人性假設

自我能力的發揮、理想的實現，均是促使組織成員努力不懈的主因。在工作中尋求自我的意義，在工作中能將自己的才能適度展現，這些都可能是部分組織成員人性內隱的特質之一。

（四）複雜的整合人性假設

人性相當多元，人心不同各如其面。不同的成員、不同的年齡和發展階段、不同的人際關係場景，使得人的需求也隨著調整而改變。因此就大部分的情境來看，工作者的人性本質相當複雜多元，組織治理也當因應不同的人性特質，採取多元的管理思維，以提升組織成員的工作績效（陳千玉譯，1996；Schein, 1988; Schein, 1992/1996）。

整個來說，上述組織心理學不同的人性假設，從組織治理的實際意義來看，乃是指領導階層對組織成員基本的人性需求和工作目的要有所瞭解與因應，此與哲學上的人性論是有所不同的。組織領導階層所採取的管理和領導方式，必然受到其對員工的人性假設觀點的不同所左右。

第二節　心理欲求與文化體制調適下的組織成員工作動機與行爲

從組織治理的角度談所謂的人性假設，其植基點在於驅使組織成員到工作職場的誘因為何？工作者的工作誘因，就是個體成長歷程中心理與文化因素綜合孕育而出的工作動機，工作動機不同成員展現的職場表現自然不一樣（Robert, 1983; Schein, 1992/1996）。

一、動機的意涵

到底是什麼原因驅使一個人每天準時到工作場所，而且努力工作？心理學所探討的人類行為最基本的原動力或驅力就是動機，工作動機是任何職場從業人員行為表現的內在激發力。以較為完整性而言，動機是驅使個體採取行動，並且朝向其所追求的目標持續前進，一直到目標實現為止的內在歷程（張春興，2006）。

組織成員一項相同的外在行為表現，可能是由不同的內在動機或需求所驅使，因此動機（motivation）、需求（need）與驅力（drive）同樣都是指最基本引起有機體行為的驅動力量（張春興，2006）。生理層面的原始動機或驅力（primary motivation）可說是與生俱來，比如說一個人肚子餓了便想進食；但是有人想吃牛肉麵、有人想吃壽司，卻也有人想吃漢堡餐。飢渴驅使個體進食的欲望都是一樣的原動力，但是由動機所引發的行為方式與標的物卻受一個人的成長環境、文化背景和學習歷程不同而有所影響。同一種動機，卻可能激發不同的人產生不同的行為取向，由此種經過學習而衍生的延伸性或衍生性（derivative）動機需求，每個人可能會有極大的差異（張春興，2006）。

我們可以說，動機是促發組織成員行為的原動力，而動機在什麼情況下被激發呢？這就涉及到內在匱乏（inner depletion）與外在誘因（incentive）的問題。當一個人餓了、渴了，也就是處在內在匱乏食物或飲水的情境，於是驅使個體產生了找東西吃的需求（need），而其所處環境中存在能夠解除飢餓的食物或口渴的飲水便是誘因，也是標的物（張春興，2006）。

從工作現場去看，當一個組織成員看到某一徵才廣告所提供的優厚條件，讓他產生了轉換工作場所的念頭，這一則廣告訊息便是一種外來的誘因或誘發的動機。人與其他動物的不同，便在於其行為的複雜性。一個組織成員為了出人頭地，可以忍受過重的負擔、屈辱或不公平的待遇；而一個人肚子餓了，就算在自家也不會隨手有東西就吃。這就如同場地論（field theory）者所提出，人類行為乃是個體與環境交互作用的函數 B = f (P・E)，也就是說一個人的行為表現，將會是這個人的整個人格特質（personality or human nature）和當時環境所有變數交互作用的結果（張春興，2006；Lewin, 1952）。

二、工作動機

就組織治理的關注焦點來看，誘使一個組織成員謀取工作，並對所任職的組織有所認同，且能投入於其工作情境中的驅策力，無疑是最主要的部分，此亦即是工作動機所討論的重點。就此來看 Maslow（1954）的需求層次論與 Porter（1961）的工作動機階層論，是兩個重要的類似論述（李新鄉，2008；徐木蘭，1983；秦夢群，1987；Schein, 1992/1996）。

（一）Maslow 的需求層次論（need hierarchy theory）

Maslow（1954）的需求層次論雖然非專指工作情境中的個人，但其需求的不同層次呈現了一個人所含動機的複雜性，也是一種較樂觀的動機需求推論。Maslow 將人的原生性需求和衍生性需求歸納成五大類，包含了生理（physiological）、安全（safety）、社會歸屬與愛（belongingness & love）、自尊（esteem）和自我實現（self-actualization）等五種需求，這五種需求依序是：

1. 生理需求

所謂衣食足而知榮辱，古人陶淵明固然有不為五斗米折腰之氣概，惟衡諸職場上鮮少有人能不為求溫飽而工作者。辛苦終日，若不足以養家餬口，則對工作者有再多的要求和規範恐怕也是多餘的。延續生命的需求，應該是最基本也是最重要的原生性需求。

2. 安全需求

不虞飢渴之後，進而便是免於生命受威脅的需求。從職場來看，薪水足以不愁吃穿後，接著就是希望身家財產不致被危害，希望工作場所安全有保障，當然也不會有隨時被解僱的威脅。

3. 社會歸屬與愛

人乃是社會性的動物，不能離群而索居，與人群隔離無疑是莫大的懲罰，儘管家財萬貫，人還是需要與人分享喜怒哀樂，有朋友更希望有終身伴侶，家庭與工作場所便是此一需求的來源。從工作角度而言，在工作場所可以找到志同道合的人；而家庭更是互相依賴、互相支持與歸屬的場域。

4. 自尊

受人尊重與肯定是更進一層的欲求，活的好更要活的有尊嚴。名譽是人的第二生命，古書《禮記》中有所謂不食嗟來食者；而陶淵明不為五斗米折腰，辭官歸故里的故事，更是耳熟能詳。從職場上看，員工是否獲得管理者的肯定與尊重，應是員工重要的需求。

5. 自我實現

上述四種基本需求獲得滿足後，要再追求的便是理想與抱負的實現。發揮自己的才能與實現自己的理想，動機階層或需求層次論者認為是人最高層次的需求。

依動機階層論者的說法，愈基層的需求，對行為的驅動力愈具有優越性（prepotency）；也就是說底層的需求未滿足前，上一層次需求的驅策力是不易呈現的。

（二）Porter 的工作動機階層論

Porter（1961）將 Maslow 的需求層次論應用到工作職場中，Porter 認為工作職場中，一個組織成員可以自由運用組織資源和允許其自行做專業判斷的機會或權限高低，也就是工作專業自主性，是僅次於自我實現，而且是比自我實現更具體有力的工作需求，而 Maslow 的生理與安全需求事實上是可以結合為一的，於是 Porter 建立了五個層次的工作動機階層論（秦夢群，1987；盧瑞陽，1993；

Porter, 1961）。Porter 的五個層次的工作動機階層論與 Maslow 的說法，比較如圖 3-1。

圖 3-1
Maslow 和 Porter 需求層次比較

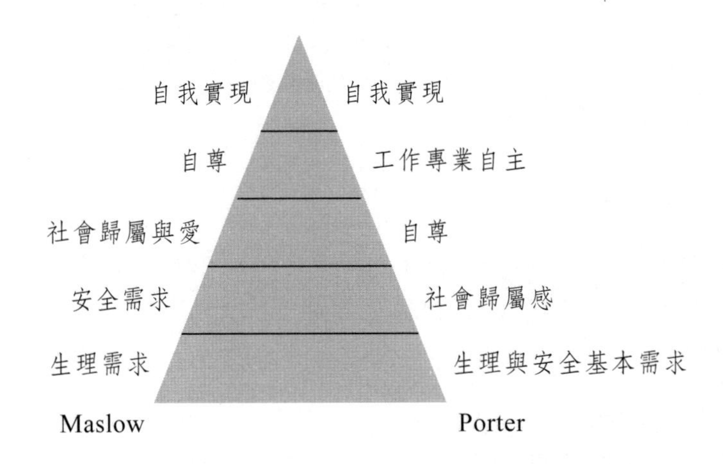

註：From "Organizational commitment, job satisfaction and turnover among psychiatric technicians," by L. W. Porter, 1961, *Journal of Applied Psychology*, *59*, p. 605.

（三）Alderfer（1969）ERG 論

Alderfer 同樣的針對 Maslow 的需求層次加以修訂，他認為 Maslow 的需求層次可以分布成一條線上的兩端，而將五個層次整合成生存（existence）、人際歸屬（relatedness）和成長（growth）三種需求（李新鄉，2008；秦夢群，1987；盧瑞陽，1993；Alderfer, 1969）。生存需求與成長需求乃此線上兩端，而人的需求就依其滿足情況向上階層發展或向下移動。生存需求乃是較底層之生理需求，成長需求則為較上層之發展需求，當向上發展不可能時，便退而求其次，以滿足較基本之需求，如圖 3-2 所示。

圖 3-2
Alderfer 修改之 Maslow 需求層次比較

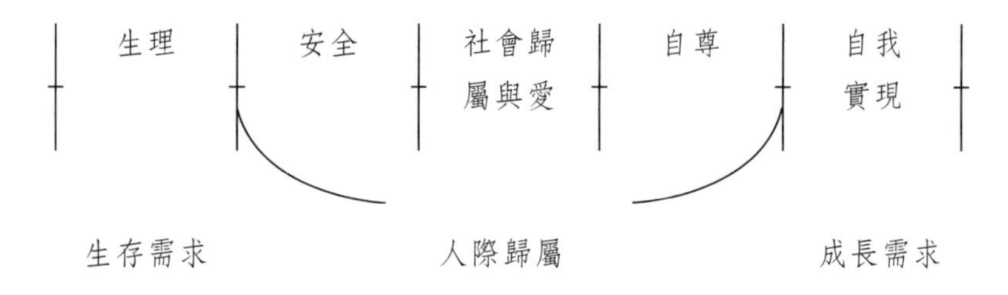

註：Adapted from "An empirical test of a new theory of human needs," by C. P. Alderfer, 1969, *Organizational Behavior and Human Performance*, *4*, p. 149.

第三節 組織成員的欲求滿足與激勵策略

從人性哲學觀和動機理論的相關探索中，我們瞭解到工作職場中組織治理者所抱持的不同成員人性假定與哲學觀，必將影響組織的人力資源發展策略。不同的動機理論，則提供了各種可能的人力資源管理思考方案。不同屬性的工作職場，不只是團體間提供員工滿足的策略差異性極大，就個人層次而言，其個別動機的滿足上也存在著很大的差異（秦夢群，1987；Schein, 1988）。以下敘述幾個討論符應組織成員的欲求滿足與激勵策略的理論：

一、Herzberg（1966）的保健與激勵雙因子理論（hygiene and motivating factors）

Herzberg（1966）的保健與激勵雙因子理論乃是承續 Maslow（1954）及 Alderfer（1969）的需求層次論而來，Herzberg 將 Alderfer 的生存需求一端視為保健因素，而成長需求端則視為激勵因素。激勵因素又稱為滿意因素，而保健因素又稱為維持因素（maintenance factors）。

激勵與保健雙因子理論學者（Herzberg et al., 1959）為了瞭解工作者的工作滿足，採取訪談方式，要求受訪者回溯過去某一特定時間下讓其感到滿意的工作情境，以及令其感到不滿意的工作情境各為何？哪些事件引發其滿意及不滿意？經過內容分析後，找到兩種因素，這兩個範疇的因素便是所謂的滿意與不滿意因素。

讓受訪者感到滿意的事件，包含了工作成就、升遷、受尊重、發展的可能性與責任等，這些事件屬於 Maslow 高層次或 Alderfer 的成長層次的需求，因其能激發成員提升高層次的動機需求，因此又稱為激勵因素。而那些引起不滿意的事件，則包含了個人生活、工作環境、公司管理政策、監督方式、管理人員、同事情誼、薪資及津貼等，這些事件能維持員工的基本生存需求與歸屬需求，使得組織得以運轉，故又稱為保健因素或維持因素（李新鄉，2008；秦夢群，1987；盧瑞陽，1993；Schein, 1988）。其異同分述如圖 3-3。

圖 3-3
Maslow, Alderfer, Herzberg 的需求層次與雙因子理論

<table>
<tr><th>Maslow</th><th>Alderfer</th><th>Herzberg</th></tr>
<tr><td>自我實現</td><td rowspan="2">成長需求</td><td rowspan="5">工作挑戰性
升遷、責任、受肯定
同事情誼、薪資福利、監督、工作條件、環境</td></tr>
<tr><td>自尊</td></tr>
<tr><td>社會歸屬與愛</td><td>人際歸屬</td></tr>
<tr><td>安全需求</td><td rowspan="2">生存需求</td></tr>
<tr><td>生理需求</td></tr>
</table>

註：Adapted from *Organizational psychology* (p. 86), by E. H. Schein, 1988. Englewood Cliffs, NJ: Prentice-Hall.

激勵與保健雙因子理論所顯示的意涵在於：保健因素可以降低組織成員的不滿意度，維持組織的運作，然後使得激勵因素可以不受工作環境干擾而體現其引發動機的能量，此時專業成長、升遷與受肯定等即能適時顯示其激發個體努力之能量。

二、Vroom 期望理論（expectancy theory）

Vroom（1964）認為，人所以要採取某一行為，乃是經過理性思考的結果，其意願的高低決定於工作前對下述的預估：

（一）努力工作的結果是否能與績效有關（effort-performance linkage）。

（二）工作績效伴隨報酬的程度（performance-reward linkage）。

（三）此一報酬之價值性對自己來說，吸引力（attractiveness）有多高或重要性如何？

Vroom 假設工作情境中的每一個人都是理性決策者，每個人都瞭解自己期望什麼？然後預估採取行動之後的可能結果與對自己之重要性，進而採取實際行動。因此，理性決策、結果預期和吸引力正為期望理論之核心（秦夢群，1987；盧瑞陽，1993；Vroom, 1964）。

三、公平理論（equity theory）

Adams（1963）提出了員工知覺到自己的努力付出和報酬如果與別人的努力和報酬相同，亦即付出（input）與回饋（output）如果與別人相同，則員工會感到公平，公平與否乃是組織成員是否投入工作的一種激勵因素。員工拿來作為比較是否公平的參照對象（reference），可能包含下述三者（秦夢群，1987；盧瑞陽，1993；Adams, 1963; Schein, 1988）：

（一）他人（other）：可能是本公司內與其相同職位的同事，也可能是朋友、鄰居，甚至是同一領域工作的同行。

（二）制度（system）：指組織的報酬制度。

（三）組織內自比：將自己目前工作的付出與報酬比例和過去自己的工作相比。

公平理論學者（Adams, 1963）認為，不公平感會造成員工的緊張，不公平感程度愈高，緊張度也會愈高，於是員工便會設法降低此一不公平感。員工所採取平衡自己不公平感的方式可能有：

（一）合理化報酬差距的認知，亦即賦予某一種自己可以接受的理由或自我安慰。
（二）改變自己的努力程度，增加或減少付出（如更努力或怠工）。
（三）設法影響或改變別人的付出程度或報酬。
（四）改變作為比較的參照對象。
（五）離職。

第四節 核心概念實證研究案例簡析暨其在組織和學校治理的省思

本章論述之核心在於分析人性本質，並從而討論如何依循動機需求以達致其滿足的策略。本節將以表列方式簡要分析近年來的一些研究案例，之後再針對本章重要的理論與實證分析結果作綜合評論，以提供組織和學校治理上的啟示與反思。

一、核心概念實證研究案例簡析

本章核心概念實證研究相當多，以下將一些近年來的研究案例整理成表 3-3。

表 3-3
本章核心概念相關實證研究案例分析彙整

研究者人名（年代）	研究對象與主要變項	研究方法與工具	重要研究發現
吳勁甫（2018）	• 研究對象 國內實徵調查研究成果文獻，範圍包括：期刊、博碩士論文、研討會及專案研究等論文	• 本研究採取直接和中介效果模式的觀點，應用後設分析和後設分析取向之結構方程	1. 在校長正向領導、教師組織公民行為與學校效能三者彼此間的關係上，無論在變項整體層面彼此間、整體層

表 3-3（續）

研究者 人名（年代）	研究對象與 主要變項	研究方法 與工具	重要研究發現
	• 主要變項 校長正向領導 教師組織公民行為 學校效能	模式，以統整歷年來之實徵研究成果。	面與分層面之間，以及分層面彼此間，變項間之平均效應量皆為顯著正相關，而且，若依 Cohen（1988）之標準，效應量之強度都至少達中度以上。 2. 整體校長正向領導可分別透過「整體教師組織公民行為」與「教師組織公民行為之分層面」的中介作用，間接對整體學校效能造成正向的影響。 3. 在中介效果強度之差異比較上，整體校長正向領導透過「認同組織」間接影響整體學校效能之中介效果，此在強度上係顯著高於透過「敬業守法」與「主動助人」兩者。

表 3-3（續）

研究者人名（年代）	研究對象與主要變項	研究方法與工具	重要研究發現
陳建佑（2011）	• 研究對象 營利組織員工 537 位，回收有效樣本 286 份。 • 主要變項 職場友誼、組織公民行為、關懷交易	• 研究方法 問卷調查法 • 研究工具 採用 Nielsen, Jex 和 Adams（2000）所發展之職場友誼量表（Mao, 2006）。	1. 職場友誼與組織公民行為呈現正相關。 2. 職場友誼與對個人有利之組織公民行為影響效果高於職場友誼與對組織有利之組織公民行為影響效果。 3. 關懷型職場友誼情境之組織公民行為影響效果未顯著高於交易型職場友誼情境之組織公民行為之影響效果。
Rivai, R., Gani, M. U., & Murfat, M. Z. (2019)	• 研究對象 一群來自印尼西蘇拉威西省（West Sulawesi Province）的 201 名公立高中教師 • 主要變項 組織文化 組織氣氛 動機 教師表現	• 研究方法 問卷調查 • 研究工具 自編「組織文化、組織氣氛與教師動機及績效問卷」李克特氏量表	1. 組織文化對教師動機和表現有正向影響效果。 2. 組織氣氛對教師動機和表現有正向影響效果。 3. 動機對教師表現有直接影響效果。

表 3-3（續）

研究者 人名（年代）	研究對象與 主要變項	研究方法 與工具	重要研究發現
Binglu Zhao & Ying Pan (2018)	• 研究對象 來自日本、中國、韓國的跨文化員工 • 主要變項 員工激勵、跨文化研究、國際公司、人力資源管理	• 研究方法 問卷調查 • 研究工具 自編「跨文化員工感受問卷」	1. 不同文化的員工，各有其不同的有效激勵策略。 2. 國際企業的管理者要善於觀察和發現跨文化員工的文化體制、人格特質、內在需求，採取相應的激勵策略。

二、理論與實證研究核心觀點評述及其對組織及學校治理的省思

本章我們從不同文化族群的人性哲學觀或人性假設開始，接著談及與文化體制相應的動機與激勵策略，並列舉實證研究案例之發現，所有環節均圍繞在促使個人人性欲求與進入職場工作的動機，同時也探討如何激發組織成員努力和投入其工作世界的策略。從這些討論中，我們可以發現組織成員進入職場工作的內在需求或外在誘因非常的複雜，但其中最重要的因素便是成長的社會環境與學習歷程，就此而言，從組織成員的文化背景作為思考主軸，是相當重要的。要激勵需求殊異的組織成員，需視不同組織所處場域的社會文化特質，以及個別成員的內在需求層次，採取不同的策略（李新鄉，2002）。以下分述之：

（一）綜觀不同時空背景，採取符應成員文化樣貌與心理生態多元性的激勵策略

1. 組織的激勵與滿足策略宜綜合考量時空環境、成員背景及組織屬性

本章所述之人性哲學觀、動機與激勵理論，其發展上都有其文化與時代軌跡。這些理論的提出或整合者大都為歐美學者，以美國資本主義社會的文化情境發展而來之理論，是否能解釋不同文化背景下的工作者，頗值吾人加以慎思。從多元文化價值觀的角度來看，生活價值之追求，本來就是極具地區歧異性的，泛文化的比較研究結果，是值得重視的。

從時代背景來看，XY 理論乃是整合管理理論中之傳統科學管理理論和人群關係論而來，Maslow 的理論也是人群關係論時期所發展出的代表性理論，這些理論都有其時代性的意義，也呈現理論更替的軌跡。應用上須審度地區文化及目前的時代背景，加以比較抉擇。

2. 綜觀各種不同的人性動機與滿足策略，彈性面對不同人性需求

所謂一樣米養百樣人，人心不同，各如其面，組織之治理上固然須一視同仁，惟動機激勵與需求滿足最需要建立多元選擇策略，需體會人類行為動機的複雜性，提供各種不同誘因激發成員的工作動機。組織之治理乃是千頭萬緒之事，若執著於某一理論，恐有以管窺天之虞。

組織待遇、獎勵、升遷等制度規劃上，必須綜合探討與此一制度有關的不同人性需求。以組織成員工作動機的議題來說，Schein（1988）所提出的複雜人性觀，顯然是整合了各家看法而成，所以也較能符應職場中成員的歧異性。人既然是複雜的，就有如 ERG 理論（Alderfer）所說的，在成長需求、人際歸屬與生存需求間來回移動，所以完形心理學者（Lewin, 1958）所謂 B = f (P · E)，以個人特質與環境交互作用解釋人的行為表現的可變性，是另一個可提供組織管理者作為參考之論證。這就如 Vroom 的期望理論，儘管有不少論證支持（Lawler & Porter, 1967; Muchinsky, 1977; Stahl & Harrell,

1981），但因為此一理論植基在理性的人性觀上，所以對一個較感情傾向的工作者，其適用性便要大打折扣。

3. 衡量組織資源，愈基本的需求愈需重視

任何一個理論都不否認基本需求的重要性，如薪資報酬、福利、工作環境的安全、工作的保障和成就感與尊嚴，這些都是任何一個組織成員的重要基本需求，宜衡量組織資源，愈基本的需求愈需獲得重視，此為擬定員工滿足策略的首要參考要項。

Maslow 之需求層次論，乃是基於人本主義脈絡所思考出對人類心理動機層次的一種看法，是一種純粹對人生價值追求的邏輯推理，固然驗證上有其複雜度和困難度，此一理論類似人性哲學觀，以之作為管理策略的參考，仍有其價值存在。

（二）學校組織成員的歧異性更大，其因應策略便要從整體學校文化形塑著手

學校文化獨具的特質如下（李新鄉，2002）：

> 學校文化是一種綜合性的文化，它包含了世代（兩代）之間的文化，又包含了校內、校外的文化，也包含了不同行政人員之間的文化。
>
> 1. 學校文化是一種對立與統整互見的文化，不同學校次級團體之間或不同世代之間的價值觀念與生活哲學常互有出入，對立與統整的現象隨時出現在其交互作用中。
> 2. 學校文化是一種兼具積極與消極功能的文化，不同次級文化之間，有的有助於學校教育目標的達成，有的可能有所阻礙，甚至是反教育的。
> 3. 學校文化是一種比較有可能加以有意安排或引導發展的文化，不論是人爲的或自然形成的學校文化，都必須要站在教育的主軸，針對物質文化、制度文化或心理文化

加以改變或引導其發展的方向。（頁 422）

學校中各次級團體的歧異性太大，成人和成長中的學習者完全不同，教師、職員、技術工人和一般勞工有其差異性，而教育工作者與一般社會大眾立足點也不一，學校位置又有的在山巔、有的在海邊，而有的在大都會區內，面對如此複雜的情境，要使各方面都能滿足，最可能的解決策略，就是從文化形塑著手。

（三）形塑學校文化的治理策略

1. 學校經營者必須隨時洞察各次級團體背景、需求和關注焦點

前面所述的學校中的多種次級文化，學校經營者必須要有綜觀洞察的知覺敏感度。學校中各種次級團體本身的背景和關心的焦點，學校經營者有必要一一深入瞭解。如此才能適時的提供各種需求滿足的途徑，也更能設計各種不同宣洩的管道。各種次級團體間瞭解和互動的機會，也要隨時間及情境的變化，適度的構築和擴充，以增進學校不同次級團體間的相互瞭解，培植其互信互賴的基礎。

2. 形塑行政體系的支援與服務觀

從概念層次來看，學校行政體系的支援與服務觀念須加以確立，學校行政層級掌握了全校的資源，但學校經營的效率或效能，並非只在於行政效率的高低，而是要呈現在學校整體教育目標的達成上，假設教師、學生、家長或社區各環節不能與之同步，則學校經營的共同參與度必然無法提升，此實為今日學校治理上呈現曲高和寡困境的主因。

3. 構築全員共存共榮的生命共同體

其次教師保守、安逸的鬆散文化，希圖少一事不如多一事的心態，也要想辦法加以改變，並激發其團隊的榮譽心；同時學校與家長和社區的生命共同體，也是必要建立的一環，學校與社區能夠共存共榮，雙方各蒙其利，而學生也才能有一個溫馨的學習環境。

第四章

組織成員人格特質社會化歷程

自我概念、態度與價值觀等形塑社會行爲核心變項之發展

人格特質的界定從心理學領域到教育學領域各有差異，教育體系經常以培養學習者的健全人格為教育理念核心，而心理學領域對於人格相關論述也頗多，惟所謂人格特質卻無法有一致性的確切內涵。但是從心理學、社會學到教育學各相關領域，大致皆認同人格特質的發展乃是社會化的歷程；而發展心理學與社會心理學相關領域，對於經由遺傳、環境與學習的因素，透過模仿、認同而後內化的歷程，乃是形塑個人諸如自我概念、態度與理想價值觀等影響社會行為的核心變項之論述，也頗多一致（李美枝，1992；何英奇，1990；張春興，1991；Bandura, 1977; Aronson, Wilson, Akert, & Sommers, 1987/2020; Keil, 2013）。

自我概念、態度與價值觀等社會化人格特質，宜屬於內隱和外顯兼具的文化層面（徐木蘭，1983；Schein, 1988），其經由家庭教養、社會文化與有形和無形的教育環境薰陶而形成，對於社會行為的影響相當深遠。所謂「涵蓄於文化、作用於社會、依附於人格、表現於行為」也（何英奇，1990：119）。德國文化學派 E. Spranger（1882-1963）將人追求的生活價值類型分為六類：理論、經濟、審美、社會、政治與宗教，每個人或多或少都會含有六種類型，但是其中有某一類型會特別顯著；生活價值觀屬於個人價值系統的一部分，是個人美好生活的理想、看法或概念（何英奇，1990；賈馥茗，2009；Spranger, 1928）。組織人際行為中所探討的組織公民行為（organizational citizenship behavior）宜屬於社會型的價值觀，而組織政治行為（organizational political behavior）宜屬政治型的價值觀。

每一個人的自我人格特質都是獨特的，自出生起就毫無選擇的成為家庭的一分子，開始學習社會生活的規範，經由與父母、家庭親人、玩伴及鄰人等慢慢擴大的人際互動中，漸漸發現了別人的存在，也瞭解了自己的地位，在不斷的模仿（imitation）、順從（conformity）、認同（identification）與內化（internalization）的社會化歷程中，學會了扮演符應父母、社會他人或團體期待的角色行為，自我身心特質的成長歷程是終身的，整體上就是所處社會文化體制與個人內在心理特質互動的歷程，亦即是人格特質社會化（socialization of personality）的歷程（李美枝，1992；鄭瑞澤，1980；Bandura, 1977）。而 Erik H. Erikson（1963）的心理社會人格發展理論，所探討人生各發展階段的自我認定與角色期望的一致性問題，亦皆在探討此一人格社會化議題（張春興，2017；鄭瑞澤，1980：198）。

社會化歷程中所形塑的自我人格特質，關係到個人將來能否順利融入社會生活中最重要的一些變項，而其核心特質就是自我概念、態度和價值觀，此一議題在社會學、社會心理學、發展心理學或職業心理學中探討頗多（張春興，1991；黃光國，1982；劉樺蓉，2013；Aronson, Wilson, Akert, & Sommers, 2019; Keil, 2013）。

第一節 社會環境影響下的自我與職業自我概念發展

個人自我概念在工作世界中的展現，就是職業自我概念。一個人所以選擇了某一種職業，必定是從瞭解了自己是一個什麼樣的人開始，認識了自己的能力、興趣之後，再從漫長的學習探索以及與社會互動中，弄清楚了自己將來要過的生活與工作世界的意義，於是投入工作世界中去尋求自我的價值和理想。因此，一個人對工作世界的探索，還是要從瞭解自己開始，以下將從自我概念、角色扮演，再進入職業自我概念的探討（李新鄉，1996；鄭瑞澤，1980；Keil, 2013）。

一、自我概念（self-concept）

瞭解自己是一個什麼樣的人，也就是自己對自己的看法和評斷，這些對自己的看法和態度也就是自我概念。個人對自我的知覺，包括了對自己的體態、儀表、容貌等外表形象，同時包含對自我的能力、性向、價值、行事作風等的想法與感受。這個知覺的主體，也就是能從周遭線索辨認這些特徵是屬於自己的自我；這些被自我知覺到的有關自我的所有環境線索的整體，便是被認知的客體（張春興，1991；Keil, 2013）。

Mead（1934）認為自我概念是個體在家庭社會情境中，不斷與他人互動，慢慢從對自己的評價上修正自己對自己的看法。Super 等人（1963）將自我概念界定為具有意義的覺知到自己，也就是所謂的個人對自己的畫像；他同時認為自我概念是形成於某些角色、情境、地位、關係與功能的實現等實際社會事實中。

（一）自我概念的性質

Epstein（1973）在評論以往有關自我概念的理論後，將其性質歸納為下列六項（郭為藩、李安德，1979）：

1. 自我概念是包含在一個較廣大的概念系統中，一個內在的一致，有階層組織的概念之次級系統。
2. 它包括不同的實徵我，如身體我、精神我與社會我。
3. 它是一個隨經驗改變的動力組織。依成長原則運作，尋求變化與展現同化日益增加資料的一種傾向。一如 Hilgard（1949）所謂的更傾向於「整合中的」，而非「已整合的」。
4. 在經驗中發展，特別是在與重要他人相互作用的經驗中。
5. 維持自我概念的組織，對個人功能的發揮是重要的。當自我概念的組織受到威脅時，個人會經驗到焦慮，並試圖抵抗威脅。如果防衛失敗，壓力（stress）產生，最終將導致自我解體。
6. 整個自我系統都與自尊或自重的基本需要有關，相較之下，其他的需要都是自重需要的附屬。

（二）自我概念的三個屬性

所謂自我的三個屬性，物質我（material self）、社會我（social self）和精神我（spiritual self）乃是由 James（1890）的說法而來，此三者即是自我概念的三要素（郭為藩、李安德，1979）：

1. 物質我：最底層的自我，與自己生存與生理需求滿足相關的自我認知。
2. 社會我：任何與他人接觸有關的行為認知，也就是現實社會中自己行為所可被接受、被評價的自我印象，自我對名譽與地位的重要性評估。
3. 精神我：居於最高層，包含了主觀的心理傾向、理想和生活價值觀，導引自宗教、道德、良心等的自我抉擇。

自我概念乃是個人就自己和他人互動過程中的知覺而來，然而知覺往往是主觀的，對自己與他人互動過程經驗的感受，必然受到個人人格特質體系所左右（郭為藩、李安德，1979）。

事實上，從行為表現的現場來看，個人對於過去自己與他人或環境互動的經驗，決定了他的行為抉擇與表現，就如 Combs 和 Snygg（1959）所指的：任何行為對於行為者本身來說都是有理由的，自我乃是個人一切思考和行為的基本參考架構（frame of reference），是所有知覺域的核心，而自我概念正是這個核心的本體。自我實現的自我，事實上就在物質我、社會我與精神我所構築的體系中。從人格社會化的大層面來看，完整人格的形成便是由物質我而社會我，再由社會我而精神我的發展歷程（Keil, 2013）。

二、角色扮演（role-playing）

角色扮演是自我概念形成過程中非常重要的事件，Mead（1934）認為當個體扮演某一角色時，個體必然要揣摩社會他人對此一角色所期待的行為表現，謂之角色期望（role-expectation）。加上自己對此一角色行為規範的瞭解，如此才能扮演出恰如社會期待的角色行為。因此，當一個人對所扮演之角色認識不清時，其角色行為也將與現實的社會期待行為有落差。

從另一個角度看，個體成長過程中，經常透過學習過程，學到社會對於角色行為的種種規範，從而也融入於自我概念中。當面臨到個人自己要扮演某一角色時，自然就能表現符應社會期待的角色行為（郭為藩、李安德，1979；Aronson et al., 1987/2019）。

個人的角色扮演，本質上是自我的社會化歷程。個人於出生之初，本無自我與他人之分，完全以自我為中心，亦即所謂唯我中心期（Allport, 1961）。個體脫離自我中心期後，社會我便漸漸出現，大約3歲以後（Allport, 1961），兒童藉著不斷與他人互動中，發現了自己與他人的差異，瞭解在周遭人群中自己應有的地位、權利和規範；同時在其不同的遊戲過程中，經由各種角色嘗試，建立了客觀的社會行為標準。

從社會行為論（Bandura, 1977）的觀點，經由社會化楷模（model）與仿效的學習歷程，個體經驗到各種不同角色所應具有的行為標準，同時學習到社會文化的角色期望，社會我的角色扮演逐漸熟悉，再經由認知的累積，對於自我角色的認知更形清晰，理想我亦逐漸呈現，此時各種道德規範逐漸內化為個人自我理想的一部分，完整人格於焉形成（張嘉真、李美枝，2000；鄭瑞澤，1980：276；Keil, 2013）。

三、職業自我概念（vocational self-concept）與心理社會化

職業自我概念是由Super（1963）首先提出，Super認為所有與個人擇業、就業等行為有關的自我概念群就是職業自我概念（林瑞欽，1990）。而其形成過程，在試探階段，個人自我概念逐漸發展，同時對於各種職業角色也經由試探而建立了自己相應的職業角色概念。接著藉由自我概念的整合作用（incorporation），個人終於形成其職業自我概念；而當個人選擇接受職業專門教育或訓練時，或者在其完成普通教育進入工作世界時，個人的職業自我即進入了實踐回饋的階段（林瑞欽，1990；Super et al., 1963）。

個人職業選擇與發展的過程，事實上也就是職業自我概念發展的歷程，從而也是職業價值理念社會化的歷程。Super（1963）認為個

人職業選擇的歷程與個人職業自我概念發展與形成的歷程是相互重疊的，個人職業自我概念經過試探、自我分化、認同、角色扮演，再經過實際的職場適應，也就是職業社會化的完整歷程。

從 Super（1963）的職業生涯發展論述中，所提出的十二項生涯發展理論命題，其中命題七、八、九及十一等四個命題，清楚的說明了職業選擇發展歷程如何完成其積極滿意的自我概念歷程，這四個命題簡單描述如下（林瑞欽，1990）：

命題七：整個生命周期的發展，部分為促進能力與興趣的成熟過程所引導；部分則為在現實考驗與自我概念發展中的協助所引導。

命題八：職業發展的過程，必然是自我概念的發展與實現；自我概念是一種妥協過程的產物──即天賦的性向、神經與內分泌的組織，扮演各種角色的機會，角色扮演的結果合乎長輩、同儕讚許之程度等的相互作用所形成。

命題九：界於個人與社會、自我概念與現實間的妥協過程，是一種角色的扮演。不論是幻想、諮商晤談，或如上課、俱樂部、打零工、職場等現實生活中的場景和活動，個人的角色扮演都包括其中。

命題十一：個人從工作中獲得的滿足程度，視為其自我概念已經能踐履的程度。

職業自我概念實踐之初期，也就是當個體進入實際工作世界之初期，個人同時產生回饋與檢證，如所選擇之職業與職業自我概念的核心價值觀相契合，則個人將以能進入自己期望的專業社會化團體，而有滿意的歸屬感。俟其取得該專業的正式成員資格時，他會將理想我轉化成現實我的一部分，同時對自我的價值、意義與感受也更趨積極，對他人也有更正向的關係與態度（林瑞欽，1990）。

職業自我概念的最後發展階段任務（stage task），在於滿意和積極的自我展現，而其任務的完成與否，則必須到現實社會中來檢驗，個人若無滿意的職業生活，則自我連其生存需求均不能滿足，人生既無可歸屬，所謂自我實現無異是空談（林瑞欽，1990；李新鄉，

1996；Super et al., 1963）。

第二節　態度、價值觀的形成與社會文化

有的人不論做什麼事都是全力以赴，有的人卻好逸惡勞；有的人選擇當老師的原因是認為老師可以為社會培養優質的公民，有的人則是因為教師工作有很好的保障；有的主管對待部屬親切關懷，但是有的主管卻是時時刻刻緊盯部屬的工作效率。基本上，這些都牽涉到態度與價值觀的問題，態度與價值觀是個人人格組成的一部分，當然也是屬於自我、社會我與理想我的社會化歷程中主要的發展內涵（劉樺蓉，2013；Aronson, E., Wilson, T. M., Akert, R. M., & Sommers, S. R., 1987/2020）。

態度與價值觀有層次上的差別，態度較淺層、對象繁多、較易隨組織情境（context）而改變；價值觀則具有好壞與應然與否的判斷，屬於相當內層穩固的人格結構（personality structure），從文化體系層次來看，內隱外顯兼具，部分屬於價值體系和意識型態，其改變並非易事（徐木蘭，1983；鄭瑞澤，1980；張春興，2006；劉樺蓉，2013；Schein, 1992/1996），惟此兩者均影響到組織成員的行為表現。那些認為顧客至上的人，對顧客一進門自然會笑容滿面的喊歡迎光臨；認為「玉不琢，不成器」的老師，自然會較嚴厲的要求學生。因此，態度與價值觀的探討，乃是組織治理上之重要課題。

一、態度的意涵及功能

（一）態度（attitude）的意涵

態度整體上來看，包含了認知（cognition）、情意（affection）和相伴隨的行為傾向（behavioral intention）。一般來說，是指個人對於某一他人或事物所持有的一貫、持久的看法，以及發於心而形於外的喜怒好惡等反應（鄭瑞澤，1980；張春興，1978；Rosenberg &

Hovland, 1960）。不喜歡在學校穿著隨便的校長，心裡面自有其理由存在，看到穿著短褲與拖鞋上班的老師，自然會對其道德勸說。態度一般而言必然有其行為對象，態度的對象包括了生活周遭的一切，有可能是具體的人、事或物，也可能是抽象的理念或思想（張春興，2006；Keil, 2013）。

態度有其持久性（consistency），個人一旦對某一特定對象形成某種態度之後，大致上會維持一段長時間，要改變它並不是很容易的。一個人一旦喜歡上抽菸，而且也習於抽菸之後，要改變就困難了，因為態度持久之後會成為人格的一部分，進而影響個人行為（鄭瑞澤，1980；Keil, 2013）。

（二）態度的功能

Katz 與 Kahn（1966）認為態度具有四種滿足個人需求的動機性功能（鄭瑞澤，1980：120），說明如下：

1. **獲取社會支持與讚賞的功能**：當個人的態度與社會他人的態度一致時，個人才能獲得此一社會團體的接納，成為此一社會團體的一員，也才可能在其所屬社會團體中獲得所需要的支持與資源。
2. **消極自我防衛的功能**：為了掩飾自己的缺陷，或逃避失敗的現實，以防衛其自我信心潰散，保護自己的尊嚴，以反其道而行的方式，以某種態度作為偽裝，如以清高自許，以掩飾自己在某一職位爭取上的失敗，維護自己的面子。
3. **表現自我價值觀的功能**：經由自己的外表行為，以彰顯其自我的理想與信念，以企求於社會群體中實現自我。
4. **認知的功能**：態度的認知成分即是個人的信念（belief），個人的認知結構有其相當的一致與穩定的恆常性。因此，信念來自於認知過程，從而影響對某些認知對象的態度。

（三）重要的工作態度——工作滿意（job satisfaction）、工作投入（job involvement）及組織認同（organization commitment）

工作滿意指的是一個人對於所從事工作的一般態度，包含待遇、福利、升遷等的接受度。工作投入，則是指一個人對其所從事的工作心理上的認同感，以及此一工作對其本身的價值重要性而言（Mowday, Porter, & Steers, 1982）。而組織承諾，則是指對其所屬的工作組織目標的認同、投入和願意留在其所屬組織的強烈心理傾向（李新鄉，1996；余嬪，2006；Mowday, Porter, & Steers, 1982）。

一個工作滿意度高的組織成員，對其所從事的工作會表現正面的態度。而工作投入高的工作者，不只認同其所從事的工作的意義和價值，同時在工作歷程中會積極的付出。組織承諾的高低，常可以從員工對自己組織目標的認同程度，以及是否以成為該組織的一員為榮的表現看出來。另外對組織承諾高者，對組織會有很高的奉獻和忠誠度（loyality），不會輕易有離職（turnover）的傾向（李新鄉，1996；Robbins, 1991）。

二、價值觀（values）與工作價值觀

（一）價值觀的意義

從 Schein（1992/1996）對價值觀的相關論述來看，由真理時空的後設假定到內隱外顯兼具的態度行為，都是層層社會文化價值體系的一環；Rokeach（1973, p. 5）也認為由於價值體系蘊涵著人類生活的方式與生活的目的，乃人類文化的核心部分，時時左右著人們日常生活中認知與行為。前項已談到，態度兼具了認知、情意與行為三個層次，古書《大學》有言「誠於中，形於外」，因此價值觀應可以說就是這裡所謂的「中」了。

價值觀是由一群相關的態度群組合匯聚而成，如果以 Spranger（1928）生活價值類型中的社會型來說，一個抱持著人生以服務社會為目的之價值觀的人，他的行為舉止，從禮讓別人、不計回饋到無私

付出種種外表顯現的態度，其關係都可上溯到此一價值觀（鄭瑞澤，1980）。態度群與價值觀間之關係，可以假想示例如圖 4-1 之說明。

圖 4-1
態度群與價值觀關係之假想示例圖

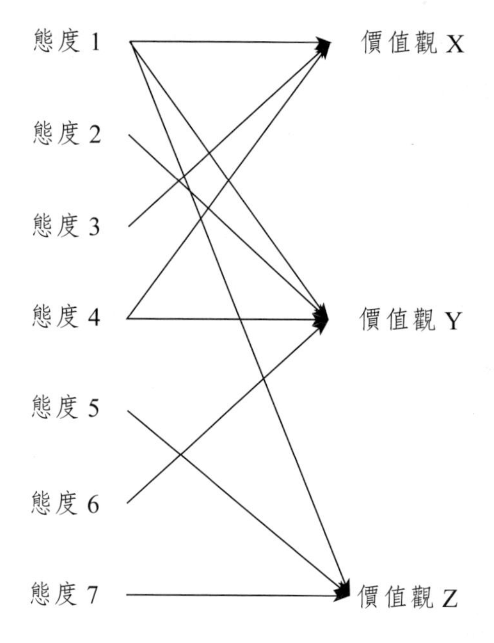

註：此一假想示例圖構思自：

1.「社會行爲」，黃光國，1982。載於劉英茂主編，普通心理學，頁 343-376。臺北：大洋。
2. 社會心理學（頁 122），鄭瑞澤，1980。臺北：中國行爲科學社。

由圖 4-1 可看出三個價值觀與其態度群間之關係，一組態度群聚合成一種價值觀，因此同一種價值觀可能源自於好幾個態度。一個抱持著服務社會以良師興國為職志的老師，相對於在學校之表現，如對待學生溫和、經常關懷學生、誨人不倦等專業態度，均是源自於同一價值觀。

價值觀既是一群相關聯的態度所形成的核心部分，因此其穩定、持久和一致的特質更為明顯，對於導引個人行為的影響力也愈高。一個認為人應該秉持良心而清高自許的校長，我們可以預期他在對於學生行為、教師教學和經費預算處理等表現，應該都會符應其價值理念。

（二）價值觀的分類

價值觀牽涉到價值判斷，含有對於相關行為或事物的好壞、對錯、應不應該等的價值取捨，由於其廣泛而長期的影響個人的行為，因此牽涉到個人的生活方式、人生追求的目標和理想（湯淑貞，1991）。有的人追求財富，有的人追求宗教的心靈滿足，有的畫家雖三餐不繼但是仍不放棄畫筆。不同的時代、不同的社會文化，自然會有不同的價值體系（value system）。以下列舉三個不同的分類方式說明之：

1. Edward Spranger（1882-1963）的說法

Spranger（1928）認為人生價值的追求可以分成六種：真理或知識、物質經濟、政治權力、社會服務、和諧美感和宗教信仰。理論型追求真理或知識，經濟型追求利益，審美型追求和諧美感，社會型追求服務社會，政治型追求權力，宗教型追求至善心靈（歐陽教，1973）。

2. Claire Graves（1970）的分類

Graves以七個層次來分析不同的價值觀或價值體系，分述如下：

第一層：反應生存型（subsistence），只考慮基本生理需求，沒有別人存在。

第二層：部落型（tribalistic），依賴與屈服於權威與傳統，以獲得基本生活需求。

第三層：自我中心型（egocentric），迴避權威、規範與標準，澈底的個人主義者。

第四層：順應從眾型（conforming），凡事遵守社會體制內的道德、法律、秩序和規範。

第五層：操縱型（manipulative），以征服或控制的手段，來建立自己的社會地位或名望。

第六層：社會中心型（sociocentric），追求社會與人群的和諧，反對操縱與從眾，強調歸屬感與社會認同。

第七層：存在（existential）與自由，具有多元彈性的社會價值觀，容忍歧異和模糊。

3. Milton Rokeach（1973）

Rokeach 將價值觀分為目標價值（terminal values）和工具價值（instrumental values）兩種，目標價值乃是指人生追求的終極標的，工具價值則是指個人為達成人生的追求目標，而所使用的手段（Rokeach, 1973, p. 5）。

目標價值有十八種，工具手段也有十八種。目標價值包含諸如舒適（comfortable）、成就（accomplishment）、和平（peace）、平等（equality）、自由（freedom）等；而工具價值則有企圖心（ambitious）、能力（capable）、勇敢（courageous）、獨立（independent）、服從（obedient）、自律（self-controlled）等。

（三）工作價值觀及一些與工作價值觀相關的重要變項

1. 工作價值觀之意涵

工作價值觀為個人價值系統中的一部分，是個人在評價工作時所依據的標準，要瞭解工作價值觀須先瞭解價值觀的本質（Robbins, 1991）。

Peterson（1972）認為價值觀是習得的概念，反映出個人所要的，不論是內隱的或外顯的。同時，亦是一個假設性的建構（construct），為個人或團體於抉擇時，用作判斷及引發行為與投注的標準。而價值觀的內涵遠大於幾個與其性質極為相近且易於混淆的概念：需要（needs）、目標（goals）、信念（beliefs）、態度（attitudes）、興趣（interests）及偏好（preferences）。

國內學者（郭為藩、李安德，1979）指出，價值觀具有正面的積極價值觀（positive values）和負面的消極價值觀（negative values）兩類。但仍以正面的積極價值觀較多，對人的影響也較大，因為正面的積極價值觀引發人的行為，而負面的消極價值觀則只是制止人的某些行為，或引導人去避免某些行為。

至於工作價值觀的涵義，大都來自價值觀的涵義衍生而來。Super（1970）曾就價值觀說明其看法，他認為價值是個人希冀達成的目標（objectives），亦為個人為滿足其需求所選擇的目標。Super（1970）也進一步說明工作價值觀的意義，他把工作價值觀定義為與工作有關的目標，是個人的內隱需求，以及個人在從事活動時所追求的工作特質或屬性。

Zytowski（1970）則認為工作價值觀是中介於個人的情感取向，以及可提供與此一情感取向相似滿足感的各種外在目標間的一組概念。

Pine與Innis（1987）探討文化與個人之工作價值觀的關聯時，說明工作價值是個人之需求以及重視之事物。換言之，是個人覺知可滿足其需求與重視事物而形成的對工作角色的意象和取向。同時，他指出個人之工作價值觀受社會、文化、性別角色、歷史、社經地位及次文化等因素的影響。

工作價值觀具有價值體系的一切屬性，易言之，工作價值觀具有正、負兩種取向；個別的工作價值觀能組合成工作價值體系，影響人類的擇業行為與工作滿足。工作價值觀發生於個人評價工作的過程，以偏好的形式表現出來。此外，工作價值觀也是一穩定的、持久的評價系統，與興趣、工作需求、和工作態度相近似，但仍有所區別。同時，工作價值觀會受社會、文化、經濟、歷史、性別角色、社經地位及次文化因素之影響而有不同（Robbins, 1991; Mowday, Porter, & Steers, 1982）。

綜合言之，工作價值觀可視為價值系統中的一部分。凡涉及對工作的評價、好惡、理念皆屬工作價值觀的表現。

何英奇（1982）用 McKinney（1973）所編的 96 題行為價值觀問卷（Behavioral Values Questionnaire），調查、分析 419 名大學生之價值觀結構。將回收問卷結果以因素分析處理，發現價值觀的主成分可用「個人一人際」及「能力一道德」兩向度加以區分。另外，研究結果又發現個人的成就、學業表現皆為男女生第一、二看重的因素；女生與道德因素有關的因素數目多於男生；女生對「引以為恥」之行為評定等級，比男生嚴格。

翁淑緣（1984）以 248 名大學生為受試者，研究他們的價值觀與生活型態的關聯。在大學生的價值觀部分，是以 Rokeach 的價值量表為評量工具。其結果顯示：大學男女生皆較重視個人內在的價值，較不重視社會外顯的價值；男生比女生更重視「成就」；不同學院的大學生在價值觀方面沒有顯著的差異。

綜合以上有關工作價值的各種說法，研究者認為若是工作能夠提供個人所想要的工作條件或結果，個人需要將因此而得到滿足，因而促進工作滿意，所以瞭解個體的工作價值觀將有助於增加個人的職業適應與組織的發展。

2. 工作價值觀與工作投入

Lodalhl 與 Kejner（1965）依據在一家精密電子工廠進行為期二十二個月的長期研究，認為工作投入為個人的工作價值導向，就像新教徒倫理一樣為個人早期社會化所形成的，是不易受組織環境所影響的一個穩定的工作態度。

Wollack、Goodale、Wijting 和 Smith（1971）等人依照 Weber（1975）描述新教徒倫理（Protestant Work Ethic）的三個構面：勤儉、個人主義和禁慾中的勤勉主義，以及一些外在報酬價值，發展出衡量工作價值的量表。

其他如 Ruh、White 和 Wood（1975）及陳正沛（1983）的研究，均發現工作投入與工作價值之間具有顯著之相關存在。

3. 工作價值觀與工作滿足

工作價值觀與工作滿足之間的關係，有關的實證研究大都顯示工作價值觀對工作滿足具有影響效果，兩者之間具有顯著的相關存在（鄭伯壎，1985；Blood, 1969; Crain, 1973; Ronen, 1978）。Ronen（1978）進一步發現，不同組織成員，由於具有不同的工作價值觀，因此他們所感覺到的滿足亦有不同特性。

有些研究結果（Crain, 1973; Hackman & Lawler, 1971）指出，工作價值觀影響環境因素與工作滿足間的關係。Hackman 與 Lawler（1971），以及 Crain（1973）等人發現，工作價值在工作特性、價值實現（value fulfillment）變項與工作滿足之間，主要扮演中介影響變項的角色，但是 Stone（1976）卻發現，工作價值觀並不影響工作特性與工作滿足之間的關係。

Friedlander 和 Margulies（1969）進一步發現，工作滿足乃是受到工作價值觀與組織氣候、工作內容等環境變項之互動的影響。

這些研究上之差異，部分來自於其所採用的相關變項有所不同；部分雖所採用之相關變項相同，但因所選取之樣本特性有所不同之故。

第三節　社會化歷程與態度、價值觀的改變

態度與價值觀是一個人在其所屬社會文化體系中，經由人群互動與社會化歷程中所形成，透過其周遭生活環境中的人與事件，不斷的累積而改變其知識架構，形成信念、產生好惡，行為傾向益形穩固後，價值觀也被導引而逐漸突顯（黃光國，1982；Aronson, Wilson, Akert, & Sommers, 2019）。一個以誨人不倦而樂於為教育付出為職志的老師，支持其行為背後的態度與價值觀，乃是經久孕育而成，不可能是短期間可以培養的。

一個新老師進入學校服務之前，就好像一個新人進入公司之前一樣，通常都早已有一套自己的價值觀，要改變確實是不容易的。惟價值觀乃是由一組相關聯的態度群所組成，態度固然是有其一致和持久性，但由於其較屬於人格結構的表層，經由有意的設計和持之以恆，態度是有可能逐漸改變的，從而價值觀的轉移也才有可能。

態度包含有認知信念、情感及行為傾向，要改變態度，也要從這三個層面著手。態度的改變方法，在行為輔導上所採用的行為改變技術、認知論及理性情緒等輔導與諮商專門技巧可以視情境需要引用。除了心理輔導相關理論與技巧外，也有些是專門針對自我認知或認知與情感連結為主的態度改變理論，比如 L. Festinger（1957）的認知失調論（theory of cognitive dissonance）與 F. Heider（1958）的平衡論（balance theory）。

一、態度改變的歷程

態度改變的歷程一般會循著順應、認同，而內化的歷程（鄭瑞澤，1980；Kelman, 1958; Keil, 2013），分述如下：

（一）順應（compliance）

順應乃是權宜之計，只從外顯行為作改變，以順應其所屬的外在團體或外來壓力，很難推斷其內在核心是否改變。

（二）認同（identification）

認同則是主動的或有意無意的接受參照（reference）對象的態度價值觀，並設法表現出與參照對象相符應的一套生活模式。

（三）內化（internalization）

內化乃是個體將態度、信念進一步納入自己的認知結構，經由內在認知結構重組，澈底改變其行為傾向與態度。

二、影響態度改變的因素

態度改變的可能性、難易度等受到許多因素的影響，而這些影響態度改變的因素頗為複雜，大致上可以分成原有態度本身的特性、個人人格特質以及個人與所屬團體的關係等三方面（張春興，2006；湯淑貞，1991；鄭瑞澤，1980；Frank, 2013）。

（一）原有態度本身的特性

1. **態度的新舊**：愈早習得，或態度形成愈久，愈難改變。
2. **核心或邊緣**：愈是核心的態度，愈可能是穩固的價值觀，要改變愈困難。
3. **滿足其動機性需求的強度與廣度**：愈能滿足其動機性欲求的態度，愈難改變；同樣可以滿足更多欲求的態度，愈不易改變。
4. **一慣性**：對某一對象，其態度前後是否一貫，是改變難易的判斷關鍵。
5. **一致性**：對於某一人物或事件，其認知信念、伴隨的感情及行為傾向愈一致，則愈不容易改變。
6. **態度的強度**：愈激烈極端的態度，愈難改變。

（二）個人人格因素

1. **智力**：智力高者，個人較能自我省思和判斷，主動改變其態度；智力低者，較易受到他人或團體所左右。
2. **個性**：依賴性、內外控、固執或僵化等人格特質，導致改變之難易度不同。
3. **自我防衛機構強弱**：有些人非常在意面子問題，強力維持自我尊嚴，較不易改變。

（三）對所屬團體或參照團體（reference groups）的認同度

愈認同自己的所屬團體或參照團體者，其態度改變愈不易（陳彰儀，1999；Forsyth, 2014）。比如有些所謂政治團體的基本教義派者，不管外面環境的客觀事實如何，這些人就是從不改變他們的信念。

三、態度改變的技術

（一）運用訊息處理歷程（information process）

訊息處理歷程亦即是訊息影響歷程，1970 年代以後由於電腦科學的發展，一部分發展心理學者，援用電腦資訊處理的流程：輸入、編碼（encoding）、貯存、解碼（decoding）、檢索（retrieval）、輸出，來解釋人類由感官覺察、注意到外在環境刺激，大腦進而主動短暫留存、分析辨識、轉換成系統有用的訊息，再被動轉入長期記憶訊息備用，也就是所謂的人類心智認知發展的歷程（吳昭容、張景媛，2000；Gagné, 1974）。

以下將構思自 R. M. Gagné（1974）和吳昭容、張景媛（2000）的心智認知發展歷程訊息處理模式，繪製成態度訊息影響歷程，如圖 4-2 所示。

由圖 4-2，我們可以瞭解影響態度的歷程因素很複雜，大致包含：

1. 訊息提供者是否具有足夠的說服力：訊息提供者愈是訊息接收者所信服的人，其說服力愈高。
2. 訊息提供者的動機：訊息接收者若察覺訊息提供者的動機受質疑時，則不易有說服效力。
3. 所提供的訊息強度、完整性、合理性、新奇性、重要性等。
4. 訊息表達的工具與方式：面對面的溝通，容易產生見面三分情；親筆信函則可以心平氣和侃侃而談；透過傳話則容易扭曲或失真。
5. 訊息接收者本身的人格因素、當時的動機及其本身原有態度的特性（如前述）。
6. 所屬團體與參照團體等內外在社會情境因素。

圖 4-2
態度訊息影響歷程圖

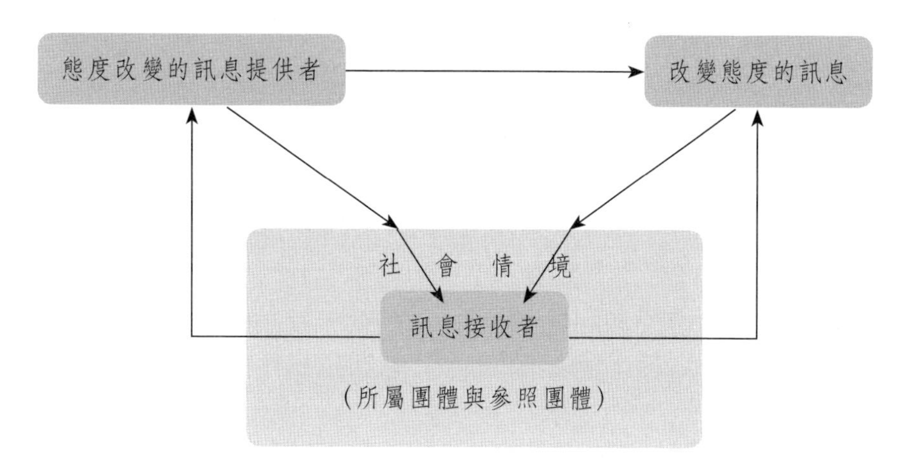

註：構想來自：

1.「訊息處理模式」，吳昭容、張景媛，2000。載於國家教育研究院（編著），教育大辭書。20220312 引自網址 http://terms.naer.edu.tw/detail/1313561/
2. *Educational technology and the learning process*, by R. M. Gagné, 1974. Newbury Park, California: Sage Publishing.

（二）運用團體影響歷程

透過個人所屬的正式或非正式團體或其參照團體，也是一種有效的態度改變技術（鄭伯壎，2003；Forsyth, 2014）。要改變老師對於學生的管教態度，可以透過其在服務學校所參加的假日登山社、所屬的教會，或者這位老師所心儀的某一慈善社團的力量；透過這些團體對老師的動力歷程，老師的管教態度較可能改變。

（三）運用心理輔導的技術

1. **自我洞察**（self-insight）：解鈴還須繫鈴人，如能協助當事人自我省察其態度情結，解除其自我內心困境，降低其自我防衛機制，較有可能改變其態度（張春興，1978；Forsyth, 2014）。

2. **安排與其態度對象相處或增進其相互瞭解的機會**：比如隨機安排其與不同種族、不同族群、不同文化的接觸與瞭解，有助於化解其族群或文化的刻板印象（stereotype）與誤解，促成其態度改變。
3. **行爲改變技術**：行為治療（behavioral therapy）運用增強（reinforcement）與消弱（extinction）等原理，以改變或建立某一行為，此法也可以用在態度改變上。外表行為一旦改變，久之其內在信念亦有可能逐漸改變。
4. **角色扮演**：透過規劃的訓練或研習方案，以角色扮演的方式，讓組織成員扮演組織中的不同角色，協助組織成員消除其各種偏見（prejudice）、本位主義，或更瞭解組織的規範（陳皎眉、王叢貴、孫蒨如，2002；Keil, 2013）。

四、態度改變的理論

態度改變的理論若包含訊息處理歷程理論或心理輔導理論等在內，則相關論述不少（李美枝，1982；張春興，1978；Keil, 2013）。本節將就組織成員自我認知或認知與情感連結兩項為主的態度改變理論（張春興，1978；李美枝，1982）加以敘述。

（一）平衡論（balance theory）

F. Heider（1946/1958）提出態度改變平衡理論，以社會情境為背景，從人際互動中架構自己、他人與態度對象三者間的關係著手，以解釋態度改變的可能與方向。他認為個體的認知體系隨時會保持平衡，而個體的社會認知乃在與社會重要他人互動過程中所建立，因此一旦自己（P）、重要他人（O）與社會重要事件（X）三者的認知之間產生不平衡感，個體便會尋求改變其態度以恢復平衡（李美枝，1982）。

其關係如圖 4-3 所示：當 P-O-X 間的關係不平衡（imbalance）時，個人（P）便會因其緊張關係而設法達成平衡，假設 P（自己）與 O（他人）兩人之間關係良好，但 P、O 兩人對於 X（事件）的態度不一致，則 P 有可能改變對 X（事件）的態度，亦有可能改變與 O 的關係，以恢復其平衡狀態。比如說：某甲老師與某乙老師關係良好，可是甲老師發現乙老師對於是否支持零體罰政策的態度不一致；此時，甲老師有可能改變其對零體罰政策的態度，也有可能改變和乙老師的關係。

圖 4-3
P-O-X 三者間關係圖

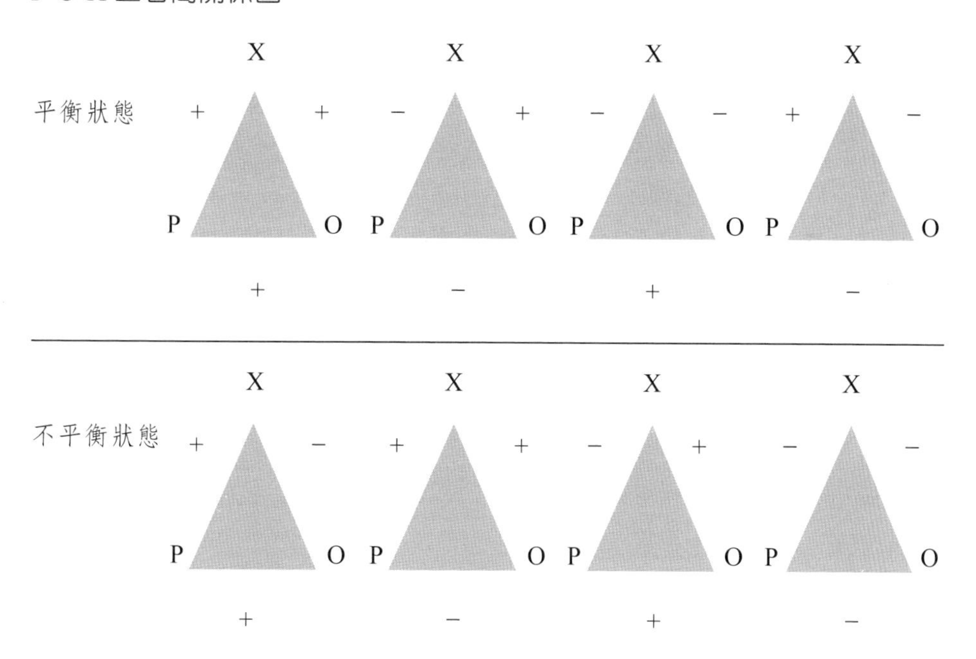

註：構想來自：

1. 社會心理學（頁 314-316），李美枝，1982。臺北：大洋出版社。
2. *The psychology of interpersonal relations* (107-112), by F. Heider, 1958. New York: Wiley.

（二）認知失調論（theory of cognitive dissonance）

L. Festinger（1957）對於態度改變的論述中提到認知失調的態度改變說（李美枝，1982；張春興，1978），其論述簡述如下：

1. Festinger 將個人對於任何一個態度對象（包含人、事、物等生活事件）的瞭解、看法、意見或信念，視為一個認知元素單位（cognitive element）。
2. 兩個元素單位間的關係，有協調（consonance）與不協調（dissonance）的狀態。當個人發現自己的某一認知元素單位 A 與另一認知元素單位 B 之間，與自己過去經驗、邏輯法則、知識體系等不一致或相互對立時，即產生認知元素單位 A、B 失調現象。
3. 個體對於不協調的兩種認知元素單位，會由於內在的緊張關係而企求其協調一致。此時個體可能改變某一認知元素單位的看法，也可能降低某一認知元素單位認知的重要性，也可能尋求建立另一新的可接受的認知元素單位，來取代不協調的元素 B。

   比如：某小學老師喜歡教學生讀四書五經（認知元素單位 A），而有一天偶然間，從報紙上看到有學者批判小學生讀四書五經乃是揠苗助長的事（認知元素單位 B），因為以小學生的心智發展，基本上並無法理解四書五經的道理。經此事件，這位老師有可能就不再教小朋友讀四書五經，也有可能堅信自己的行為是對的，因而不理會這則報導，繼續要求小朋友讀四書五經。

第四節 相關核心概念實證研究案例簡析暨其在組織和學校治理的省思

本章主要在論述組織成員如何經由社會化歷程養成工作態度與對工作之評價，本節將先就此一核心概念近年來的一些實證研究案例作簡要的分析，並進而從本章的核心理念作綜合評論，以引發組織和學校治理上的反思和啟示。

一、核心概念實證研究案例簡析

為求敘述上之簡要，本章核心概念近年來之實證研究案例彙整如表 4-1。

表 4-1
本章核心概念相關實證研究案例分析彙整表

研究者人名（年代）	研究對象與主要變項	研究方法與工具	重要研究發現
蔡佳芳、謝才智（2021）	•研究對象 臺灣面臨少子化問題之私立高中教師隨機取樣 140 位，回收 140 份，有效問卷 135 份。 •主要變項 期望理論、工作價值、認同感	•研究方法 問卷調查、資料分析 •研究工具 績效制度滿意度資訊表、績效制度滿意度問卷	1. 在發展經濟的當前社會中，績效管理制度不管在一般企業或是學校、政府部門等組織中，皆扮演著或多或少的作用，學校也是一樣，整體運作依託人的操作。 2. 在目前臺灣學校日益激烈的競爭環境下，這需要政府、學校管理者及時發現內部問題並改正問題，努力為學校教職員工營造出良好的工作環境氛圍。 3. 作為學校中的基本單元，教師成為學

表 4-1（續）

研究者人名（年代）	研究對象與主要變項	研究方法與工具	重要研究發現
			校能夠持續運作必不可少的一部分，小到一般教學工作的執行，大到高層未來學校發展方針之制定，都有賴全體教職員工各自扮演各自的角色。 4. 高度經濟的市場化和競爭原則不斷深入，使資源不斷得到最優配置，其中優秀的學校教師，更成為未來私立學校在競爭日益激烈的招生市場上學生願意選擇學校的核心焦點。
沈碩彬（2020）	•研究對象 隨機抽取高屏地區高中，並依班級數多寡分為小型與大型學校，分別抽取10-15及20-25位教師，共抽樣478位教師。	•研究方法 問卷調查法 •研究工具 靈性問卷、心理資本問卷、工作價值觀問卷、情緒勞務問卷、學校生活適應問卷	1. 教師靈性、心理資本、工作價值觀、情緒勞務、學校生活適應知覺得分平均數皆在中等程度以上。 2. 教師靈性、心理資本、工作價值觀、

表 4-1（續）

研究者人名（年代）	研究對象與主要變項	研究方法與工具	重要研究發現
	• 主要變項 教師靈性、心理資本、工作價值觀、情緒勞務、學校生活適應		情緒勞務、學校生活適應知覺兩兩成顯著正相關。 3. 教師靈性可藉心理資本、工作價值觀、情緒勞務、學校生活適應之中介作用，正向影響學校生活適應。
蔡淑華（2020）	• 研究對象 在透過桃園市 108 學年度新住民語文教學支援人員中挑選了 7 位在各國中或國小任教的人員，分別是越南語 2 位、馬來語 1 位、印尼語 1 位、泰語 1 位、菲律賓語 1 位、緬甸語 1 位，共 7 位。 • 主要變項 新住民語文、教學支援人員、工作態度、價值觀、自我認同	• 研究方法 內容分析法、紮根理論 • 研究工具 「新住民語文教學支援人員的工作甘苦談」訪談大綱、GT 編碼程式	1. 工作投入方面，具備教育熱忱、使命感及自我實現的工作認同感；組織承諾方面，正向態度面對困境、多元策略解決問題；工作滿足感方面，教學績效好、認同母親身分、教師聲望獲認同。 2. 認知方面，教學支援人員追求卓越；情感方面，師生建立良好的學習型組織文化；留職意向方面，教學支援人員面臨工作尊嚴失

表 4-1（續）

研究者人名（年代）	研究對象與主要變項	研究方法與工具	重要研究發現
			落感與共聘制度、薪資太少、學校環境不佳及重要家人不支持等兩難困境，經以價值澄清法輔導後繼續留任。 3. 工作認同方面，人員工作態度積極，具備教育熱忱及問題解決能力；其教學樣態符合教育三規準之合價值性、合認知性、合自願性，因此新住民語文教學支援人員具高度工作認同感。 4. 文化認同方面，教學支援人員積極傳承原生母國之語言和文化，並不斷學習本國之語言和文化，有充分文化認同感。 5. 在身分認同方面，教學支援人員體認教師角色備受尊重，且不論是否有中華民國的身分證，都不

表 4-1（續）

研究者人名（年代）	研究對象與主要變項	研究方法與工具	重要研究發現
			影響其對新住民身分的認同。 6. 新住民語文教學支援人員提升自我認同感之發展模型乃是以工作認同、文化認同及身分認同為基礎，繼續自我精進與自我期待所建立之發展模型。
陳依婷、胡惟喻、劉怡君（2018）	• **研究對象** 幼兒園教師及教保員：發放 250 份問卷，回收 187 份。 • **主要變項** 工作價值觀、角色壓力、主觀幸福感	• **研究方法** 問卷調查法 • **研究工具** 工作價值觀問卷改編自黃玉娟（2014）所編製的「國民小學身心障礙班教師工作價值觀量表」、角色壓力問卷改編自姚忠廷（2011）所編製的「國民小學教師角色壓力量表」、主觀幸福感問卷改編自謝玫芸（2007）所編	1. 幼兒園教師在工作價值觀中，以「自我實現與人際互動」最受重視，「社會聲望與工作地位」最不受重視。 2. 在角色壓力中，以「角色衝突」、「角色過度負荷」最受重視。 3. 在主觀幸福感中，以「自我挑戰與人際關係」最受重視，「薪資環境」最不受重視。 4. 幼兒園教師在工作價值觀及主觀幸福感中，在「擔任職務」、

表 4-1（續）

研究者人名（年代）	研究對象與主要變項	研究方法與工具	重要研究發現
		製的「國民小學教師幸福感量表」	「每月薪資」呈現顯著差異；角色壓力中，在「年齡」、「教育程度」、「擔任職務」、「學校規模」、「師生配置」、「每月薪資」、「學校性質」呈現顯著差異。
Patrick J. Rottinghaus, Donald G. Zytowski (2006)	• **研究對象** 分層隨機抽樣 30 個國家的 2,000 位青少年。 • **主要變項** 能力、人格、職業準備（career preparation）、工作價值觀、職業興趣（vocational interests）	• **研究方法** 問卷調查 • **研究工具** 改編 Super 工作價值觀量表與 Kuder 生涯搜尋（Kuder Career Search, KCS）量表。	1. 女性在 KCS 得分依序為「藝術／溝通」、「商業運作」、「社會／個人服務業」、「銷售／管理人員」、「户外／機械」與「科學／技術」。 2. 在 KCS 得分層面於實現、工作環境、共同作業、監督、威望和生活方式的水準上，女性的得分較高；而男性的得分在創造性、獨立性和收入規模的得分較高。 3. 女性可能比男性更早開始沉思工作素

表 4-1（續）

研究者人名（年代）	研究對象與主要變項	研究方法與工具	重要研究發現
			質和生涯決策伴隨的成果。
Mikyoung Kim (2005)	• **研究對象** 美國駐漢城使館所僱用之協助美國外交官或對外服務人員 • **主要變項** 職業社會化（occupational socialization）、外交及領事服務（diplomatic & consular services）	• **研究方法** 參與觀察、非正式深度訪談	1. 美國駐韓國大使館所僱用之韓國當地的工作人員，經常發現自己被夾在美國政府及國內反美情緒之間。在雙邊摩擦的時代，身為韓國國民而為外國政府工作，使自己處在一個尷尬的位置。 2. 他們自己的職業社會化受到負面誣陷和人身攻擊威脅。 3. 他們的驕傲，是作為其雇主（超級大國的政府）與韓國市民之間的調停人角色。 4. 金錢酬勞的動機，在當地的勞動力市場也發揮了關鍵作用。

二、理論與實證研究核心觀點評述及其對組織與學校治理的啟示

個人隨著自我概念與角色行為等的發展，其職業自我概念也伴隨著萌芽，而態度與價值觀都是社會化影響發展過程中受到人際互動影響的人格組型。從工作世界看，這些個人所抱持之自我理想，對於人生的展望，都需要於現實社會工作環境中才能真正展現，從其發展的軌跡與相關因素看，也正是個人社會化特質的完成過程。這從組織與學校治理的在地文化思維上而言頗具意義，茲分述如下：

（一）慎選組織成員

從組織與學校治理來說，一位工作者進入工作世界之前，其社會化人格特質大致已成形。態度固然可以改變，價值觀也可能受到情境所導引，但其澈底改變的難度頗高。就組織與學校治理者而言，如何慎選新入行者，才應是第一要務，與其要花費心力來改變成員的態度，不如一開始就謹慎選取符合組織需要的人才。

（二）要改變員工態度，需說之以理並動之以情

不論是要改變成員的舊態度或是培養新態度，理性與情感雙管齊下是比較能達成目標的。從認知失調論來看，認知元素單位間的不相容，固然可能引起個體的緊張不安，但結果並不見得就能改變舊的認知元素單位。如果能從認知角度出發，說之以理，並且適時伴隨感情的因素，則改變的可能性就比較高。

（三）與組織中非正式團體及意見領袖建立良好的互動網絡

非正式團體與意見領袖在組織中有其重要的影響力，組織治理者要能隨時敏銳覺察，並瞭解組織中各種不同目的、不同影響力或不同性質的非正式團體及意見領袖，設法與其保持良好的互動關係。一旦需要引導組織成員改變舊態度或建立新觀念時，即可經由非正式組織

或意見領袖之網絡，以協助排除阻力，降低抗拒。比如校長平時就與校內外各種正式或非正式社群保持密切關係，則累積的人脈，將有助於協助學校對於家長的說服力（Hoy & Miskel, 2003）。

（四）彈性多元的新知成長管道

組織成員要能保持不斷與外界新知同步成長，其認知世界才不會封閉。好的知識分享體系或制度，對於組織成員新知的傳播、分享有助益，同時也可能激發產生新的認知，進一步帶動組織成員的成長、跳脫舊思維。一個樂於接受新知的組織，成員的心態較不易封閉固執，也較可能呈現欣欣向榮的氣氛。

（五）態度與實際行為之間並不一定相關

態度有其行為傾向，但在實際情境中是否一定產生某一行為，還會受到複雜的社會情境因素所左右，因此組織經營者必須敏於覺察組織成員的心態，隨時從環境訊息回饋中修訂各種經營策略或措施，以維繫組織成員的向心力。一位老師很可能不喜歡某一種課程，但礙於社會的壓力，他表面上還是會支持。

（六）學校治理上尤其須特別重視如非正式與潛在課程等之情境陶冶功能

學校原應為五育並重的全人教育場所，惟傳統的學校現場，在注重學業成就與升學導向的社會氛圍下，大都將知識技能的傳播與學習擺在第一，學生的全人發展經常只是淪為形式化的檔案文書資料，學生的全人學習權並無法受太多重視。學校為了培育更多社會上所重視的精英分子，非正式課程常被正式課程所掩蓋，而知識與技能便成為學校效率衡量的指標，那些不易被衡量的人格發展、情意陶冶等領域，較少受到關注。

學校治理的核心要務在提供合宜的心智陶冶情境，引導學習者在知識、技能與身心人格上能正向成長，以培育健全的社會文化成員。這其中本章所提的自我概念、態度與價值觀，乃是身心人格正向成長的核心，從全球生活村的視野來看，所謂的「全球視野、主體意識、理性溝通、多元包容、共存共榮、科技人文、社會責任」等，這很多都是屬於情意態度的層面，並非只靠有形的課程與教學可以竟其功，而是亟須倚賴學校的正式教學歷程能與非正式和潛在課程環境相輔相成，如此良好社會公民的涵化歷程，方能竟其功。

第五章

個人和團體人際行爲的文化與心理脈絡

社會文化體制與團體氛圍

組織與團體在定義上其實很難區分，基本上都是指在一特定範圍內共存共享的生活族群，而任何一個共營生活的族群就是一個社會單位（徐木蘭，1983；Alderfer, 1977, p. 175）。組織是所屬成員的集合體，個人是組織團體（organizational group）形成的基本單位，人自出生便隸屬於家庭，原生家庭乃是個人生活世界中第一個組織團體。組織與團體兩個概念的意義常常是重疊的，我們說家庭是一個團體，同樣也是一個組織。

我們不否認社會上可能存在遺世獨立的人，但是任何個人一旦和他人有了互動，他就是互動社會體系中的一分子，任何一個人的所作所為就會受到整體社會文化體系及其所屬團體心理氛圍的約束。這是完形心理學（Gestalt Psychology）者 W. Köhler（Köher, 1998/1992），與社會心理學者 K. Lewin（1952）場地論（field theory）所論述場域（field）動力核心意涵，也是團體動力（group dynamics）產生的根源（張春興，2003；張景媛，2000；詹昭能、黃玉清，2000；潘正德，2012；American Psychological Association, 2020; Forsyth, 2019）。

個人固然無法脫離其所屬社會文化體系及團體心理氛圍的束縛，惟個人仍有其自我抉擇的可能，從人本主義、後現代主義、現象學、溝通互動論等的觀點，均彰顯人類心靈的自主性（余安邦，1996），正所謂「雖千萬人，吾往矣」也。就如 Maslow（1954）在動機需求層次階層論（need-hierarchy theory）的論點，個人的行為，尤其是在特定情境下的行為，很可能受到情境氛圍所左右，但是他的理想與價值觀，終究會潛藏於其內心，伺機影響行為（吳靜吉，1979；Cole, 1990）。

第一節 團體的意涵、功能與類型

一、團體（group）的意涵

從心理學領域的角度看，團體是由兩個以上的一群人基於互動需求而形成，因此具有下述一些特徵（李美枝，1992；陳皎眉、王叢貴、孫蒨如，2002；Alderfer, 1977; Forsyth, 2014）：

1. 成員間彼此相互依賴，心理上知覺到相互存在。
2. 行為上彼此間往來互動（interaction），相互交流。
3. 彼此追求共同目標而有很高的相屬感（we-feeling）及認同感。
4. 每個成員均有其相對應的身分地位和扮演的角色及其規範。

由此而言，團體成員的共同目標、互動與相屬感是最基本的要素；而 G. C. Homans（1950）提出團體系統四要素：分享活動、交互行為、歸屬情感與群體規範（陳皎眉、王叢貴、孫蒨如，2002）。

人們的態度與行為特質，事實上乃是經由團體歷程而形成，因此在團體的定義上有些學者還加上：彼此意識到是共同團體成員的一分子、瞭解自己在團體中所扮演的角色、分享彼此共同的想法（common thinking），同時他們都同意有一個正式或非正式的領導者（潘正德，2012；Guzzo & Shea, 1992; McGrath, 1984）。

就此來看，僅僅是一群人聚集在一起，並不能算是一個團體，就如在舞臺前看表演秀的一群人，或者在藝術趕集時圍觀的群眾，這些都不能符應心理學領域上所謂的團體。

二、團體的功能與團體對個人的意義

人不能離開團體，團體對個人而言其重要性不言而喻。就個人而言，不論是基本生理需求或心理社會需求，團體都是提供滿足各種需求的來源。衣、食、住、行需靠團體供應，喜、怒、哀、樂需要有人可以分享，成就盼望有人讚許，一旦脫離了所屬的團體，將如異鄉人般，所有獲得的名望與榮耀都毫無意義。大致說來，需求滿足的內容可分述如下（Schein, 1988）：

（一）保障安全

團體乃是個人安全相互依賴的場所，個人失去團體的依靠將會孤立而無援。

任何個人生命與財產安全的維護、工作權的保障等，這些都要從團體中求得。

（二）提供地位與角色的舞臺

個人在團體中，依據其組織階層所賦予的地位，扮演其角色行為。在工作職場裡，個人的生涯發展藉著地位與角色不斷的轉換，自我的理想才可以體現。沒有了團體，即沒有了地位與角色，個人的生涯也將無意義。

（三）親和與歸屬感的需求

情感的慰藉乃是一個人每天生活的原動力，無論是親情、友情和愛情，皆有賴於團體人際互動中才能獲得。

（四）獲得肯定與尊重

個人的成就與表現、地位的提升與光榮，只有在團體中才能受到別人的肯定與尊重。

（五）支持與信心的來源

沒有別人的幫助，只靠單打獨鬥很難有大成就，藉助於他者技術、財物或心理的支援，可以提升個人的力量，增進其獲致更大發展的空間。

三、團體的類型

團體的分類有好多不同的方式，這些分類的方式可能是基於規模、風格與外型等，以下簡述幾種常見的分類：

（一）正式團體（formal group）與非正式團體（informal group）

Schein（1988, pp. 146-149）將團體分成正式團體與非正式團體：

1. 正式團體

正式團體乃是基於組織的任務，為執行特定工作，由組織管理者依組織規範所組成，因此所有行事必須依據組織作業規則進行（潘正德，2012）。最典型的就如政府各部會，有相對的組織規程，部會內各司、處、室有分層負責明細表，各層級人員的職責和權利、義務非常明確。

正式團體又可分為永久正式團體與暫時性正式團體（Schein, 1988, p. 146）：

(1) 永久正式團體（permanent formal group）：如董事會，或組織內不同工作部門（如各處室等）。

(2) 暫時性正式團體（temporary formal group）：乃是依組織內暫時性的工作需求所組成，任務完成後即解散，比如為了慶祝校慶所組成的校慶籌備委員會；為了協助受難民眾所組成的募款委員會等。

暫時性正式團體，有時可能會維持一段很長的時間，比如為了組織的改革所組成的組織變革發展委員會，其存在的時間可能會很長。

2. 非正式團體

非正式團體乃是一種自然的組合，不需有形式要件。由於組織成員在組織中並不可能只為了完成組織目標而存在，組織中每個人均有其不同的心理需求。組織成員的互動歷程中，除了完成組織交付的工作任務外，成員相互間互通養兒育女的心得、交換旅遊經驗、召募假日登山或打球的隊友，均為人之常情。為了這些需求的滿足而組成的團體，彼此間沒有正式的隸屬關係，也沒有成文的權利與義務的約束，他們之間沒有正式的法定領導者，但仍可能有意見領袖，這些都是非正式團體。

(1) 非正式團體的功能

A. 非正式團體的正面功能：非正式團體對正式組織而言，有其正面功能與反面功能。從正面功能來看，非正式團體可以滿足組織成員個別心理需求，有益於其增進彼此的歸屬感，對組織的工作滿足感也會增加，工作效率也可望提升，有助於組織目標的達成。

B. 非正式團體的反面功能：當非正式團體形成的時機是為了個別的利益，且其利益之爭取有礙於組織之整體發展時，會有負面功能。這些負面功能大致如下：

a. 抗拒變革：非正式團體由於心理需求一致性非常強，一旦組織需要變革時，總會引起既得利益者因對未來的不確定性而產生恐慌，此時非正式團體經常形成抗拒變革者的心理避風港，形成組織內的革新阻力。

b. 傳播謠言：非正式組織的溝通暢達度極高，一有小道消息，經常很快傳達到組織的每一個角落，引起人心惶惶，破壞組織團結與安定。

c. 消極順從：由於非正式團體中意見領袖的影響力極大，成員的順從度很高，因此具有約束成員順從其規範的力量。若此一非正式團體目標阻礙了正式團體的目標實現時，此消極順從非正式團體的動力，就會變成正式團體安定和發展的最大內憂。

d. 徇私結黨破壞組織士氣：組織內需要每一成員的認同與團結一致，非正式團體若成為各自利益的集合，對不合於己利者動輒攻擊、破壞、醜化，則對於組織士氣不斷打擊，極易破壞組織成員之認同，使得士氣為之潰散，對組織的和諧和生存極為不利。

e. 自訂標準抵制正式組織規範：當非正式團體爭取的私利無法達成時，極易轉向集體以怠工、破壞、或降低生產量等不合作或抵制正式組織作業要求，以遂其目的之達成，或作為報復手段。

(2) 非正式團體的類型

組織中的非正式團體大致可以分成水平、垂直與混和等三種類型（Schein, 1988, p. 147）：

A. 水平式非正式團體（horizontal informal groups）：由同一層級單位的成員所形成的非正式團體為水平式非正式團體，如全部由教務處的同仁所組成的假日合唱團。

B. 垂直式非正式團體（vertical informal groups）：由上下層級的單位成員所形成者，稱為垂直式非正式團體，如同一部門各層級間為了要求增加福利所形成的非正式組合團體，彼此互通訊息，且利害一致，從上層到下層均有成員附和。比如從總管理處到各區管理處的人員，共同形成的非正式團體。

C. 混和式非正式團體（mixed informal groups）：整個組織內不同隸屬部門、不同層級人員所形成的非正式團體，為混和式非正式團體（Goode, 1977, p. 178）。如同一所學校不同校區、不同學院系所教職同仁基於登山興趣，所組成的登山活動團體。

（二）實屬團體或會員團體（belonging groups or membership groups）與參照團體（reference groups）

自己實質擁有成員身分的團體即是實際歸屬的團體，而內心所景仰、希望向其看齊的團體即是參照團體（俞文釗，1996：290）。所謂身在曹營心在漢，意指某一組織內的成員並不認同自己所歸屬的組織團體，而是心儀某一組織外的團體。比如某位老師在甲校服務，但他對甲校心灰意冷，內心憧憬著如果自己服務的學校能夠像乙校那樣該有多好！從組織經營者而言，最好是使成員的歸屬團體與參照團體能合而為一。

（三）大團體與小團體

從團體的規模（size）或大小來看，依團體成員的多寡，可分成大團體或小團體，規模大小純是相對比較性的（潘正德，2012：15；Goode, 1977, p. 190）。然而團體規模大小對成員的意義來說，差異特別大。比如小到兩個人的團體時，此兩人中任何一人都具有不可或缺的重要性，其互動的親密性、依賴性等均彼此相繫。人數愈多，規模愈大，其間的關係也愈複雜。小團體成員間，直接面對面接觸的機會比較多，互動頻繁，其相互間感情與心理上之聯繫緊密；而大團體較需要靠制度與規範來維繫，社會性較明顯。

（四）同質性團體與異質性團體

1. 同質性團體（homogeneous groups）：學校的美術資優班是屬於同質性團體。所謂相同的特質可以是人口統計變項的，如性別、年齡、籍貫、學歷等；也可以是歷史或文化的，如同血統、生活、語言等。
2. 異質性團體（heterogeneous groups）：異質性團體，就某一特別分類性質而言，每一個成員間是有差別的。比如某大學專為外國籍學生所開設的中文班，成員來自各種不同國家或文化地區，即屬之。

依據 Guzzo 和 Shea（1992）的研究，同質性團體的效率表現較好，異質性團體則離職率較高。

（五）初級團體與次級團體

個人一出生就是其所屬家庭的一分子，從生活起居、一言一行、喜怒好惡、是非善惡，無一不受其家庭的影響。原生家庭從成長依賴與親情分享中，形塑了個人的行為特質，這也是個人一生中最為緊密互動的初級團體。

1. 初級團體（primary groups）：初級團體成員間的互動較為直接、面對面且親密，生活空間上也較為接近，家庭或學校的班級是最典型的初級團體（徐木蘭，1983：234；Goode, 1977, p. 196）。初級團體乃是個人社會化最重要的組織，舉凡一個人的性格、態度、價值觀大致均在此形塑而成。
2. 次級團體（secondary groups）：次級團體，其人際關係上是比較疏遠的，團體的形成上，以權利和義務的分擔和享有為主要的成員互動目標（徐木蘭，1983：236；Goode, 1977, p. 200）。如大學校友會，或網球俱樂部皆屬之。

第二節　團體場域中的個人行爲表現

團體內行為（intra-group behavior）的研究，在 Lewin（1935）場地論（field theory）探討團體動力的現象時就已受到關注。依據場地論的觀點，團體並非單純是個體的集合，它是一個心理場域（psychological field），包含了一些力量與變項。團體間的個人彼此的互動關係、團體的文化與規範等，皆會影響到個人在團體內的行為表現（徐木蘭，1983；潘正德，2012；Forsyth, 2019）。

一、團體影響組織成員的行為機制——選擇與社會化

不論是正式組織或非正式組織團體，均透過選擇與社會化兩個途徑影響組織成員的行為（陳奎熹，2014；Beehr, 1996），選擇與社會化正是社會文化體制與團體氛圍的顯現。

（一）選擇（selection）

除了家庭與義務教育的學校等，由於出生或依法無選擇性而獲得入會權（membership）的團體以外，其餘任何團體均會透過某些有形或無形的門檻（threshold）設有入會的基本條件，依此選擇其組織成員。就正式組織團體來說，工作組織團體便是最典型的例子，任何一個工作組織團體，當徵選工作人員時，必定有徵才的條件，規定了成員的資格，不符合者，不可能進入其工作團體；而非正式組織，就算每周因興趣而自由聚集的象棋俱樂部也莫非如此，每次到象棋俱樂部來的人，不是來下棋就是來參觀別人下象棋，如有人來瞎攪和，一定會被列為不受歡迎之人物。

選擇機制篩選出具基本條件的組織成員，使得組織成員的同質性增加。學校的老師，經由選擇機制，使得每位老師均具有相似的基本素質，每位正式編制的老師，都要大學畢業、修畢師資培育課程、通過檢定合格，並且持有教師合格證書，同時要表現得中規中矩。經過這樣一個選擇機制，團體成員的素質獲得保障，而其團體規範也可望保有約束力。

選擇機制除了有意的、正式的團體選擇效標外，有時還混雜了一些與成員表現無關的因素。擔任人事升遷評審委員會的委員，有可能會因為某一競爭者同是校友、同鄉等因素而給予較高分數；公司招募人才的負責人，很容易因為某些個人的刻板印象（stereotype），而偏袒某一類型的應徵者。為了避免太多人為的不公平，政府常立法規範不得將某些特質（如性別、婚姻、年齡、種族等）列為就業排外條款。

不管是有意或無意，經由選擇過程，正式組織得以維持團體間的某些同質性。同樣的，從另一方面來看，個人之所以選擇進入某一工作團體或社會團體，必有其考慮因素。所謂物以類聚或良禽擇木而棲，假如一位求職者有選擇工作的可能性，他必然會選擇一個跟自己志同道合的工作場所。不管是出自於組織部門或者求職者本身的選擇機制，工作職場或社會團體，其成員間的一致性，不論是正式徵選標示的有形條件，甚至是成員間的思想、興趣、行為等心理特質，都有可能相類似。

（二）社會化（socialization）——角色與規範

選擇機制發揮了守門員的機制，而社會化則在組織團體內發揮了永續的同化功能，使得組織成員更加深彼此間的一致性。一般來說，社會化包含了直接學習、互相模仿與團體氣氛感染（李美枝，1982）。

透過團體中的地位（status）與角色（role）的分派，以及團體規範（group norms）的約束，使得個人在組織中受到有形、無形的團體制約。擔任某一職位，即需扮演與此職位相符應的角色行為，就如身為司法人員者，某些場合是絕對不容出現的，否則便會招致批評與指摘。組織團體環境中，處處充滿潛在的刺激線索，團體成員彼此間的服裝儀容、生活嗜好，甚至辦公室的配置與設備，大家會相互仿效；經理的辦公室，一定不能比總經理的辦公室大或更豪華。組織成員之間，對於不被團體所認同的行事風格等種種事件，經常藉著有形、無形的線索去影響團體內的歧異者。老師如果穿短褲、著脫鞋來上課，則不只校長會給予特別的關注，同仁也會好言相勸，家長或學生更可能指指點點。

團體規範基本上是團體成員互相期望的行為表現規準，同時也是團體在發展過程中，經由正式合法程序或非正式程序約定俗成的行事準則，每一個人都需要遵守；它具有驅使成員朝團體目標前進，維繫團體互動的約束力。團體規範提供團體與其他成員互動關係的參考架構功能（Garfinkel, 1967），團體成員彼此一致性的深化，經由團體規範的作用更加確立。

團體成員間對於任一成員所表現出為團體所接受或不接受行為的讚美、認可與批評和責難，經常扮演著獎與懲的功能，進一步加深組織同化（assimilation）的可能性，而模仿、認同與內化則是此一完整社會化功能的重要歷程。

二、團體影響個人行為的現象

團體透過選擇與社會化，使得團體內個人特質與行為趨向一致性，而此一影響歷程中包含著諸多不同的現象（李美枝，1982；Forsyth, 2019）：

（一）社會助長（social facilitation）與社會抑制（social inhibition）

社會助長，是指團體工作情境對個人的工作成效產生了激勵與促進的效果，反之則是社會抑制。腦力激盪（brainstorming）便是藉著眾人思考相互激盪，由某一人的不同觀點進而引發另一個人的新觀念，達到集思廣益的效果，可說是社會助長的一種促進方案。但是，當一群人在一起思考解決問題時，如果沒有容忍多元歧異的環境條件，則將造成一言堂，反而造成社會抑制的現象。

團體工作情境到底是否能促進個人的工作效率，牽涉到工作本身的性質，假使進行的工作是不需太多思考的、單調的，而且個人喜歡在團體情境下工作，則團體工作情境對個人工作效率將有正面促進的效果（Allport, 1961）。我們有時看見廊間一群人在一起剝花生，大家有說有笑，愈做愈起勁；而有些人則不太喜歡別人干擾，工作中從不與人交談，因為一旦轉移注意力（distracting attention）就會降低其工作效率。

（二）觀眾焦慮（audience anxiety）——旁觀者效應

旁觀者在場，對於工作者產生了干擾的現象，使得工作效率受影響（Alper & Wapner, 1952）。有如一個人一旦站上舞臺就會緊張，使得原來熟練的演技馬上大打折扣；但是另外有些人，一旦站上舞臺，只要有觀眾，則有如神助，精神一下子就提振了，真是所謂「上臺一條龍，下臺一條蟲」。

但是一般來說，有怯場現象（stage fright）的人比較多，而喜歡在別人面前出風頭的人比較少（湯淑貞，1991）。這種觀眾焦慮或怯場效應，因人而異，其產生的因素，主要是由於因為自己的表現將受到別人評價，因而引起的不自在感有關（Cottrell, Rittle, & Wack, 1967）。

（三）團體匿名性（state of anonymity）與去個人化（deindividuation）

對於個人在團體中的匿名現象，心理學上有很多的討論和實證研究（徐木蘭，1983；Festinger, Pepitone, & Newcomb, 1952; Zimbardo, 1970）。團體匿名性，也就是團體成員在團體情境中去個人化的作用。當個人在工作團體或社會團體中，團體成員會覺得自己與團體中的每一個人都一樣，只有團體沒有個人存在，團體成員愈多，此現象愈深化。飆車族，當人愈多時，飆得愈勇猛，甚至砸路人或車子，這與團體情境使得個人喪失了自我責任感有關，使得有些事情單獨一個人的時候不敢做，但是當一群人時，便無所顧忌。

這種在團體情境中，個人由於團體集體行為傾向的誘發，加上自我責任感的減弱，終於使得一些平時受壓抑的行為，一發不可收拾。除了飆車族外，欺壓同學、打群架等校園霸凌事件，很多青少年都是在群體情境下，首次逞強凌弱。這種去個人化的匿名狀態，在工作團體成員為爭取權益而展開的怠工、抗議、罷工等行動中，也經常可見。

報紙上曾出現一則報導，大意是說有一個曾是名人的學者，獨自一個人在國外某一個賭場出現，且參與豪賭，不幸卻被狗仔隊跟蹤偷拍，終致消息被曝光而悔不當初。處在一個陌生人的環境，沒有人認得行為當事者是誰，所以當事人便常敢做一些平常不敢做的事，這和團體中個人匿名性有點類似。

當然團體中個人匿名性現象同樣與個人人格特質有關，有些人自制能力較強，儘管半夜看到路上有黃金，仍能拾金不昧，送警招領。但有些人，一旦在團體情境中，受到別人的慫恿，或者看到別人的榜樣，便如法炮製。

（四）從眾行為（conformity behavior）

由於團體規範的約束，團體成員為了不成為團體中的歧異者，於是經常表現出符應團體期望的行為，這就是從眾行為。我們很多人都有同樣的經驗，當我們穿著整齊的西裝走進會場時，卻看到幾乎每一個與會人員都穿得很隨意，這時候我們經常也會脫下西裝外套與領帶。影響從眾行為的因素不一，大致如下（李美枝，1982：473；湯淑貞，1991；Forsyth, 2019）：

1. 團體情境因素

(1) 所屬團體之特性：包含個人當下所屬團體內意見的一致性、團體凝聚力，以及是否為其所認同之參照團體。愈符合這些特質，則成員之從眾行為愈高；而愈是同性質團體，其從眾性也愈高。

(2) 團體決策模式（group decision-making）與氣氛：團體的決策模式愈權威，則團體氣氛愈封閉，也就愈不能容忍不同意見，從眾傾向就愈強。團體決策模式愈趨向民主參與，則團體氣氛就愈開放，從眾傾向就愈低。

(3) 團體規範：團體中大家所遵守的行事準則，這些行事準則如果容許所屬成員隨時可以自由發表己見，則從眾行為傾向較低，反之則較高。

(4) 事件訊息的清晰度與社會真實（social reality）：當面對的事件，是臨時發生的，或對與此一事件相關的訊息掌握不多，或者是在緊急情況下，則因缺乏可資判斷事件的充分訊息，個人將轉而尋求社會真實性，也就是以所屬團體大多數眾人的意見為意見，以增進安全感（李美枝，1982）。我們到了陌生環境，或到了一個不同文化的地區，很容易入境隨俗，做什麼事前，會先看看別人怎麼做，以避免出錯或尷尬。

2. 個人在團體中的地位與聲望

個人居於團體中地位的高低，常與所受團體壓力多寡有關，地位愈低，則所受之團體壓力自然愈高（李美枝，1982）。公司的職員在公司所受的約束，相對於總經理來說，要來得太多。

但也有學者（Hollander, 1958）認為，高地位者也同樣感受到壓力，因為地位愈高，愈成為注目的焦點，愈會被認為要接受高標準的檢視，責任也愈高。校長在學校中地位最高，但是相對的要面對學校內外、上下的壓力也愈高。

聲望有時跟隨地位，但有時也可能不相屬。團體內的非正式領袖聲望高，但地位不一定高；而有些人是因為他本身在某一領域的成就，而享有較高聲望。聲望愈高，愈受人信服。

3. 個人人格因素

智力、情緒穩定性、自我概念、依賴性及態度的開放與保守（Crutchfield, 1955）等人格特質不同，其從眾傾向亦不一樣。智力、情緒穩定性、自我概念等特質愈高，而態度愈開放的個人，在團體情境的從眾傾向愈低。這些特質之所以會與從眾行為有關，可能是因這些特質與導致焦慮、缺乏自信心及關心他人之評價有密切關係（湯淑貞，1991）。

（五）團體壓力（group pressure）與團體內的異議者（deviant）

團體壓力乃是從眾行為的起因，個體由於維持團體成員身分的歸屬需求等社會性動機，導致工作團體內的成員行為趨向一致性，大多數人均不願意特立獨行或違反團體行為準則，以免威脅團體的和諧及生存（李美枝，1982；Leavitt, 1972）。

但有少數人在面臨自己理念與團體決策不一致時，可能提出異議，甚或抗拒團體的決策。此外，團體中亦有極少數人可能經常是反抗團體規範的人，即是所謂反從眾者（counter conformity），他們對團體的認同度不高，經常特立獨行。

團體內的異議者可能是反從眾者，也可能是團體中具有獨立思考或經常具有新奇創見者。團體固然需要有起碼的一致性和穩定性，但團體中的異議者，對團體而言仍有其存在之價值（李美枝，1982）。

古書中所言「入則無法家拂士，出則無敵國外患者，國恆亡」，一個團體內，如果完全沒有了反對的意見，則有時會陷入團體思考（group-thinking）迷思中。大家在團體一致性的壓力下，想法一致，漸漸失去了自我反省批判及創新的能力，以至於安於現狀而落伍或衰亡。

1. 團體壓力的產生過程

在團體針對某一議題的討論過程中，團體對異議者施予壓力的歷程大致可分為四個階段：理性討論、慫恿勸誘、攻擊、隔絕孤立（李美枝，1982；Leavitt, 1972）。

(1) 理性討論階段（rational stage）：團體針對某一議題的決定，在開會初期，與會者大致先會有廣泛自由發言的階段，參與者一般先會互相作理性的論辯，容忍不同的意見表達，逐漸會形成多數支持者與少數異議者。
(2) 慫恿勸誘階段（reduction stage）：團體內的多數支持者對於持異議者，開始曉以大義加以規勸，或動之以情、或誘之以利或恐嚇威脅，企圖說服其放棄異見接受團體決定。
(3) 攻擊階段（attack stage）：對於組織內的頑強異議分子，團體決定的多數支持者轉而採取激烈的譴責攻擊手段，逼迫其就範。
(4) 隔絕孤立階段（amputation stage）：透過前面三個階段之後，異議者倘若不改變其堅持之己見，團體成員將採取斷絕與其溝通管道，心理上將其隔離於團體之外。

2. 異議者存在的價值

團體固然有必要維持起碼的一致性，以維繫團體的運作，但團體中仍需要有各種不同批判來源，團體內的異議者其存在的價值如下（李美枝，1982）：

(1) 提供反省批判的機會：對於團體決定的陷阱，異議者的意見剛好提供了團體自我檢討省思與批判的機會，激發團體成員每次檢視團體目標、手段、方法和過程的疏漏與缺失。

(2) 組織變革與創新思考的來源：團體若無異議者，則容易因循苟且或墨守成規。異議者能激發團體改變的動力，提供團體變革的方向與內容，有助於組織的變革發展。

（六）社會閒散（social loafing）與責任擴散（diffusion of responsibility）、旁觀者效應（bystander effect）

在團體工作情境下，由於匿名狀態導致個人在團體中無法突顯，連帶使每一個人感覺到自己只不過是團體中一顆小螺帽，個人的貢獻無從被發現，此時工作成員可能會在工作過程中傾向不盡全力，此種社會情境下產生的懈怠行為，一般稱其為社會閒散（陳皎眉、王叢貴、孫蒨如，2002）。

責任擴散亦與去個人化的匿名性有關，個人只是團體內的一分子，團體的決策以及行事作為，不管結果如何，責任將由團體中的每一個人去分攤，個人承擔的責任與後果，隨著團體規模愈大愈發降低，此即責任擴散之現象。俗語說：「一個和尚挑水喝，兩個和尚抬水喝，三個和尚沒水喝。」當不只一人在場時，個人的責任被分散了，心理愧疚感減輕了，亦有人稱之為旁觀者效應。

Latane 和 Darley（1970）針對社會閒散與責任擴散的現象作過實驗，發現大都會區的人比鄉下人更具匿名性冷漠和疏離特性，旁觀者眾多，卻都不願向受難者伸出援手，大家都認為反正天塌下來，有高個子頂著，別人自然會去救，省省事吧！何必自尋煩惱。此種現象，極易在小部門林立的公司裡發生，部門愈多匿名性愈強，責任分散狀況恐將危及組織的生存。

第三節　團體氛圍下的共同決策或思考歷程可能產生的偏失

團體決策（做決定）或團體共同思考問題解決方案極易落入很多陷阱（李美枝，1982：523-529），我們常認為：三個臭皮匠，勝過一個諸葛亮；以為人多了以後思考就可以更周延，能夠把事情做得更多、更好。這是一般人的想法，但結果是不是這樣呢？我們前面曾提到團體的匿名性和社會閒散，因此經由團體討論或集體思考，期盼集思廣益來解決問題，有時候反而會提高冒險性，不但無法解決問題，反而更拖延時間、增加成本，或者孤注一擲變得失敗收場，這其中最大的原因常來自於團體決策或團體思考所強烈企求團體成員意見一致性的導向，使得成員個別的理性知覺被扭曲（李美枝，1982；湯淑貞，1991；Forsyth, 2019; Janis, 1968）。

一、團體思考的冒險遷移現象（risk shift）

在團體思考情境下，團體所做的決定有時候比個人在獨處的時候所做的決定更具冒險性，也就是說個人在團體討論情境下，居於團體中個人的責任擴散效應，個人所提議解決問題的策略，往往比他單獨一個人所下的決定風險性更大。此種現象稱為冒險遷移（Ellis & Fisher, 1994）。

有些學者（Teger & Pruitt, 1967; Dion, 1972）認為，在團體決定或團體思考解決問題中冒險遷移的產生歷程，首先是團體決定或團體思考過程導致團體成員之間的一致性情誼更深化，引發責任分散的機轉更容易產生，由之減低了失敗的恐懼，產生冒險遷移而做出比個人獨自作決定更富冒險性的決定（李美枝，1982：524）。

二、團體思考的保守謹慎現象

團體思考或團體決定的冒險傾向前已提及，但這其中還有很多其他中介因素，同時是否一定會有團體決定的迷失出現，尚有很多值得討論處（李美枝，1982：525）。團體決定或團體思考過程中，團體成員由於團體壓力和團體氣氛的影響，當團體領導者或組織中的非正式領袖傾向於保守謹慎，所謂以不變應萬變的思考方向時，團體決定的結果有可能比個人單獨作決定時更加保守謹慎（Whyte, 1989）。

三、團體思考的可能陷阱

透過團體思考歷程解決問題，可能引發的陷阱有下述幾點（李美枝，1982：523-529；Janis & Rausch, 1970）：

（一）無缺點的錯覺（illusion of invulnerability）

由於去個人化與責任擴散，團體思考情境容易使個人冒險性增高，忽略了弱點，造成對自己團體完美無缺的錯覺。

（二）道德的錯覺（illusion of morality）

道德勇氣瀰漫團體中，感染每一個成員，造成大家替天行道的使命感，成為團體過激行動的藉口。

（三）醜化競爭對手

將競爭對方歸類為醜陋、愚蠢或懦弱，一廂情願的認為競爭對手一無是處，認為對手終將遭萬民唾棄。

（四）全體一致的錯覺（illusion of unanimity）

內在凝聚力愈強的團體，愈會有「人同此心，心同此理」的錯覺。每個人都以為大家意見差不多，對於議題提出贊同的發言者給予高度的肯定。

（五）不同意見的自我過濾（self-censorship of dissenting ideas）

儘管自己有不同的想法，但由於全體一致的贊同錯覺，使得每個人都先否定了自己不同意見的可靠性，放棄表達異議的念頭。

（六）心理守衛者的存在（the existence of mindguard）

團體中存在著一些守門員，他們擔負起守護團體成員以避免受到團體中異議者傳播訊息的機會，將不合於團體決定的意見排之於外，使之不得其門而入。

（七）警訊的合理化（rationalization of warning）

對於團體決定可能導致危險或錯誤的警告訊息，不是扭曲警訊知覺，將之當作小題大作，就是訴之於合理化的自我防衛機轉，找藉口安慰自己，不理會警告訊息內容。

（八）社會從眾壓力（social pressure of conformity）

由於團結一致的團體規範，使得與團體意見相同者受到讚許，而與團體意見不同者受到排斥或受到從眾氣氛所抑制，終致成為一言堂。

四、團體氛圍激化思考冒險傾向或錯誤判斷的因素

團體氛圍激化團體成員思考的冒險傾向與情境錯誤判斷的可能性，容易受到團體凝聚力、團體孤立性或資訊封閉性、威權的領導者或組織規範及決策是否具有重要性等四種因素所激化（李美枝，1982；Janis & Rausch, 1970）。

（一）團體凝聚力（group cohesiveness）

團體凝聚力是指團體成員間相互吸引的力量，或寧願留在團體中不背離的團體吸引力。凝聚力愈高，產生團體思考冒險性或錯誤判斷

的可能性就愈高（李美枝，1982：533）。團體愈團結，追求團體一致性的需求也愈高，從眾行為就愈顯著，與團體決定不同的意見，很容易被自己或他人所壓抑。

（二）團體孤立性或資訊封閉性

一個愈是與外界隔離或封閉的團體，由於外界的訊息很難進入團體內，造成無可資比較判斷的訊息，因此團體思考的一致性傾向愈激化。

（三）威權的領導者或組織規範

威權的組織，相對的有威權的規範與領導者，這種組織中很少有人敢提出與團體決定不同的意見，決策固然快速，但創新、變通的可能性很低；若面臨危機時，常會導致組織解體。

（四）所作決策的重要性

愈重要的決策，其結果成敗愈會影響到團體的生存或團體成員的尊嚴，於是愈加促發團體思考，一來可以分攤責任，二來可以尋求團結一致的心理氣氛。

五、如何避免團體思考的偏失

前面曾提到腦力激盪等的技巧運用，可以有效提高團隊決策的品質，此處針對 Janis（1968）所提團體思考弊端可能的避免方式，並參考相關論述（李美枝，1982；潘正德，2012；Ellis & Fisher, 1994），作簡要說明，其他散見相關章節者不再贅述。

（一）避免領導者的暗示

團體領導者不要在團體討論前提出自己的意見或期望，因為領導者的任何意見，均將影響團體成員的思考方向。

（二）培養團體容忍氣氛、鼓勵批評與反對意見

鼓勵批評與反對意見，對培養團體容忍氣氛相當重要，團體若能有開放的討論文化，鼓勵大家對任何意見提出批評或不同看法，團體決定的錯誤與冒險自會降低。

（三）指派成員擔任團體決策思考歷程中的反對者角色

團體決定過程中，指派成員或在每一次討論時輪流擔任吹毛求疵的任務。當所有毛病都被挑剔出來後，思考的周密性也會增高。

（四）分組討論

對於影響重大之議題，經由分組討論後，再將各組意見提供給團體作進一步討論，以求周延。

（五）尋求專門人員的意見或蒐集重要資訊

尋求專家或與議題領域具相關的專業人員的意見，經常能提供更多、更重要或更符應現實的訊息，以供作為決定之參考。

（六）互換攻防角色

尤其是政策性的決定，假如資方或勞方能互換角色，站在對方角度思考自己決策的盲點，決策的錯誤將可能減至最低。

第四節　工作團體或團隊結構特質、酬賞方式與成員行爲表現和工作效率

工作團體（work group）有的稱為工作團隊（work team），又有簡稱為團隊（team），就如組織與團體的用語般，團隊其實也是團體，然並非泛指所有團體，工作團體或團隊所強調的核心結構規範為：成員能力互補、同樣的團隊使命與目標、共同分擔領導角色

與責任，這些並非所有團體皆然（陳皎眉等人，2002；Robbins & Coulter, 2009）。工作團體本身的運作或權利的結構等特質，對於工作團體成員的互動與工作效率經常產生影響，本節將針對此一部分加以敘述（陳皎眉等人，2002；Robbins & Coulter, 2009; Greenberg, 2005/2006, pp. 244-249）：

一、合作（cooperation）或競爭（competition）的團體結構與團體酬賞（unit-wide incentives）或個別酬賞（individual incentives）

合作結構團體是指採用團體酬賞制度的工作團體，相對的採用成員個人酬賞制度的就是競爭結構團體。此種工作團體成員的薪酬與獎懲，乃是提高團體生產效率和提供成員激勵與工作滿意的重要人力資源策略，因此團體根據成員生產效率或工作表現所訂的一套酬賞或獎懲制度，對於成員的工作表現，影響相當深遠（盧瑞陽，1993：390-393；Greenberg, 2005/2006, pp. 187-190）。

酬賞的分配和效率評估的依據，一般而言可以分為兩種模式，一是以團體整個表現為依據，團體的整個生產效率，達到某一種標準，就給每一個人相同比率的獎賞，這是所謂的團體酬賞制度，相對的此一酬賞制度下的工作團體就是合作結構團體；另外一種酬賞方式是以個別工作成員的表現為依據，以每一個人的個別工作表現來訂定不同報酬的程度，這也就是個人酬賞制度，採此一酬賞制度之工作團體即屬競爭結構團體（鄭瑞澤，1980）。

有學者（Leavitt, 1975）做過研究，當我們把團體當成一個工作團隊，工作委派和酬賞亦以工作團隊為單位，而不再以個人為對象時，此一工作團體或工作團隊的工作成果，不論是質與量均比以個人為工作委派或酬賞制度來得更高、更好。

根據合作與競爭的工作團體結構，一些心理學上的實驗發現有如下的結果（盧瑞陽，1993；Caffrey, 1960; Deutsch, 1969）：

（一）合作式結構在議題討論過程中，有較好且較多元的建議方案。
（二）合作式結構團體成員間的溝通較為良好。
（三）合作式結構成員人際間情誼較為緊密。
（四）合作式結構成員較為滿意自己及團體的成就。
（五）重視合作、互助、團結的團體，個體的心理健康較為良好。
（六）競爭式團體，每個成員均想突顯自己，容易顯現資源受獨占的情況。

二、自治工作團體（autonomous work groups）或自我管理團隊（self-managed work team）

自治工作團體有時簡稱自我管理團隊或工作群（clusters of tasks），也就是以整個團隊為工作責任和酬賞主體，這種工作團體或工作群，最早在採礦業、電子工業和航空業出現，而逐漸在汽車生產業推廣，比如瑞典的 VOLVO 汽車公司的工廠曾加以引進並落實，而且廣泛出現在最近的資訊科技工業（Robbins, 2001）。

自治工作團體或自我管理團隊（self-managed work team），基本上以整個團隊為單位承接組織所交付的任務、自行計畫及安排工作、自行控制工作進度、自行解決作業問題（Kirkman & Rosen, 1999）。自治工作團體或自我管理團隊的特徵，大致如下（潘正德，2012：9；Campion, Medsker, & Higgs, 1993; Kirkman & Rosen, 1999; Robbins, 2001; Parker, 1990）：

（一）團隊成員的知識和能力是多元且互補的。
（二）責任由個別承擔改為共同承擔，惟仍存在個人負責的部分。
（三）分享領導（shared leadership）而非科層體制權威，雖有正式領袖，但經常是任務性質，實際上是由不同專長成員在其領域擔任領導工作。
（四）團隊的目標在完成整個團體績效，成員對組織有高度的認同與承諾。

（五）團體氣氛和諧、鼓勵參與，採開放式的溝通。

（六）共同決策：大致上不採多數決議，而是尋求所有成員共識。

（七）良好的團隊關係：團隊與組織內其他部門保持良好的溝通互動。

（八）團隊中鼓勵團結、合作、互信。

自治工作團體或團隊並不一定具備上述所有特徵，因此，每一個團隊因其特徵不同，其團隊表現及對個人影響自也不同。

三、團隊效率與團體運用時機

那麼到底在什麼情況下要運用工作團隊或將工作委託給團隊去進行，而非讓個人負責呢？在此我們必須綜合影響工作團體效率的各種因素特質，以及考慮到效率指標間的相互關係（潘正德，2012：158-162；Campion, Medsker, & Higgs, 1993），如圖 5-1 所示。

從圖 5-1 我們可以瞭解到，要判斷團體的工作效率，除了必須考慮影響工作成效的五大層面的因素特質外，而所謂效率之衡量，更要考慮到組織目標（即生產量）、個人工作滿意度，以及管理者本身之判斷。

Campion、Medsken 和 Higgs（1993）所歸納的影響工作團體效率五大層面的因素特質如下（潘正德，2012：158-162）：

（一）工作設計

所謂工作設計包含了激勵工作的內在核心特質，亦即工作自主性、變化性、工作意義、工作認同以及激勵工作者的回饋（Robbins, 2001）。圖 5-1 的自我管理與參與，兩者均與工作自主性有關，但是回饋因為來自組織內的其他成員或團體，所以圖 5-1 並未列入在工作設計內，而列在第二層面依賴性中。

工作本身如能把這些特質設計在內，則不只團體效率將會提升，個人由於工作內容豐富化的結果，也會加倍努力於工作中。

圖 5-1
與工作團體效率有關的各種因素特質

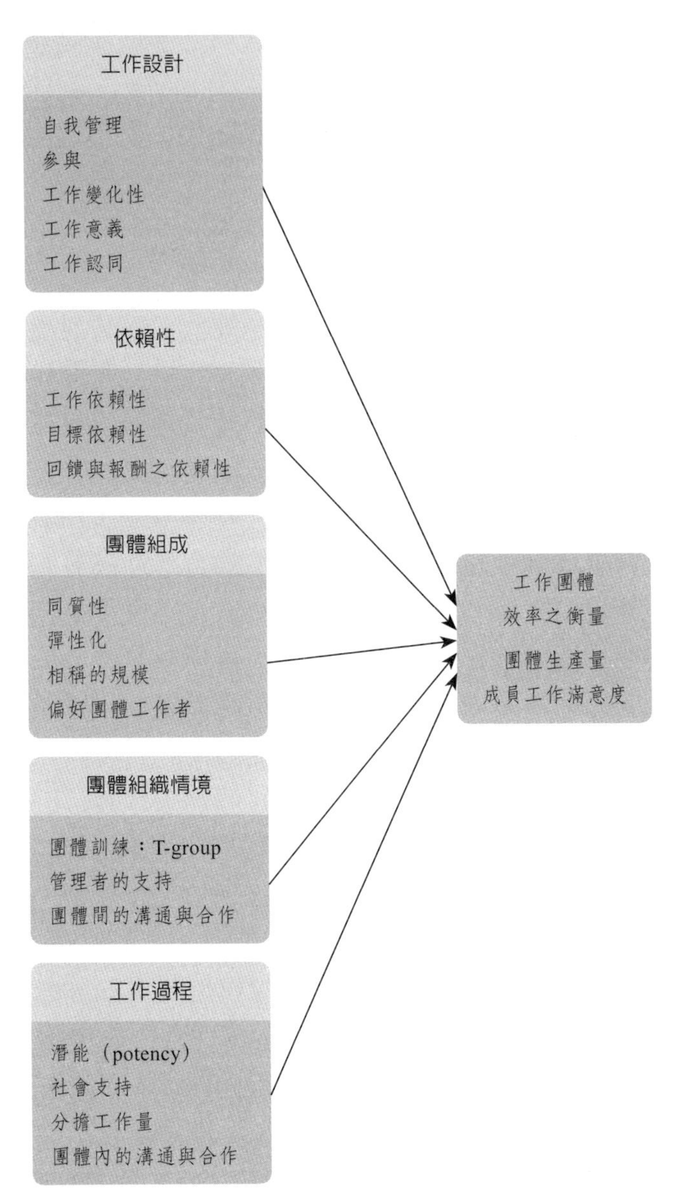

註：Adapted from "Relations between workgroup characteristics and effectiveness: Implications for designing effective workgroups." by A. M. Campion, J. G. Medsker, & A. C. Higgs, 1993, *Personnel Psychology*, *46*(4), 823-850.

（二）依賴性

有些工作，單靠個人是無法完成的，必須眾志方能成城。而且如果團體目標與個人目標相符應，成員一起努力完成了團體目標，個人的目標也就同時實現了，所謂同舟共濟是也。另外，回饋與報酬的依賴性，顯示出以團體為歸趨的酬賞或合作結構，對整個團體目標達成和個人滿足的雙重成效上是有利的。

（三）團體組成（composition）

諸如團體的類型、團體的規模大小，在前面已曾討論其對工作表現的可能效應。而團體的同質性，在需要創意思考和問題解決的工作時，是很重要的影響因素。但如果效率的衡量是以成員個人的滿足為重點，或者工作要求並非屬於創意思考或問題解決的性質時，其重要性或相關度如何，並未有相關的實證研究發現。

組織成員結構彈性化，顯示團體成員的替代性高，團體效率應會更高。而組織規模大小，應以工作本身特質做考量，是相對比較的性質，其關鍵要以能使工作順暢運作的人數規模為最好之選擇。小團體能維持成員間的興趣、責任和人際互動上的滿足感；團體大到超過合適的規模人數後，將造成組織資源的浪費。

組織中存在著偏好團體工作者和偏好個別工作者，因此，不同工作偏好的組織成員，會造成組織內團體或個人工作成效的差異。

（四）團體組織情境

團體訓練，意味著團體成員學習團體思考歷程和人際互動訓練的重要性，最典型的就像訓練團體（T-group）。一般來說訓練團體大約由 8-14 人組成，參採會心團體等各種學習團體的技術，每次面對面學習如何設身處地真誠體會與關心他人，從而「經由與他人的互動等學習如何學習；其目的在增進自我的成長，精進人際關係的技巧，並瞭解團體動力的現象。透過訓練團體的動力過程，可以引導成員增進彼此的瞭解，降低誤會和增進同理心，對於團體或個人效率均有幫助（吳就君，2000）。

此外上層的管理人員的支持，對於團體工作效率是有幫助的，有上層的鼓勵與支持，團體目標較易達成，當然組織內部團體間的溝通與合作，也是促進團體效率的重要因素。

（五）工作過程——過程中的人際互動

潛能（potency）意指自我效能（self-efficacy），也就是成員認為有把握成功的信念，類似於團隊精神（team spirit）。社會支持乃是指成員間彼此互補、互相幫助，以及熱忱、積極的互動或互相鼓勵。團體工作量的分擔，存在於對組織認同度高的團體間，由於團體認同度高，彼此分工而合作，大家瞭解彼此的辛苦，也激發更努力的意願。當然，就團體效率而言，團體內的溝通與合作，也是相當重要的團體過程。

Campion 等人（1993），曾經就其所提的五大範疇的組織工作效率影響變項進行田野研究，結果顯示雖然每一範疇內的因素影響力互有不同，效果也不一致，但卻都是影響團體效率的重要因素（潘正德，2012）。

四、團體與個人的工作效率到底哪一個高？

就工作效率來說，團體與個人的工作效率到底哪一個高？在前面章節已討論過，依據心理學的實驗結果，團體與個人工作效率到底何者較高，牽涉到很多中介變項和情境變項（潘正德，2012；Beehr, 1996）。整體來看，有些工作並不是個人獨自可以完成，非靠群策群力不成，就像建造一架飛機或一幢樓房；有的工作，如果沒有旁觀者，其實一點意義也沒有，就如一場球賽或魔術表演，觀眾喝采愈多，表演愈精采；但有時一個人獨自工作，反而更有效率，就如寫一篇文章或演算數學。

第五節　核心概念實證研究案例簡析暨其在組織和學校治理的省思

一、核心概念實證研究案例簡析

團體內的個人行為相關實證研究案例分析，簡要彙整如表 5-1。

表 5-1
本章核心概念相關實證研究案例分析彙整表

研究者人名（年代）	研究對象與主要變項	研究方法與工具	重要研究發現
黃培軒、孫旻暐（2021）	•研究對象 12-18 歲不同偏差行為嚴重程度的男性青少年共 55 人（未領有身心障礙手冊、未有最輕本刑 5 年以上重罪之犯罪紀錄） •主要變項 不同偏差行為（一般、校園、機構）；在場、不在場；覺醒水準（心律、情境焦慮）	•研究方法 實驗研究、問卷調查 •研究工具 小米手環（測量工具）、國小三年級學生學力程度閱讀測驗、情境焦慮問卷	1. 不同嚴重程度偏差行為青少年皆會表現出社會助長現象，他人在場時的任務表現優於無他人在場時。 2. 不同嚴重程度的偏差行為會影響其任務表現，偏差行為最為嚴重的機構收容組有最差的表現。 3. 生理覺醒水準未受到他人在場與否與偏差行為嚴重程度的影響。 4. 情境焦慮總分受到他人在場與否與偏差行為嚴重程度的影響。

表 5-1（續）

研究者人名（年代）	研究對象與主要變項	研究方法與工具	重要研究發現
吳淑鑾、李炳昭（2019）	• **研究對象** 臺中市東平國小扯鈴校隊隊員及相關人員 • **關鍵詞** 社會支持、運動社會化、運動社會化媒介	• **研究方法** 質性研究 • **研究工具** 深度訪談和文獻資料蒐集	本研究獲致以下六個主要結論： 1. 對應於學校經營、過程互動及實務現場的動態發展，學童的知識、價值觀除了父母給予之外，從教師身上獲取最多，教師是影響學童運動參與行為的關鍵人物。 2. 教師的支持是扯鈴隊蓬勃發展的重要因素，因而建議給予學生時間上及課業完成上的方便，與教練團隊互相配合，當孩子在扯鈴隊或教室內表現出現問題時，雙方可以互相溝通處理，讓孩子更進步。 3. 幫忙與家長溝通協調，讓孩子可以繼續參與運動，因為教師的一句話有時可以抵過教練及孩子的千言萬語。

表 5-1（續）

研究者 人名（年代）	研究對象與 主要變項	研究方法與工具	重要研究發現
			4. 學校盡可能提供學童更多的表演機會，讓學童有機會可以展現自己的扯鈴技術，製造更多的舞臺經驗，以協助學童減少比賽時的緊張感。 5. 學校可以舉辦校內或扯鈴隊內的扯鈴比賽，一個實際的比賽舞臺，能促進學童的競爭力，也讓他們更有練習的動力。 6. 給參與的教練與學生更實質的鼓勵，教師方面可以補貼薪資或減課、學生的部分可以送扯鈴設備，如扯鈴、扯鈴線、不同等級的扯鈴棍，如此實際的表揚，更能彰顯學校對運動團隊的重視與支持。

表 5-1（續）

研究者 人名（年代）	研究對象與 主要變項	研究方法與工具	重要研究發現
林湘芸、黃靖文（2019）	•**研究對象** 105 學年度高雄市國民小學正式合格教師 397 人 •**主要變項** 團體凝聚力、組織效能、教師專業發展	•**研究方法** 問卷調查 •**研究工具** 自編問卷李克特（Likert）五點量表：團體凝聚力量表、教師專業發展問卷、組織效能量表	1. 教師團體凝聚力愈強，教師專業發展愈良好。 2. 教師專業發展愈良好，學校組織效能會有更好的表現。 3. 教師專業發展在團體凝聚力與組織效能間扮演中介角色。
林志鈞、莊坤財（2018）	•**研究對象** 106 學年度新北市國小教師 450 人 •**主要變項** 心理資本、情緒勞務、休閒調適、團體凝聚力	•**研究方法** 問卷調查 •**研究工具** 自編問卷李克特五點量表，包含心理資本量表、情緒勞務量表、休閒調適量表、團體凝聚力量表	1. 個人背景變項會影響心理資本、情緒勞務、休閒調適及團體凝聚力。 2. 心理資本對休閒調適、團體凝聚力有正向影響。 3. 情緒勞務對團體凝聚力有正向影響。 4. 休閒調適對團體凝聚力有正向影響。 5. 國小教師的心理資本、情緒勞務、休閒調適可預測團體凝聚力，情緒勞務之情緒表達規則知覺預測力最佳。

表 5-1（續）

研究者 人名（年代）	研究對象與 主要變項	研究方法與工具	重要研究發現
			6. 情緒勞務在心理資本、休閒調適間，以及心理資本、團體凝聚力間，均有部分中介效果。
賴志峰、秦夢群（2018）	**・研究對象** 2011 年一位北部郊區教職員共 30 餘人之小型國小新任校長 **・主要變項** 初任校長、校長社會化、教育領導	**・研究方法** 質性研究 **・研究工具** 訪談、參與觀察 第一階段資料蒐集期間自 2012 年 8 月至 2013 年 6 月 第二階段訪談為 2016 年 6 月	**・研究結論** 1. 在接觸期：校長具備足夠的行政歷練、準備度與校外人際網絡，透過觀察及對話的方式，逐步熟悉這所小型學校的環境。 2. 在調適期：(1) 前任校長的部分作為與措施，確實成為校長推動革新的挑戰，對於校長的作為產生抗拒，進而產生人際衝突，校長善用小型學校的優勢，與教師進行個別溝通，解決會議上無法達成共識的議題。(2) 校長面臨廢校的危機，用心爭取環境改善經

表 5-1（續）

研究者 人名（年代）	研究對象與 主要變項	研究方法與工具	重要研究發現
			費，逐漸展現校務經營的具體績效，建立學校特色，透過社區的合作與行銷，提升學校能見度，有助於學校招生。 3. 在穩定期，學校的行政及教學團隊充分動起來，學校氣氛、成員互動、教學品質、家長會支持及學校硬體等都獲得顯著提升，獲得社區和家長的肯定。
江信宏、林建宇、謝承勳、曾國恆（2018）	• **研究對象** 曾為我國亞洲籍優秀運動員之一的 T 先生 • **主要變項** 優秀運動員、生命故事、敘說分析、社會化過程	• **研究方法** 質性研究 • **研究工具** 敘說探究	1. 在自然條件與生活背景，對於 T 先生的社會化過程影響甚深，而重要他人在此階段扮演極為重要的角色，應將其導向正確的社會價值觀念，以符合社會之期待。然而深入瞭解當時 T 先生所面臨之困境及

表 5-1（續）

研究者 人名（年代）	研究對象與 主要變項	研究方法與工具	重要研究發現
			想法，發現並非所有運動社會化過程都為正向幫助，在其經驗中可見負向之影響。 2. T 先生和大多數的運動選手一樣，在有限的運動生命中展現無限運動價值，在社會化的過程中都有面臨角色轉換之衝突，因此當其面臨角色衝突時，重要他人能適時引導並鼓勵突破自我之設限，使 T 先生之生命轉換得以更加順利。
Rivai, R., Gani, M. U., & Murfat, M. Z. (2019)	• 研究對象 一群來自西蘇拉威的 201 名公立高中教師 • 主要變項 組織文化、組織氣氛、動機、教師表現	• 研究方法 問卷調查 李克特量表 • 研究工具 自編「組織文化、組織氣氛與動機影響教師表現」問卷	1. 組織文化對教師表現有顯著的正向影響。 2. 組織氣氛對教師的動機和表現具有顯著的負向影響。 3. 動機對老師的表現有顯著的正向影響。

表 5-1（續）

研究者 人名（年代）	研究對象與 主要變項	研究方法與工具	重要研究發現
Jan Helge Kallestad (2000)	•研究對象 挪威 301 位教師，144 位（時間 1）和 157 位（時間 2）分別施測。 •主要變項 教師社會化、學校規範、學校氣氛、教育目標	•研究方法 問卷調查 •研究工具 Kallestad et al.（1998）之學校氣氛量表	1. 不同學校間教師對教育目標重要性的看法沒有顯著差異，顯示每一個別學校內教師的目標共識不高。 2. 第一次與第二次所測得之教育目標共識無顯著異。 3. 學校的社會化可能發生在一些學校，但並非所有學校。 4. 從教育目標共識可推論學校氣氛影響教師社會化的論點支持度不高（r=0.17）。

二、組織和學校治理的省思

人既是生於團體，又長於團體，團體的規範成為人人需要信守的準則。個人的自我價值既要在社會團體，又要在工作團體中獲得開展，工作團體更是個人職業生涯發展的所在，社會團體與工作團體則都是此時此地本土文化生活圈下的產物。從團體特質及其對個人行為影響之現象等探索中，帶給組織經營上最重要之啟示如下：

（一）建立尊重、容忍和鼓勵不同意見表達的組織開放環境氣氛

團體的壓力和規範，對於組織成員的行為影響極為深遠，而團體的規範，更是組織基於靜態結構、法令、傳統與文化互動下的產物。組織若無容忍與尊重多元聲音的傳統，則開放的氣氛便無法形成，組織成員種種建設性的意見也就無緣浮上檯面，組織的創新或變革將可能招致無形強大力量的抗拒。組織經營者如果期望提升組織的認同以集思廣益、眾志成城，則此一尊重、容忍開放環境氣氛的營造，應為第一要務。

（二）改變工作成員的行為要從改變工作團體規範著手

個人在工作場域中的行為，往往承受著來自工作場域的團體壓力，這些壓力來源很多皆與團體規範有關。換言之，工作團體成員間自有一套他們所認定的團體工作標準，對於每天的工作量和生產速度，團體間自有默契，過多或過少以至於突顯個人功績或缺失，均不被團體所接受，這也是個體在團體中去個人化的原因。這些標準常經由團體內的意見領袖，並根據團體成員間公認最適合每一個人的能力條件，經由不斷的磨合所自然形成，這與組織管理層次所訂的標準常常不一致。

（三）團體規範之改變要採行團體決策過程

團體規範的更改過程，常須經由團體公開討論與決定歷程。運用各種團體討論技巧，讓團體成員瞭解到變革的需要與優點，安撫其面對變革的焦慮，明確承諾變革銜接的過渡條款及配套措施，使得團體成員心口如一，真正改變其行為。

（四）積極面對組織中的非正式團體

非正式團體對組織團體的生產效率和目標的達成，以及組織成員心理需求的滿足，均有其正面功能，因此組織經營者對於組織內的非

正式團體，必須深入的瞭解其成因、類別與運作狀況，採取積極的態度面對，並設法充分發揮其正面功能，引導減除其負面功能。其可行之策略如下：

1. 支持與協助非正式團體擴大其正面功能

對於具有正面功能的非正式團體，其活動的經費、場所等，組織經營者應給予協助與提供；有利於組織目標達成的表現，應予以讚許和表揚，以擴大非正式團體對正式組織目標或成員心理滿足的功能。

2. 利用非正式團體意見領袖疏導和削減具負面功能的非正式團體

針對非正式團體成員本身在正式組織中的角色地位，應予以強化，尤其是非正式組織的意見領袖。在符合公平的考量下，賦予其足夠發揮功能的任務，提供其表現和獲得讚許的資源，逐漸引導其改變對組織的態度，提高其認同感。

3. 改造正式組織以減低組織成員對非正式組織的依賴

組織經營者應充分瞭解組織中非正式團體的組成及其提供的需求，並檢討正式組織的缺失和不足處，進而從組織結構或功能改造著手，以提供組織成員充分依賴和心理需求的來源。

4. 鼓勵團體參與，讓每個人有發揮能力的舞臺

工作職場是一個人一生發展的舞臺，每個組織成員均有其人格特質和工作需求，組織有必要協助成員經由工作過程，獲得專業成長以及人際互動能力的增進，達到滿意的生涯實現。提供每位成員都有展現能力的舞臺，組織的目標也才算完成。

（五）在學校治理上的特別意義——工作團隊的結構運作模式之推展

學校組織具有雙重系統和鬆散結構的特色，在教師專業體系上，不論是學校特色課程研發、各領域教學研究會、專長進修發展小組，以及學生活動指導團隊等學校次級團體，特別適合採用工作團隊的結構運作模式。學校不論是課程與教學、教師專業領域等都呈現其多元且異質的特質，工作團隊組織模式正可以發揮各領域團隊教師成員不同的專長能力互補、同樣的團隊使命與目標、適時共同分擔領導角色與責任，專業體系的成就也就是學校治理的成效。

第六章

領導的文化與心理脈絡

～「有關係就沒關係，沒關係就有關係」、「攀親道故講關係，自己人好辦事」這是我們很熟悉的一些順口溜，現實環境眞的是這樣嗎？～

不同的文化孕育不同的人性特質與需求，領導的思維與模式自然也會有其差異；再者新創公司和百年老店，由於其文化的差異，領導的策略必然有其不同方向（Schein, 1992/1996）。中西方對於領導的論述雖然歷史久遠，但隨著科學絕對理性實證論的興起，科學系統化的領導理論，一直以來皆以資本主義為首的美英學術體系為主流，惟人文社會科學理論與方法論，歷經詮釋論、系統整合觀及多元批判論的發展，加上文化心理學的諸多發現，紛紛顯示要能糾合群力以發揮組織最大的效能，在不同的文化體系，自宜有一套與其社會文化體系相調和的領導模式。

再者全球化潮流激發文化主體意識的當今，如何透過跨文化領導行為的探討，以提供地球村型態下多元族群共存共榮的領導思維，亦為在地組織治理上的重要議題（李亦園、楊國樞主編，1972；李新鄉，2002；鄭伯壎，2006；Schein, 1992/1996; Silin, 1976）。

領導是團體動力的源頭，而社會團體動力歷程變項中每一個層面，均脫離不了文化與心理的交互影響因素，文化對於人類行為的中介調節功能，領導者應隨時省察組織場域此時此地的社會文化情境，才能在組織運作歷程中發揮最大的領導效能（徐木蘭，1983；林明地、楊振昇和江芳盛譯，2000；黃宗顯、湯堯、林明地譯，2006；Hoy & Miskel, 2001/2006; Owens, 1987/2000; Schein, 1992/1996）。

影響團體動力歷程之因素相當複雜，其中領導無疑是最重要的動力激發源頭。在整個組織動力運作歷程中，人力、技術、物質等資源的整合、團體規範與工作倫理的喚起、士氣的提升與激勵、氣氛的營造、互動過程中的合作與協調等，無不依賴領導者發揮其影響力以達成之（周竹一，2022；秦夢群，2019；潘正德，2012；謝文全，2018；Collins, 2001; Ritzer, 2011）。

第一節 領導的文化與心理脈絡及其功能

領導者是團體動力凝聚的源頭，而團體動力歷程變項中每一個層面，均脫離不了文化與心理的交互影響因素，文化的社會行為調節功能隱含其中，領導功能的發揮，必須隨時隨地融入於組織的文化脈絡中。

一、領導行為中的文化與心理脈絡

我們常從領導者的人格和行為特質去定義一個領導者，也常以領導者如何發揮其影響力來說明什麼是領導。如 Stogdill（1974）就認為領導一方面是指影響一個組織團體之過程或行為，其目的在建立團體共同追求的目標，並貫徹實現。而另一方面，則在保持團體內的和諧關係。這就有如我們要徵選一所學校的校長時，我們一定會訂出徵選校長的條件，而當我們要評鑑校長的領導效能時，我們總要從他在學校的所作所為去瞭解，這裡所謂的所作所為不外是其整個影響力的發揮過程與結果。但是當我們這樣思考時，我們又碰到另一個難題，校長領導的成效，不只是校長本身人格特質與能力的問題，因為學校尤其是公共系統的學校，受到學校外在社會文化體制與特殊政經因素的影響甚深。

在一個專制權威體系的社會，和一個民主參與體系的社會，其領導行為或領導者的特質，自有不同。有時候同樣一種領導行為，在某一種情境可以施行，且有效率，但在另一種情境卻窒礙難行，這又與領導者與部屬的人際關係、組織文化與規範、部屬的成熟度等組織環境相關，這些都是所謂領導的文化與心理脈絡。

二、領導的功能

領導對於組織團體運作的功能，可歸納大致如下（李新鄉，2008；林明地、梁金都，2016；秦夢群，2019；謝文全，2018；Schein, 1985; Stogdill, 1974）：

（一）發揮各層級的影響力，促使團體實現目標

團體目標的實現，是團體存在的最主要價值，而團體是個人的組合體，團體中每一個人的人格特質不同，需求各異，想法不一，假如團體中每一個人各行其是，團體任務永難達成。因此組織要能群策群力，實現組織團體目標，便有賴各部門層級的領導者發揮其影響力，以獲致共識，齊一步調。所以說領導最主要的功能之一，便在於各層級領導者均能發揮其影響力，促進團體目標的實現。

（二）促進團體成員訊息分享與參與決定

團體訊息的分享及決定之參與，乃是維繫團體成員的人際互動和提升團體認同的重要議題。透過訊息分享，組織乃可能成為一個有機體；而透過決策參與，組織成員的歸屬感與認同感才能維持不衰。

領導功能便在於透過其團體內外訊息的關鍵掌握者角色，確保與促進組織團體內訊息的暢通與分享。同時更要激發成員的決策參與意願和促進其決策參與知能，以提升組織決策透明度和參與度，強化成員的歸屬與認同。

（三）合理分配組織資源，促進組織和諧

領導者乃是組織正義的守門員，領導的功能便在於協助組織成員訂定一套可為團體共同接受的資源分配法則，避免組織的衝突，提升組織效率，並增進成員滿足感。

（四）支持與促進人際互動

團體內的人際互動，乃是團體成員間感情聯繫、共識尋求、切磋成長或者互通有無，分享喜怒哀樂的主要手段。因此，領導的功能之一乃是尊重與支持團體成員的人際互動需求，以增進團體成員的情感，協助成員實現其自我理想。

三、影響領導效率的系統因素

領導功能是否能夠發揮，也就是領導效率的問題，因此諸如團體目標是否達成、成員滿足感是否合宜，皆是衡量的依據。而領導既是一種影響人際互動的行為歷程，則在此一互動歷程中，所有影響組織互動的因素均應加以考量（李新鄉，2008；秦夢群，2019；Schein, 1985）。

（一）領導者個人條件因素

領導者個人的人格特質，包含專業知能、性格、信念、價值觀，以及其與部屬的關係，擁有的權力、地位等。這些條件對領導者領導力的發揮影響極大，有專精的知能、高尚的情操、穩定的情緒才能贏得成員的信任，而有良好的人際關係才能增進團體間的和諧及成員對團體的認同，領導者的影響力才可發揮，領導效率也才能提升。

（二）領導者之領導行為

領導者所採取之實際領導行為，大致上可分成對於團體目標的促進，以及人員關係和諧的維持等。領導者的日常領導作為，是否能一方面倡導成員為組織目標而努力，另方面又能關懷部屬的個別心理需求，而且能衡量成員條件及環境內外因素通權達變、賦權增能，這些實際的領導行為，對於領導效率的高低，具有決定性的影響（Kirkman & Rosen, 1999）。

（三）被領導者（follower）或組織成員本身的特質

組織成員個人的條件，包含其能力、興趣、態度、經驗、成熟度，以及與領導者的關係，和對組織的認同等。這些組織成員本身的特質，對於團體任務與其工作滿足的關係甚為重要，當然也是領導者影響力發揮的重要決定因素。

（四）所要達成的目標或組織工作性質

目標的明確、難易、依賴度，工作本身的自主性、專業性、挑戰性、新奇性、意義性、重要性或訊息回饋性等，對於團體目標的達成及個人在工作上的滿足影響不小，當然也是影響領導效率的因素之一。

（五）組織情境與文化

包含組織的規範、制度、傳統，以及內在的各種次級團體文化、外在的組織環境系統文化等（Schein, 1992/1996），皆是影響領導效率的重要因素。

第二節　領導者影響力的來源與組織權力運作

誰是組織團體內的領導者？領導者的權力是怎麼來的？組織內哪些人具有影響力？領導者或組織成員如何在組織團體內獲取更多的聲望以發揮其影響力？這些是以下要探討的主題（李新鄉，2008；秦夢群，2019；謝文全，2018；Schein, 1985; Stogdill, 1974）。

一、正式領導者（formal leader）與非正式領導者（informal leader）及其對組織團體的影響

領導既是領導者對於被領導者發揮影響力的歷程，則影響力的享有便是一種權力。從另一個角度來看，團體中具有影響力者就是領導

者。組織是一個整體，組織有其最高層級的領導者，而組織內各次級系統尚有各層級的領導者。團體內的成員，在某一領域、某一場合或某一時機也有可能是領導者。

正式領導者乃由組織正式的職位所賦予而產生，擁有法定的權力、地位，對團體成員的影響力可大可小，乃是組織目標的促進者，也應該是成員滿足的提供者。

非正式領導者是自然產生的，可能由於其本身的各種條件或特質，比如個人的專業能力、人格、知識、經驗、親和力等，受到團體成員的認同與仰慕，對組織中的追隨者（follower）具有實際的影響力，其主要功能在滿足成員個別的心理滿足需求。

正式領導者和非正式領導者對團體的影響，與正式團體和非正式團體的影響類似。非正式領導者對團體目標的實現，有可能是促進者，亦有可能是阻礙者。當非正式領導者本身的領導意圖與團體目標不一致，或當其遂行其私利或反對團體目標時，則將阻礙團體功能的實現。

二、組織領導者的權力來源或類型

權力來源是指影響力是從何而來？或藉由什麼方式可以獲取權力？也就是權力的源頭。這些權力來源可以分成下述五種類型（French & Raven, 1960; Hoy & Miskel, 2003）：

（一）法職權（legitimate power）

依據組織正式地位的取得，經由合法的任命，依此而擁有法令所賦予的權力，即是法職權。員工聽從公司經理的工作指示，學校老師接受校長的職務安排。團體中高職位者擁有比低職位者更多的資源、決策的權力、獎賞與懲罰等的行使權等。

（二）酬賞權（reward power）與組織資源分配控制權

領導者握有組織有形和無形資源的分配權力，控制的資源愈多，領導者對影響成員的信心與能力也愈強。組織成員的績效表現符合組織團體之要求時，可給予以精神或實質的讚許與獎賞，此為酬賞權。

（三）專家權（expert power）

領導者由於其本身具有團體中最重要的專業知能和豐富的專業經驗，可以提供或指引被領導者工作上的技巧，或成為組織成員個人滿足上的依賴，指引成員未來發展的方向，擁有這些知能與技巧即為專家權。研究生對於指導教授總是言聽計從，病患對於醫生的處方很少有懷疑。

（四）參照權（reference power）

領導者由於個人的人格修養受人仰慕，或人品道德足堪為人表率；或具有親和力，令人心悅誠服；或風範氣質高尚，產生吸引人之魅力，由此而獲得追隨者的認同，透過這些影響力隨之而來的權力，即是參照權。青少年的偶像追求中，偶像就如社會學習論中的楷模，偶像因其吸引力，成為對方認同的目標，偶像擁有的是參照權（陳奎熹，2014；Bandura, 1988）。

（五）強制權（coercive power）

強制權與獎賞權一樣均可能伴隨法職權或專家權而產生，也可能是由於其本身具有比成員更強大的力量，或擁有足以左右成員關鍵性不可或缺的資源等，因此對於不順從者可以施以懲罰的能力，也可以命令成員或指派成員作為或不作為，此為強制權。

法職權、專家權都有可能附帶擁有酬賞權及強制權，正式領導者應該成為團體認同參照之對象，但是組織中除正式領導者之外，尚有許多各種非正式領導者擁有各種不同的專業知識或魅力，也可能成為團體中受認同或依賴的對象。

三、領導者之權力來源與運作方式

Robbins（2001）以權力來源和權力運作方式兩個向度，來分析領導者之權力基礎。權力來源乃是指領導者從何處或如何取得權力，領導者藉著正式任命程序所賦予的職位、人格特質、道德修養、專業知能和掌握訊息來源的能力來獲取影響力。

而領導者之權力運作方式，則是指領導者如何運用其權力來影響別人。這些權力運作方式包含強制、獎賞、說服或控制資源（物質與知識等），領導者運用這些方式，以達成影響成員的行為及實現團體目標的目的。

四、組織內的權力運作與組織政治行為

組織內的成員如何操作其所握有的資源，累積其影響力，以獲取更大的地位和權力，這些權力的運作，也就是組織內的政治行為（李新鄉，2008：96-98；Robbins, 2001; Yukl, Guinan, & Sottolano, 1995）。

（一）權力運作的本質——掌控資源，成為依賴中心

組織中資源的掌控者就是組織依賴中心，擁有比別人更多的資源，能夠滿足他人的需求，就可以獲得更多的支持，贏得更大的權力（黃昆輝，1988；黃宗顯、湯堯、林明地譯，2006；Hoy & Miskel, 2001/2006; Robbins, 2001）。

Gold（1958）曾經研究兒童團體中領袖產生的現象，在其研究中顯示，兒童團體中都有很明顯的依賴同伴的友誼和互相幫助的行為表現，一個可以滿足兒童同儕的受依賴者，往往就是這群兒童的領袖。

（二）組織內的政治行為（political behavior）

1. 政治行爲的意義

組織中的成員，有些人為了自己能獲得更高權力，亦會操作各種權力基礎，以獲得更大利益。這些組織中的個人並非居於其本身職責所在，只為獲致個別的利益，運用各種自己掌控的資源，進行策略性的操弄，此一行為便是政治行為（余朝權，2005；Robbins, 2001）。組織政治行為，乃是與組織共存的自然事實，但卻對團體造成一定程度的影響，這種影響有可能是正面的，也有可能是負面的。

當這些政治行為操弄結果，提高了自己或團體的權力，同時也連帶提升了組織的運作效率，也就是個別需求與組織目標一致時，則此政治行為對組織整體的影響是正面的。但如果是唯利是圖而不擇手段，則此一政治行為對組織便帶來了負面的影響（余朝權，2005；Yukl, Guinan, & Sottolano, 1995）。

2. 個人人格特質因素與組織政治行爲

具有某些人格特質的人較常運用政治行為，這些人格特質包含高度冒險傾向、權威傾向、權力欲高、安全感低等。

馬基維利主義（Machiavellianism）者的人格特質，具有明顯負面人性觀，傾向於利用人性弱點、憎惡仁義與道德，為達目的不擇手段（Christie & Geis, 1970），為這種人格特質的極端類型。

3. 組織政治行爲的策略和技巧

有些技巧或策略經常為組織政治行為傾向者所採用，以下分述之：

(1) 逢迎策略（tactics of ingratiation）：為了能搏得對方的好感，增加自己權力運作的籌碼，或減少權力高的一方對自己的不利行為，於是處心積慮設想出一些隱瞞自己企圖的行為，來討好目標人選，這就是逢迎。逢迎策略常用的技巧，不外奉承或恭維（complimentary）。奉承或恭維也就是俗稱的戴高帽子、拍馬屁或諂媚（flattery）。對目標人物的讚美，使目標人物覺得自己的價值與尊嚴提升，一般人很難不喜歡一個讚揚自己優點的人（余朝權，2005；Robbins, 2001）。

(2) 印象經營或修飾（impression management）：在別人面前修飾自己的行為，包裝自己的形象，這是人之常情。但如果是別有所圖而刻意隱藏自己的真面目，以達到操弄別人、累積自己資源的目的，那就是一種權力運作策略的運用。

印象修飾也經常會出現在遭遇某些失敗或挫折時，為了掩飾自己的無能或缺點，於是合理化（rationalization）自己的缺失，或是用裝可憐來博得大眾的同情或諒解，維護自己的形象（李美枝，1992；Yukl, Guinan, & Sottolano, 1995）。

(3) 串聯、結盟（coalition）與籠絡收編（cooptation）、謠言醜化、貶抑（denigrate）與藉口攻擊：有些員工為了壯大聲勢以爭取權益，不惜串聯其他成員怠工、抗議，或圍廠抗爭；工會為了召喚更多人走上街頭，會結合其他工會，共同號召會員集體請病假或休假，以助聲威；而集團的老闆為了一勞永逸，很有可能把專精鬧事的首腦籠絡收編入公司的人事幹部。

我們也經常可以看到有些人為了突顯自己的能耐，不惜貶抑、矮化別人的成就；為了破壞別人的升遷，於是到處散播謠言，連別人祖宗三代的醜事都能掀出來；有些人惱羞成怒，不惜尋求藉口，將比自己職位低者記過或撤職（余朝權，2005；Robbins, 2001）。

第三節 領導理論的發展——從人格特質到多元開放系統情境觀

什麼是好的領導者？怎樣去選擇好的領導者？怎樣的領導才是好的或有效率的領導？這些探討遠從科學的心理學研究之前即已存在，

中西方早就對於領導有很多不同的學說，比如中國老莊的無為而治，孔子的為政以德，此外亦有英雄造時勢或時勢造英雄的說法；西方則有君權神授說等，但這些只能說是領導前理論時期的學說或思想。

理性和邏輯實證的方法論以及普遍與客觀真理的法則，自 17 世紀科學啟蒙後不管是自然科學甚或人文社會體系皆寸步不離。然而 20 世紀伊始，自然科學界相繼提出相對論（Theory of relativity）、量子論（quantum mechanics）和混沌理論（Chaos theory）。絕對理性科學實證的理論和方法論，不只在自然科學界遭到不斷的震撼性質疑與修正（蕭全政，1998：112；Lorenz, 1972），同時人文心理學、現象學、後現代主義相繼成形，在人文社會科學體系引發了直觀、詮釋、批判與解構、多元、開放的理論和方法論的開展（秦夢群，1997：217-237；賈馥茗，2009；Carvalho, 2021）。

這種從封閉理性到詮釋、批判觀的演進，在組織領導行為理論的發展也不例外（秦夢群，1997：217-237）。一般說來，科學系統化的領導行為研究，自科學心理學興起之後才逐漸萌芽，早期在領導行為的研究，大抵上從好的領導者的特質開始，再到有效的領導行為，接著注意到兩者與環境系統的整合，最後走向多元開放系統的研究。

一、以領導者的特質（trait）為焦點的研究

所謂領導者特質理論（Leader's Traits Theories），早在系統化的人文社會科學興起之前，對於領導者特質的說法即已遍存於中西方的領導論述中，核心觀點大抵上可以從什麼是好的領導者特質，或成功的領導者應具備什麼樣的特質開始（張德銳、黃昆輝，2000）。大致在 1940 年人本主義心理學興起之前，這些研究非常多，舉凡身體的特徵，如體態、儀表、面貌等；心理或人格的特質，如智力、判斷力、魅力、公正、情緒控制力等，每一種研究結果，所提出的特質都不盡相同（吳清山，2021；秦夢群，2019；潘正德，2012），以下列述一些針對領導特質的綜合性研究：

（一）Ghiselli（1971）的研究

Ghiselli（1971）綜合了 1940 年以前與領導特質或管理能力有關的數十篇研究，發現這些研究所陳述的大約八十種領導特質中，大致上只有五種核心特質同時為大部分的研究者所共同描述，這些特質為：智力、支配性、自信心、充沛的活力、豐富的專業知識。這五種核心特質和領導者的表現有一致的正相關存在，其相關係數大約在 .25 至 .35 之間（潘正德，2012：189）。

但 Ghiselli 認為，這些特質無法證明就是領導成功的要件，因為這些研究都沒有進行下述兩種比較研究：

1. 比較領導者與被領導者間，在此五種特質的得分高低的差異如何。
2. 同時也未能提供領導者與被領導者間，在工作成效與人格特質相關係數上的高低差異比較。

（二）Stogdill 的研究

Stogdill（1948）綜合了 1904-1947 年間與領導者特質有關的研究計 124 篇，就這些研究中所陳述的領導特質逐一彙整後，經過因素分析成五大類（黃昆輝，1988：386），包含：

1. **能力**（capacity）：如智力、判斷力、獨創力、語言流暢性、機智（tact）等。
2. **成就**（achievement）：包含學術、運動及各種一般知識等領域。
3. **責任**（responsibility）：如企圖心、自信心、堅忍力、可靠性、進取心等。
4. **參與**（participation）：包含社交能力、合作取向、幽默感、活動力、適應力等。
5. **地位**（status）：如社會經濟水準和聲望。

另外 Stogdill（1974, pp. 72-76）又將 1948-1970 年的 162 篇領導者特質研究和前述 124 篇進行比較，結果發現這些特質的因素類型如下：

1. 高度責任感與使命感。
2. 追求目標的活力與毅力。
3. 解決問題的冒險性和獨創性。
4. 接受決定和行動結果的意願。
5. 瞭解人際關係且有接受壓力的準備。
6. 挫折容忍力和事件延遲解決接受度。
7. 影響他人行為的能力和建立社會互動系統的能力。

前後兩部分的領導特質固然描述語句不同，惟仍有相互呼應性。

二、以領導者實際成功的領導行為作為焦點的研究——社會心理因素觀

以成功領導者特質為中心的研究，由於各研究者關心和羅列的重點不一、特質各異，語句陳述上很難一致，儘管可由因素分析加以歸納，然歸納出之範疇內涵，則仍很難相同（徐木蘭，1983）。一項與爾後成為心理學上人群關係學派（Human Relations School）理論發展關鍵的研究，從 1923-1932 年間，在美國芝加哥附近之西方電器公司（Western Electric Company）霍桑廠（Hawthorne Plant）展開，由 E. Mayo、W. J. Dickson 和 F. J. Roethlisberger 等人主持，其目的原本在瞭解與比較組織生產環境對於工作者生產效率的影響，而最後導致了霍桑效應（Hawthorne effect）的提出，也開啟了人群關係論的發展（Mayo, 1945）。

此一實驗研究結果，顯示與人際互動有關的社會與心理層面的因素，也是影響工作者生產效率的重要因素。此一研究也揭開了領導理論之探討方向，從成功領導者的特質轉而從領導者實際有效的領導行為入手的開端。領導者如何採取有效的領導行為以發揮其影響力，進而達成領導的任務，此一研究潮流最早在美國 Iowa State University 成形，接著 University of Michigan 及 Ohio State University 相繼有不少的研究結果，此三所大學在領導行為的研究影響頗廣。以下先討

論這三所大學的領導行為研究發現，然後再討論可歸為領導行為研究之一的交易與轉型領導行為研究：

（一）Lewin 等人（1939）在 Iowa State University 的研究

K. Lewin、R. Lippitt 和 R. K. White 在 Iowa State University 最早從領導行為向度來研究成功的領導要件（Lewin, Lippitt, & White, 1939）。Lewin 等人曾以十幾歲的小孩和一個成年的領導者，分為數組研究對象，其主要目的在研究民主（democratic）、權威（authoritarian）和放任（laissez-faire）三種不同的領導行為模式對於團體成員的影響，此三種領導行為模式如下（黃昆輝，1988：391-392）：

1. **民主式**：能透過共同參與來作決策，分級授權。
2. **權威式**：大小事務由領導者作決定，成員任務由領導者指派，聽命行事。
3. **放任式**：組織決策全權由部屬作決定，除非成員要求，否則領導者不加以任何干涉或介入。

團體中由於領導者影響力運用之方式不同，整個團體氣氛（group atmosphere）將會有各種不同的差異，組織成員人際互動、凝聚力、工作士氣等隨之而有不同，整個團體的績效也將會受到影響。

Lewin 等人（1939）的研究結果，有如下重要發現（吳清山，2021；秦夢群，2019）：

1. 權威式的領導行為，成員的攻擊性行為最明顯，但攻擊對象以團體成員居多，成員的行為傾向於表現對領導者的忠誠，或突顯個人的表現。
2. 民主式領導的團體，成員間的友誼最好，團體的相屬感較高。
3. 當遇到挫折時，權威式領導的團體成員間，彼此推卸責任或作人身攻擊；而民主式領導的團體則凝聚力反而加強，共同思考解決問題之策略。

4. 團體領導者離開工作現場時，權威式領導的團體工作效率和動機明顯降低；而民主式領導的團體，工作動機與效率則未見有減弱現象，自動自發完成任務。

湯淑貞（1991）引述日本 1969 年廣島大學古賀行義所提的一項研究（引自湯淑貞，1991：204），此一研究調查對象為不同服裝縫製廠的工人，調查的目的在瞭解不同的領導行為與生產量和士氣的關係，其研究結果如表 6-1。

表 6-1
領導行為與各種重要團體表現指標的相關係數

	生產量	士氣	領班人緣
民主	.82	.86	.86
放任	−.84	−.85	−.67
權威	−.53	−.73	−.12

註：引自管理心理學（頁 204），湯淑貞，1991。臺北：三民。

由表 6-1 可發現，民主式的領導行為與生產量和士氣呈現正相關，領導者經常參與成員的活動，且受歡迎。放任式與權威式的領導行為，則呈現負相關，而放任式之領導最不利，其次則為權威式的領導。

（二）University of Michigan 的研究

1940 年代左右密西根大學進行了領導行為的研究，這些研究最後由 Likert（1961）將整個研究結果歸納出三種領導行為取向，這三種取向可以區別領導效率的領導行為取向如下（黃昆輝，1988：395-398）：

1. 以員工爲中心（employee-centered）或員工導向（employee-oriented）的領導

以員工為中心的領導，較注重員工的心理需求及人際關係、參與感和自主性。

2. 以工作爲中心（job-centered）或生產導向（production-oriented）的領導

以工作為中心之領導，較重視團體目標的達成，強調工作技術及任務結構化。

3. 參與式（participative）的領導

參與式的領導傾向以整個團體為中心，利用團體的合作規約代替領導者的干預或視導，激勵部屬參與團體決策，加強溝通、合作與協調解決衝突。領導者在團體會議中，提供支持性的問題解決技術和建設性的意見，激發團隊士氣，引導團體在環境中生存與發展。

密西根大學的研究結果，有如下之發現：

1. 以員工為中心的管理比以工作為中心的領導生產量高。
2. 高生產量的單位領導者，對成員較抱持支持與建設性的態度。
3. 有效能的領導較注重部屬的自尊心，在督導方式上採團體方式而不作個人式的督導。
4. 有效能的領導較重視團體高層次目標的建立，而不在於日常瑣事。

（三）Ohio State University 的研究

1940 年代起，Ohio State University 的企業研究中心（The Bureau of Business Research of Ohio State University）也進行領導行為的研究（Halpin, 1966）。最初的研究在於編製一份適用於組織成員對領導行為的描述問卷，在發展過程中曾蒐集了一千八百項描述領導行為的詞句，最後歸納成 150 題，經過因素分析之後，歸納為兩個因素如下（秦夢群，1997：424）：

1. **倡導**（initiating structure）

指領導者為達成組織目標，所表現出來的領導行為，也就是領導者督促成員達成團體目標的角色行為程度。

2. **關懷**（consideration）

指領導者為協助成員滿足其個人需求所表現出來的領導行為，比如：接納與傾聽成員的意見、作任何決策前先與成員討論、對待部屬一視同仁等。

A. W. Halpin（1966）曾就最後所發展出來的領導行為描述問卷（Leader Behavior Description Questionnaire，簡稱 LBDQ）之實際調查研究發現加以彙整，以下僅作簡略敘述：

1. 倡導和關懷是領導行為的最重要層面。
2. 高關懷與高倡導經常能導致有效的領導。
3. 組織成員評估自己組織的領導行為常偏向倡導，而領導者評估自己組織的領導行為常偏向關懷。
4. 領導者自己所認為的領導行為表現，與組織成員所描述的相對的領導行為，兩者之間的相關度很低。
5. 高倡導與高關懷兼具之領導下的團體，經常呈現和諧與親密的組織氣氛，團體成員的工作態度較為優良。

（四）交易領導（transactional leadership）與轉型領導（transformational leadership）

所謂交易（transaction），乃是組織或領導者與組織成員間經由互相交換的過程與手段，各盡所能、各取所需的過程行為。組織或領導者提供滿足個人需求的增強物，以激發其工作動機；而個人為組織目標而努力，以獲取酬賞（Hollander, 1978）。

團體存在的功能之一就是滿足成員的物質或心理需求，這也是團體吸引個人加入的原因。團體目標不能達成，則團體有面臨解構的危險，個人當然也不能置身度外，而領導的功能便在於促進團體目標達成的同時，也滿足成員的個別需求。

交易領導中，領導者所採用獎賞成員的增強物，不管是物質或心理上的滿足，其實都是動機與激勵理論的一環，但透過交易，事實上只強化低層次的動機行為，如從 Maslow（1954）的動機階層論而言，高層次動機行為的激發，事實上更有必要。

Burns（1978）提出轉型領導的理念，其目的即在提升領導行為的層次，將成員的工作動機往上提升，若從成員的心理發展上看，也就是自我實現或理想人格的發揮，也可說是自我概念的最終展現或價值觀的提升。此一領導理論往後有不少學者（Bass, 1985; Bennis & Nanus, 1985; Bennis, 1992）發表研究報告。大致上來看，轉型領導強調以下幾項主要領導行為（謝文全，2003；Robert, 1983）：

1. 領導者要營造組織的高層次追求目標，也就是所謂的願景（vision）。
2. 強調成員的參與和授權。
3. 注重權力的分享。
4. 倡導組織的團隊學習，以激發組織的創新和變革。
5. 珍視團隊合作與相互信任。
6. 提倡領導者應發揮魅力（charismatic），以改變成員的工作價值觀和理想（Bennis, 1992）。

三、以領導行為和領導情境（situation）調適為關注焦點的研究——多元開放系統觀

組織開放系統整合觀的發展，導致領導理論的探討視野更加開展，不只顧及組織內的機構與成員的因素，進而關注到組織內外系統之間時空交互影響的因素（徐木蘭，1983；秦夢群，1987；謝文全，2003；Bertalanffy, 1968）。

從實際經驗來看，任一個領導特質或行為都不可能放之四海而皆準。不管是成功領導者的特質，或是成功的領導行為，每一個案例，

都有其不同的環境背景，成功的原因都很可能是因其所處的環境使然，不同的情境將可能有不同的結果。同樣的領導特質在某一情境可能成功，在另一不同情境，可能不盡理想。因此，領導行為若能配合不同的組織團體情境以及領導者之特質，而採取不同的領導行為，領導效能才可能提高。

整合特質與行為配合領導情境之研究，重要的有 F. E. Fiedler（1967）的權變理論、R. J. House（1971）的途徑一目標理論、V. H. Vroom 和 P. W. Yettom（1973）的規範性權變理論，以及 P. Hersey 和 K. H. Blanchard（1977）的情境領導理論（徐木蘭，1983；秦夢群，1987；謝文全，2018）。

由於不同的研究所關注的情境結構都各自有異，以下先就各別理論作重要敘述，再進行綜合比較。

（一）Fiedler（1967）的權變理論（contingency theory）

Fiedler（1967）的權變理論結構在於完整考慮領導的情境特質和領導行為，其理論大致可從情境、行為及其情境與行為的適配度三個層面來敘述（徐木蘭，1991；黃昆輝，1988；Fiedler, 1967）：

1. 領導情境

領導情境包含三個向度如下：

(1) 領導者與成員的關係（leader-member relationships）：指成員對領導者友善、支持、忠誠、接納與信賴的程度。Fiedler 為此一向度的衡量編製了領導者與成員關係量表（The Leader-Member Relations Scale，簡稱 LMR），共有 8 題。領導者與成員關係如果良好，團體成員將會自動自發完成工作，領導者的影響力可以發揮。

(2) 工作結構（task structure）：指工作目標、工作程序，以及評估工作績效標準的明確程度。Fiedler 發展出工作結構量表（Task Structure Scale）來衡量組織工作結構性的高低，有標準且可量化的績效評估、正確的工作指導、目標清楚、工作程序易於瞭解和掌握，則工作結構性高，領導者較易得到部屬之支持。

(3) 職權（position power）：指領導者依其職位所擁有的權威（authority）和控制力（control），亦即組織賦予領導者的資源分配、任用、升遷、賞罰等權力的大小。擁有的資源愈多，控制力就愈大，職權愈高，促進團體運作的影響力就愈大。Fiedler 的職權量表（Position Power Scale），可以衡量團體領導者的職權大小。

2. 領導行爲

領導權變理論將領導行為分成關係導向與工作導向兩種類型，Fiedler 認為領導效能必須因應不同的領導情境而改變其領導行為模式。他發展出最不受歡迎的同事量表（The Least Preferred Co-worker Scale，簡稱 LPC），以分辨領導者的領導行為類型。

高 LPC 量表得分的領導者，被稱為關係導向（human-relation oriented）的領導者。關係導向的領導注重成員需求的滿足，尊重成員的意見，化解成員的衝突，營造良好的人際關係。

LPC 量表得分低者屬於工作導向（task-oriented）的領導者，工作導向的領導，注重組織成員的工作績效，要求成員為組織的目標而努力工作。

3. 領導情境與領導行爲的配合

Fiedler 將領導情境依領導者與成員的關係、工作結構和職權的大小組合成八種情境，這三種向度組合得分的高、中、低分別代表了對整個情境之控制力，也就是情境的有利度。在高度控制和低度控制情境下，比較適合工作導向的領導行為。在中度控制的情境下，關係導向的領導行為，較能發揮領導效能，其關係圖如圖 6-1 所示。

圖 6-1

領導情境與領導行為配合關係圖

領導情境	領導者與成員關係	好				差			
	工作結構	高		低		高		低	
	職權	大	小	大	小	大	小	大	小
領導者對情境的控制力		高			中				低
相對有效的領導行為		工作取向			關係取向				工作取向

註：參採下述著作：

1. 教育行政學（頁 431），黃昆輝，1988。臺北：東華。
2. *Improving leadership effectiveness: The leader match concept* (p. 136), by F. E. Fiedler, M. M. Chemers, & L. Mahar, 1976. New York: John Wiley & Sons.

（二）House（1971）途徑—目標理論（path-goal theory）

House 提出途徑—目標理論，此一理論整合了 Vroom（1964）的動機期望理論（expectancy theory of motivation）與 Ohio State University 的倡導與關懷雙層面領導行為研究。途徑—目標理論認為領導者的重要任務是激勵與幫助組織成員達成工作目標，同時必須提供必要的支持與協助，以指導成員或協助其澄清達成目標的途徑，確保個人和團體目標的一致性（徐木蘭，1983：127-128）。

其理論內容大致可從領導行為、情境與調適三方面來說明：

1. 領導行爲

領導者的行為若要有激勵性，就必須導引成員的個別需求使之能與團體目標相連結，同時提供支持、指導與獎賞。領導行為依此可分為四種類型（House & Mitchell, 1974）：

(1) 指導式的領導（directive leadership）：領導者會讓成員瞭解

團體或其他成員對他的期望，協助其澄清完成工作的程序、工作的標準，明確指引其達成目標的途徑。此一行為，類似倡導行為。

(2) 支持式的領導（supportive leadership）：此一行為與關懷行為相類似，領導者關懷部屬的需求，態度親和與友善。

(3) 參與式領導（participative leadership）：領導者作決策之前，會先徵詢成員的意見，並考慮與接受成員的建議，鼓勵部屬參與會議及意見表達。

(4) 成就取向領導（achievement-oriented leadership）：領導者會設定具有挑戰性的工作目標，以激勵成員發揮其能力，以達成組織對成員的期望目標。

2. 領導情境

領導情境又稱為中介變項（moderator variables），分成兩大類：

(1) 工作環境：包含工作結構清晰度、正式化（組織的權力系統正式化程度）和工作團體特質（工作團體之規範、衝突等）。

(2) 成員特質：成員的能力、經驗、需求與個人人格特質（比如內外控等重要人格特質）。

3. 領導效能——情境與行爲之調適

領導效能主要表現在成員的工作滿足與團體的工作績效上，愈有效能的領導，領導者愈能因應不同的領導情境，而採取不同的領導行為。

就途徑—目標理論的推論，情境與行為的調適大致如下：

(1) 指導式的領導行為適合於工作結構不清、工作團體內部壓力高且有衝突、成員具外控人格特質等情境。

(2) 支持式的領導適合於工作結構清晰、權力系統正式化很高，且制式固定化等情境。

(3) 參與式領導的採用時機，適合於部屬擁有足夠的能力與經驗，且為內控人格特質時。

(4) 成就取向的領導，適合於工作結構不清，而部屬有潛力，若設定較高的工作目標，可以激勵其努力的程度時。

（三）Vroom 和 Yettom（1973）的規範性權變理論（normative contingency theory）

Vroom 和 Yettom 的權變理論，之所以稱為規範性主要在於此理論提出了兩大類共七項的決策規則（decision rules），而領導者的主要任務在於因應情境之不同，而改變其決策歷程（decision process）。其理論的內容亦可分為三個方向說明之（Vroom & Yettom, 1973; Schein, 1988; Schein, 1992/1996）：

1. 領導行爲

規範性權變理論將領導行為依其作決策歷程之不同，分為三大類、五型：

(1) 三大類：專制歷程型（autocratic process）、商議歷程型（consultative process）及團體歷程型（group process）。

(2) 五型：專制一型（A I）：領導者利用近便的訊息，自行決定解決問題策略；專制二型（A II）：領導者從成員獲取必要的訊息，然後自行決定解決問題之策略，部屬只提供訊息，而非提供或評估選擇性方案。商議一型（C I）：領導者與有關成員個別討論問題，聽取他們的理念與建議，再自行決定問題解決策略，所作之決策不一定會受部屬的影響；商議二型（C II）：領導者和成員以團體方式討論問題，彙整他們的想法與建議，然後自行決定解決策略，所作之決策不一定會反映部屬的影響。團體歷程型（G II）：領導者以團體方式和成員共同討論問題，共同提出和評估替代方案，並嘗試獲致共識，領導者極似會議主席的角色，不影響團體接受領導者的解決方案，且願意接受與執行團體決定的解決策略。

2. 領導情境

情境因素共分為問題的性質、領導者及部屬的條件等三大類，三大類因素共形成七個診斷性的問題情境來衡量，此七個情境問題包括：

(1) 要求更合理的解決問題以符合決策品質嗎？

(2) 有足夠訊息以作高品質的決策嗎？

(3) 面臨的問題結構清楚嗎？

(4) 成員是否接受決策對於執行成果有重要的影響嗎？

(5) 成員會明理的接受領導者自行所作的決策嗎？

(6) 成員會認同組織目標以解決問題嗎？

(7) 組織所採取的解決策略會造成部屬的衝突嗎？

3. 領導情境與行為之調適

領導者依據七個診斷性的問題情境、答案，根據決策歷程樹狀圖（圖 6-2）的網絡，即可選擇符應情境而較為有效的領導行為（Schein, 1988; Schein, 1992/1996）。

圖 6-2

決策歷程樹狀圖

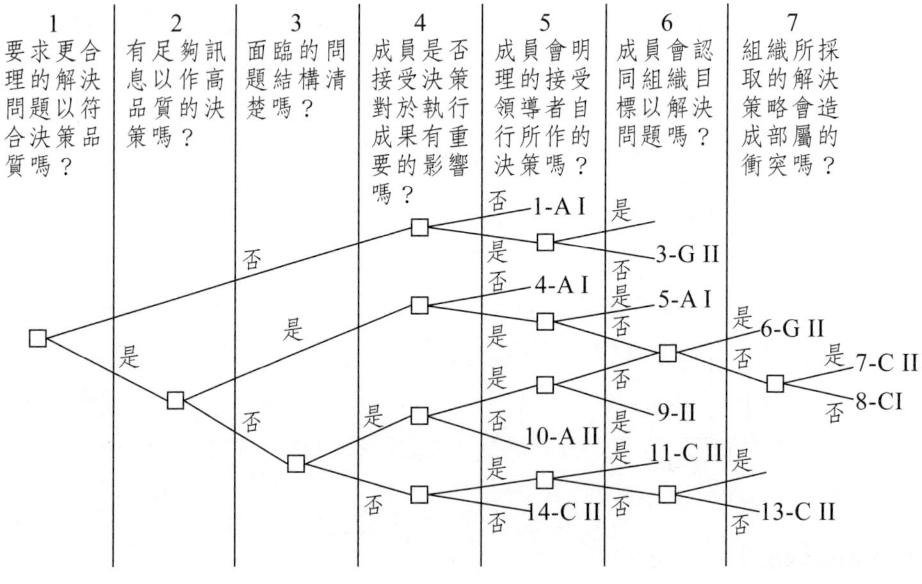

1 要求更合理的解決問題以符合決策品質嗎？
2 有足夠訊息以作高品質的決策嗎？
3 面臨的問題結構清楚嗎？
4 成員是否接受決策對於執行成果有重要的影響嗎？
5 成員會明理的接受領導者自行所作的決策嗎？
6 成員會認同組織目標以解決問題嗎？
7 組織所採取的解決策略會造成部屬的衝突嗎？

是 否

1-A I
3-G II
4-A I
5-A I
6-G II
7-C II
8-CI
9-II
10-A II
11-C II
13-C II
14-C II

註：Adapted from *Organizational psychology* (p.119), by E. H. Schein, 1988. Englewood Cliffs, NJ: Prentice-Hall.

（四）Hersey 和 Blanchard 的以部屬為焦點的情境領導理論（situational leadership theory）

Hersey 和 Blanchard（1977）的情境領導理論關注部屬的成熟度（maturity or readiness）。所謂的成熟度包含負責任的意願（willingness）與能力（ability），亦即工作準備度，以及心理學上的成熟度，包含自信與自尊（self-confidence and self-esteem）。從此理論來看，部屬的成熟度即是情境的首要因素（徐木蘭，1983：129；Hersey & Blanchard, 1977; Schein, 1988; Schein, 1992/1996）。

以下從三個向度來討論（Hersey & Blanchard, 1977; Schein, 1988, p. 131）：

1. 領導行爲

情境領導理論的領導行為類型採用了類似 Ohio State University 的理念，分為倡導與關懷兩層面。基於此兩層面，情境領導理論進一步提出四種基本領導行為模式，即參與、推銷、委託、告知四種行為模式，如圖 6-3。

圖 6-3
Hersey 和 Blanchard 四種基本領導行為

關懷（高↑↓低） \ 倡導（低←→高）	低	高
高	參與型（participating） 低工作 高關係	推銷型（selling） 高工作 高關係
低	委託型（delegating） 低工作 低關係	告知型（telling） 高工作 低關係

註：Adapted from *Organizational psychology* (p. 131), by E. H. Schein, 1988. Englewood Cliffs, NJ: Prentice-Hall.

2. 領導情境

Hersey 和 Blanchard 的情境領導理論與其他領導情境理論不同的關鍵點在於領導情境層面，亦即以成員（或部屬）的心理成熟度或工作準備度的高低為環境判斷指標。心理成熟度為動機或意願的向度，工作準備度則是能力的向度。意願和能力的高低，代表領導情境的狀況。

成熟度和準備度共可組合成四種：

(1) M1：低意願低能力。
(2) M2：高意願低能力。
(3) M3：低意願高能力。
(4) M4：高意願高能力。

3. 領導行爲與領導情境之調適

領導情境最基本的推論有四：

(1) 員工成熟度很低時，採用高工作、低關係之領導行為。即採用告知型的領導行為模式，要求任務的達成。
(2) 員工成熟度逐漸升高時，工作取向的行為要逐漸減少，而關係取向行為要逐漸累加。
(3) 高意願、低能力者，採用推銷型，明確指示員工的工作目標、流程和方法；而低意願、高能力的情境，則要採取參與型，激發部屬的參與意願。
(4) 員工的成熟度很高時，則工作取向與關係取向都要降低，採用授權式的領導行為模式，放手讓員工自動自發。

（五）不同情境理論和行為理論整合的比較

領導情境和領導行為的整合調適，乃是權變的領導效能發揮的重要關注焦點，但是領導情境理論所注重的領導情境，各不一致，雖然每一種理論，都有很多實證研究，但這些研究也都各有出入，此亦可看出組織領導心理學研究上之高複雜度。以下僅將領導行為與領導情境之調適研究上的不同著重論點，加以比較如表 6-2。

表 6-2
領導行為與領導情境之調適研究的不同著重論點之比較

	Fiedler 權變理論	House 途徑—目標 理論	Vroom 與 Yettom 規範性權變理論	Hersey 與 Blanchard 情境領導理論
情境因素	1. 領導者與成員關係 2. 工作結構 3. 職權	1. 工作環境因素：工作結構、正式化、工作團體 2. 成員特質：能力、經驗、人格特質（內外控……）	七個情境問題： 1. 要求更合理的解決問題以符合決策品質嗎？ 2. 有足夠訊息以作高品質的決策嗎？ 3. 面臨的問題結構清楚嗎？ 4. 成員是否接受決策對於執行成果有重要的影響嗎？ 5. 成員會明理的接受領導者自行所作的決策嗎？ 6. 成員會認同組織目標以解決問題嗎？ 7. 組織所採取的解決策略會造成部屬的衝突嗎？	組織成員的工作準備度或心理成熟度
領導行為	1. 工作取向 2. 關係取向	1. 指導式 2. 支持式 3. 參與式 4. 成就取向	1. 專制決策歷程一、二型 2. 商議決策歷程一、二型 3. 團體決策歷程型	參與型 推銷型 委託型 告知型

表 6-2（續）

	Fiedler 權變理論	House 途徑—目標 理論	Vroom 與 Yettom 規範性權變理論	Hersey 與 Blanchard 情境領導理論
情境與行為之調適	1. 慎選領導者 2. 改變領導行為 3. 改變情境 4. 高控制情境與低控制情境適合工作取向領導行為 5. 中度控制情境適合關係取向之領導行為	1. 工作結構不清、團體壓力大、成員外控人格，適合指導式領導行為。 2. 成員有足夠能力且內控者，適合參與式。 3. 工作結構清晰，而組織權力系統正式化高且僵化者，適合支持式。 4. 工作結構不清晰，而成員有潛力，則適合成就取向。	以七個情境問題答案的是與否，來決定五種類型的決策歷程（見圖 6-2）。	1. 員工成熟度低時，適合高工作、低關係之領導。 2. 高意願、低能力者，適合推銷型。 3. 低意願、高能力者，適合參與型。 4. 成熟度高時，適合授權型。

第四節 文化背景差異與領導行爲——泛文化及臺灣在地文化演變與領導行爲

同一組織內如何因應成員不同的人格特質、同一社會文化體制下的不同組織如何因應其結構特質面的差異，在本章前述各節以及本書第二章組織社會系統理論和結構功能理論中均已述及，本節將聚焦在探討臺灣在地文化演變以及跨族群文化的差異與領導行為。

一、領導行為與文化相對性

談到領導行為與族群文化的相對性時，會讓人想到在學校組織文化與領導的討論中，經常出現的一句寓意深遠的話題——「有怎樣的學校，就有怎樣的校長；有怎樣的校長，就有怎樣的學校。」領導是整個社群動力的一環，影響領導效能的所有因素既然是包含在其所在組織的社會系統中，因此領導者採行的策略自是難以背離組織的體制與傳統。惟領導者亦不能完全「蕭規曹隨」，讓人覺得毫無作為，所謂「水能載舟，亦能覆舟」，社會文化體系應可比擬為此水流情境也。

文化既是社會組織行為的調節變項，領導理論自不可能是放之四海而皆準。不同族群其組織所處的社會情境各異，所謂「橘逾淮而為枳」，全球化雖是已成莫之能禦的潮流，但是在地本土思維亦隨之風起雲湧。在個人主義盛行的社會，和一個習於團隊合作的社會，由於其不同族群的所處環境、生活方式、社會體制、個人人格特質等文化本質上的差異，其領導行為自然也會大異其趣。

中西方早就對於領導有很多不同的學說，在中國老莊的無為而治、孔子的為政以德論述，大致都在談君王統治者如何修己愛民。在此一思潮下，家天下的封建帝王政治，在中國一直延續到 1911 年。反觀西方，古希臘哲學家柏拉圖（Plato, 427-347 B.C.）在其 *The Republic* 一書中，則反覆論述一個理想的社會制度如何實現社會正義（樓繼中，2000）。盧梭（Jean-Jacques Rousseau, 1712-1778），則在 18 世紀就提出所謂的主權在民的《民約論》（*Social*

Contract），或譯《社會契約說》。在這些思潮激盪下，世界第一個真正民主政體的國家 1776 年終於在美國建立（賈馥茗，2000）。這樣的歷史背景差異，是否意味著不同的族群文化或民族性格宜有其相應的組織治理哲學思維與理論？此一議題，自人類學領域中的文化心理學興起之後，已成為論述的焦點。

二、領導行為的泛文化差異

領導理論乃屬行為科學中組織治理理論之一環，我們可以發現此一學術領域中早期所提出的實證理論大都出自於美國學術體系，如果我們細數一下當代全球重要的組織治理文獻，幾乎是由美國學術體系所主導，美國文化思維的組織治理理論幾乎成為全球化的思維。此一現象大致要到 1960-1970 年代以後，由於文化、心理與行為的相對性探討，以及文化心理學的興起，才起了改變。

Hofstede 研究團隊在 1970 年代影響深遠的全球泛族群文化差異之比較研究中，除了提出泛族群文化差異之比較構面外，更進一步針對社會組織治理上應有的異文化思維作探討（Hofstede, 1980a）。Hofstede 認為文化的核心不在明顯的外在特徵，而是經由共同社會體制與長期生活方式形塑而成的內在心理思維方式，此一內在心理思維方式才是左右不同的族群性格的要素，但是組織治理相關理論一直以來，卻始終忽視了泛族群文化差異與組織治理的議題（俞文釗，1996；Hofstede, 1980b）。

Hofstede 認為，對跨文化企業領導方式影響最大的因素是「個人主義與集體主義」，以及「接受權力差距的程度」（俞文釗，1996；Hofstede, 1980b）。個人主義高張的社會族群，其成員追求的首要目標自然是滿足個人需求；而集體主義高張的族群，其組織訴求的首要自是團隊紀律與忠誠。一個要求「不確定性避免」程度低的族群，個人自我承擔風險的意願也較高；「不確定性避免」程度高的族群，成員要的是不會出錯而能安心工作的環境，凡事要有明確的 SOP 標準作業流程；權力距離高的族群，樹立領導者的階層權威乃是最為重要者；權力距離低的族群，能感動成員的自是體恤與關懷，領導者的角色在於溝通和協調（俞文釧，1996；Hofstede, 1980b）。

從另一個社會角度來看，日本的社會體系講究輩分倫理，組織中職位的升遷，傳統上不只注重功績，更重視排班論輩；把公司當成大家庭，從公司的所有人到任一員工，大家同甘共苦一輩子，Ouchi（1981）的論著中屢屢可見日本的經營哲學。美國社會個人主義當道，資本社會講究的是針對個人論功行賞，能力表現和對組織的貢獻度，就是升遷以及待遇的衡量依據，公司經營不善，則採取依法裁員或資遣員工等方式，因此美國組織的領導策略乃在於以組織成員個人利益為核心基點。

有一個非常值得深省的事例，全球管理界相當著名的管理學者 William Edwards Deming（1900-1993），他是美國學術體系出身的學者，但是他所提出的全面品質管理（Total Quality Management, TQM）理論（黃昆輝、張德銳，2000；Deming, 1986; Petersen, 1999），卻是在 1950 年到日本講學時被日本科學管理學界所重視，經過日本科學管理學界依據日本的文化國情加以取捨與應用推廣，進而促進了日本產業管理生態的變化。有趣的是，Deming 教授雖然在日本獲得很大的聲譽，1951 年日本更設立了以 Deming 為名的獎項，以頒給全國品質管理競賽優勝的公司；但是在美國，Deming 一直到 1980 年以後才嶄露頭角（Petty Consulting Productions, 1991; Petersen, 1999）。

不同的地區、國家或族群，其文化體系，隱含著不同的社會體制以及生活模式，造成其成員內在思維模式極大的性格差異。在當今人群流動普遍的地球村生活型態下，組織治理者在領導策略上亦宜有綜觀全球的視野，方能共存共榮、永續生存。

三、異文化及臺灣在地學者對華人社會文化與領導行為之研究

華人的文化發展綿延流長，而其思想的中心就在於儒家的「格物、致知、誠意、正心、修身、齊家、治國、平天下」，人治色彩相

當濃厚，而無論任何階層的領導者莫不以道德的化身自居，《論語．為政第二》所謂「導之以德，齊之以禮」。可是歷經兩千多年的帝王政治文化影響之下，領導者集權力與道德表率於一身，講的話總是無可質疑，人民已習慣生活在威權社會體系之中，這種人治與德行的理念已成為華人的文化核心。作為華人文化圈的領導者，應該揚棄此一傳統文化模式的拘絆以樹立組織公平正義的標竿嗎？或者是保留禮義道德作為組織倫理，而將人治和威權作為組織治理者之省思，以利凝聚組織全員之向心力？

中華文化近百年來，從表面到內在價值體系都起了莫大的變化，但是「有關係就沒關係，沒關係就有關係」，仍然是華人社會中耳熟能詳的一句話，所謂「攀親道故講關係」、「自己人好辦事」，往往還是華人組織人際互動很常見的模式。誠如早期的社會學者（費孝通，1948）所提，華人講道德禮義仍然是依據與治理者的親疏遠近而有差異的。領導者在用人時很容易傾向於親疏有別，有親師關係者很自然就成為領導階層的圈內人，自己圈子裡的人在組織裡也就享有更多的資源。

這種所謂差距性的社會人際互動現象，受到不少中西文化心理學者所關注（黃光國，1990；楊國樞，1993；鄭伯壎，1995；鄭伯壎，2006；Hofstede, 1980b; Redding, 1990; Silin, 1976; Westwood, 1992）。就當前處於族群林立以及外來人口流動頻繁的臺灣在地組織來看，在地文化演變與領導行為探討也是頗值得重視之議題。

（一）異文化學者的研究

文化心理學者 Robert Silin，當時還是美國哈佛大學人類學博士研究生，於 1960 年代末期，就已投入臺灣的華人社會文化與領導行為此一領域的研究（鄭伯壎，1995）。Silin 於 1968 年前後在臺灣經過長達一年多，對一家大型民營企業進行個案研究，以該公司的企業主、管理人員及公司員工為研究參與者，透過訪談等方式進行資料蒐集，最後提出了一套迥異於西方領導觀點的領導模式（Silin, 1976）。這些模式包含教誨式領導、德行領導、中央集權、上下保持距離、領導意圖及控制（鄭伯壎，1995；鄭伯壎、周麗芳、樊景立，2000；Silin, 1976），引導了後來很多華人心理學研究者的探討方向。

Redding（1990）最早提出華人企業家的父權主義（paternalism）與仁慈領導理念，Redding 於 1980 年代後期也依循 Silin 的模式，探討香港、新加坡、臺灣及印尼等海外成功華人家族企業的經營與管理方式（Redding, 1990; Westwood, 1992），他大致沿襲 Silin 的論點，認為華人的經濟文化具有特殊的風貌，其中父權主義（paternalism）是重要的因素，這也是造成華人社會「人治主義」（personalism）色彩濃厚，且專斷決策經常出現的領導特質。他認為企業的領導者對於部屬就像家長及長輩一般的照顧與體諒，且對於部屬的反應具有敏感度，這些皆為其所提仁慈領導理念的特質；但是領導者的仁慈並非是所屬成員雨露均霑，而是依親疏分層次的。

Westwood（1992）接續 Silin 和 Redding 的理論基礎和研究脈絡，認為恩威並重和講究一團和氣，形塑了華人家族企業的家長式職權領導風格。他整合了前述兩者人治主義（personalism）與偏私主義（favoritism）傾向的論述，認為此兩種傾向造成華人企業注重控制權而忽略法制面，以及對待部屬分親疏的文化。

（二）臺灣在地學術界的研究

臺灣在面臨全球社會行為科學界掀起的在地化本土浪潮中，有關組織、族群心理與文化的學術研究本土化，自 1970 年代也隨之展開。李亦園與楊國樞（1972）主編了《中國人的性格：科際綜合性討論》一書，開拓了此一領域爾後的發展。

楊國樞（1993）首先在其〈中國人的社會取向：社會互動的觀點〉一文中，提及華人社會取向的理論時，也說明華人在人際互動中，依照關係差序性的互動規則。他指出華人社會互動中的關係取向，關係決定論（relationship determinism）是關係取向的重要特徵之一，是指在任何社會情境中，人我雙方都會有各種不同的關係，而在組織資源的分享上，會因關係親疏而各有差別。

鄭伯壎（1995）在其《差序格局與華人組織行為》一書中，對於受到華人文化影響下的社會人際互動關係也有深入的論述。他在1980年代末期針對臺灣家族企業主與管理人的領導作風進行個案研究，結果驗證 Silin（1976）與 Redding（1990）所提出的家長式領導確實存在華人企業組織中，此一現象顯現在樹立威權與施予恩惠兩種風格上。他認為在華人的企業組織中，人際關係網絡主要是依據關係、忠誠、才能等三個基本面向的評估而定。此概念與差序格局的概念十分相近，因此所產生的領導行為稱為「差序式領導」，用以說明華人領導者將部屬歸類，區分為自己人與外人，並給予不同對待的領導行為（鄭伯壎，1995；謝佩儒、鄭伯壎、周婉茹，2020）。

此外，黃光國（1993）在此一領域的方法論上，提出了〈互動論與社會交易：社會心理學本土化的方法論問題〉一文，增添了此一領域理論與方法論的完整性。到目前臺灣心理學本土化運動的軌跡，在余安邦（2017）〈臺灣心理學本土化運動史略〉一文中，有很詳細的敘述。

第五節　學校文化與領導

～本節部分內容摘自李新鄉（2002）〈學校經營：中小學文化整合觀點〉。載於楊國賜（主編），《新世紀的教育學概論》（頁 419-449）。臺北：學富。～

「有怎樣的學校，就有怎樣的校長；有怎樣的校長，就有怎樣的學校」，這是社會上一句耳熟能詳的話語，它指的正是學校文化與學校治理者兩者之間的緊密關聯性。校長的領導風格與哲學觀，往往在學校文化的形成與變革上扮演了重要的影響力；但是另一方面學校既有的組織規範、制度與傳統，也同樣深深影響到組織成員的生活行事。

臺灣近年來，社會文化面臨了激烈的變革，學校經營環境也同樣面對前所未有的挑戰，如何從文化與領導的層面切入，將會是學校治理開創新局的另一個關鍵點。

一、學校文化的意義與特質

整合國內外學者所述（林清江，1981；陳奎熹，1994；Coleman, 1966），學校文化具有如下特質：

（一）學校文化是一種綜合性的文化

學校文化包含了世代（兩代）之間的文化，又包含了校內、校外的文化，也包含了不同行政人員之間的文化。

（二）學校文化是一種對立、統整互見的文化

不同學校次級團體之間或不同世代之間的價值觀念與生活哲學常常互有出入，對立與統整的現象隨時出現在其交互作用中。

（三）學校文化是一種兼具積極與消極功能的文化

不同次級文化之間，有的有助於學校教育目標的達成，有的則可能有所阻礙，甚至是反教育的。

（四）學校文化是一種可以有意安排或引導發展的文化

不論是人為的或自然形成的學校文化，都必須要站在教育的主軸，針對物質文化、制度文化或心理文化加以改變或引導其發展的方向。

二、學校文化的內涵與形成

（一）學校行政文化

校長是學校組織系統內最上層的領導者、溝通協調者、輔導監督者，也是政策的規劃、制定推動與執行者。校長領導風格與哲學觀，往往在學校文化的形成與變革上扮演了重要的影響力。校長上述諸多角色扮演的途徑，便在於能充分尊重學校多元的文化價值，容忍歧異，包容與接納師生、家長、社區各種意見，化解各種阻力，塑造優質的學校文化，使學校行政文化有助於達成學校教育目標的實現。

（二）教師文化

Hargreaves（1972）提出英國中小學教師的次文化規範為「教室自主、對同事的忠誠和平凡的規範」（陳奎熹，1994：67；Hargreaves, 1972, pp. 404-406）。教室自主包含教學和師生互動的自我決定，不受干涉；對同事的忠誠，表現的是次級組織間的互相依賴和利害與共；平凡的規範，乃是趨中處事，步調一致的團體自我標準設限的工作哲學觀。

（三）學生文化

學生同儕團體固然在校園內提供學生間支持、依賴的情感來源，學生互相模仿、切磋，分享成長經驗，是影響學生社會化歷程的重要因素（陳奎熹，1994）。但在互相助長的過程中，同時也分享了大社會中流行文化，對於偶像的崇拜，粗淺價值的認同，對成人文化的反抗，異化的英雄觀，這些在不同領域的學者間迭有論述，並以反主流文化或反智主義稱之（李亦園，1984；Coleman, 1966）。

（四）社區文化

學校是社區中的一個單位，更是社區的共同生活體的一分子。社區是否支持學校，學校與社區的融合度，社區民眾與學校的互動關係，家長對學校教育的期望與參與，均是社區文化的要項。尤其在鄉土文化教育觀受到重視的今日，學校的課程、教學、建築外觀與社區意識皆與社區文化密切相關。

學生來自於社區，社區是學生成長生活的地方，社區文化對於學生的影響是相當深遠的。而學生將所受社區影響而形成的價值觀與行為帶入校園中，終而影響了整體學校文化。

（五）學校物質文化

學校的校園配置、校舍建築、教學設施、校地大小、學習活動空間的規劃配置、圖書儀器、美化綠化、環境設施、紀念雕塑、景觀設計等任何可以提供境教的有形因素，均是形成學校物質文化的內涵。

（六）學校制度規範文化

學校組織規範與制度文化，包含正式與非正式組織制度、規範以及學校的傳統、習俗、儀式、慶典、傳說、英雄故事與共同語言等。

學校運作為維持其次序與正義，透過正式過程所制定的規範，所援用的法令、制度、條款、章程，屬於正式學校組織規範。而有部分潛藏在非正式的組織規範中，如學校各種儀式與傳統，亦同樣影響到學校成員的生活作息。此一部分，有國內學者（林清江，1981；陳奎熹，1994）以制度文化稱之。

三、學校文化的功能

（一）學校文化的正面影響功能

1. 解決學校外部組織的適應問題

學校組織要在變動的環境中生存，必然有與環境調適的問題產生，學校組織文化便是在應付這些問題時所形成，它具有引導和塑造學校組織成員的行為，以及穩定學校組織系統的功能。

2. 學校組織文化可以解決組織內部統整的問題

學校組織文化，可以使學校組織成員覺得自己是組織的一分子，滿足其歸屬感的需求，從而發展其對學校組織的認同感，並增進其對組織的承諾與投入。

3. 學校組織文化乃是學校成員個人支持與依賴的來源

學校組織文化既然可解決成員的外部適應及內部統整的問題，則在其新成員剛導入學校組織的新環境時，或成員面臨外部變動激烈的環境壓力時，學校成員依賴學校組織的支援與協助，自可減低其對不確定狀況的焦慮。

4. 學校組織文化會影響學校組織的表現或績效

組織文化既是一套假設、方法、價值或信念，必然影響到學校成員的工作表現，從而整個學校績效自亦受其影響。

（二）學校文化的負面功能

學校文化的統整與積極面，與其對立與消極面是互見的（林清江，1981；林生傳，2005）。學校文化中，教師文化與教師非正式組織團體對於學校主流文化改革的阻礙，學生同儕團體所可能產生的反文化現象，社區文化可能對於學校教育專業價值的貶損和運作的干擾與排拒，學校不合理的傳統、習俗或傳說產生不良的潛在影響力，這些無一不是學校文化所可能出現的負面功能。

四、傳統思維下的學校經營文化

（一）校長即是學校決策者，亦為學校治理成敗的負責人

在傳統的學校經營文化下，校長習於把學校當成是自己的經營領域，每一行政作為均為達成其領導意圖或實現其教育理念而來。校長習於以其基本假設、價值與信念作為經營學校的方針；與學校組織運作的相關體系，包括行政人員、教師、學生、家長、社區人士對於學

校經營的意見，均僅供校長決策的參考，校長享有一切決定權。學校各體系人員之間互動頻率不高，對學校並無太多期望，與學校領導者亦缺少交會處。

校長權威很高，決策效率也許會很高，但卻是無利於學校組織成員的向心力。學校經營成敗的責任，完全要由校長所負擔，於是造成校長事必躬親、疲於雜事，而無法有較多自主時間思考重大決策，掌握作決定之訊息有限，決策品質自也無法大幅提高。

（二）行政領導教學，教學人員缺少學校經營責任觀

校長偏重行政領導，學校乃是一科層體制結構，校長並不太重視課程與教學的領導，校長扮演學校中的行政視導者，學校的分工非常固定明確，教學、訓導、總務、人事、會計各處室各司其職。教學人員被視為組織領導下的部屬，教學人員雖然在其教室中的教學行為享有若干程度的教學自主權，但不管是課程、教學內容、教學進度、學生行為規範、空白課程或綜合活動的安排等，大都由各處室依權責規劃後送請校長作決定，教學人員大都是照表操課，依規行事。

（三）學校習於傳遞文化傳統，保守氣息較濃

傳統學校形象的定位是「尊嚴杏壇」，教學人員以清高自許，自己有一套教學理念傳承，專業的教育理念很難影響教師的教學信念。傳統的看法認為「嚴師出高徒」、「不打不成器」、「勤有功，戲無益」、「萬般皆下品，唯有讀書高」，教師既來之於社會，也帶來了這些根深蒂固的傳統教育信念。於是乎，教師們在職前專業教育過程中學到的教育專業知能，很難有所施展，愛的教育也經常為鐵的紀律所取代，「循循善誘」與「因材施教」的教學觀，敵不過訓練學生成為考場高手的功利短視。

學校原應是一個教育專業的場所，但在實際的教育現場裡卻被傳統非專業，及似是而非的信念與哲學觀所左右。尤有甚者，部分教師

的功利價值觀有時凌駕教育專業觀，導致為了維護其既得利益，不惜杯葛、阻礙理想與創新的教育改革措施。

（四）學校獨立於社區之外

傳統學校經營，將學校視為一自足之教學場所，學校自視甚高，社會對學校亦頗尊重。學校圍牆頗為堅固，學校甚少與社區或外界太多互動往來，社區或一般大眾亦少過問學校作為。學校設施很少提供社區使用，學校亦不太需要運用社區各種資源，社區或一般大眾非經正式的洽辦過程，亦不太可能運用學校資源。

學校既屬以教化引導學習者的場所，與外界溝通意願又不高，外界只能被動接受學校的一切，而學校的經營理念、學習活動過程與內容等，外界亦很難窺其堂奧。

（五）重視正式課程之實施以及知識技能之學習成效

學校原應為五育並重的人性化場所，惟傳統的學校現場，大都注重知識技能的傳播與學習。學生的全人發展只是學校形式化的檔案文書資料，在威權體系的學校氣氛下，學生的學習權並不受太多重視。

學校為了培育更多社會上重視的精英分子，非正式課程常被正式課程所掩蓋，而知識與技能便成為學校效率衡量的指標，那些不易被衡量的人格發展、情意陶冶等領域，很少受到注重。

五、當前社會情境下的學校文化形塑與領導思維——形塑共存共榮、永續生存的學校文化

（一）共築未來願景

從現今學校所面臨的外界衝擊之大來看，學校如不尋求自強之道，必將為時代潮流所吞噬，而其破解之道，唯有靠全體學校成員共同編織願景，迎向未來。

學校領導者如何使組織成員敏銳覺察學校圍牆之外的遽變，喚起

危機意識，願意正視組織的永續生存，大家共同為組織的前景構築藍圖，乃是考驗領導者智慧的第一步。

（二）調整傳統領導角色，廣納全校成員為學校治理者

學校領導者的角色必須盡速尋求蛻變，在組織尋求新生的歷程中，領導者不能再是走出迷津的唯一領航員。領導者首需放下身段，掃除決策中心的傳統權威心態，使自己成為組織背後的心理支撐者、關懷者、協助者，使自己成為組織成員可以信賴的朋友與精神支柱。

共同的願景必須由全體組織成員來營造，領導者在整個過程中，最重要的是懷有一顆同理心，願意傾聽每一位組織成員內心的傾吐，接納每一種可能的構思，並給予適時的肯定與讚許，傾力營造包容尊重的氣氛，使學校成員願意付出心力，成為學校治理的合夥人。

（三）掌握組織變革與再造的關鍵向度

學校是社會開放系統組織的一環，而組織結構、過程技術與組織成員等三項因素，乃是組織變革設計的三個關鍵向度。組織結構包含學校組織的層級、權責分配，協調溝通網絡，以及各種學校制度等；過程技術指一切的教育設施、內容與方法；組織成員因素指的是教職員工的知識、態度和能力。

社會對於學校機構層面的各個角色規範相當明確，學校內各層級系統成員擔負著社會對於角色期望的有形與無形壓力，時時必須揣摩與反思自我角色扮演是否恰如其分。而從學校個人層面來看，學校個人層面的需求頗為複雜，學校內每天互動最密切的教師、行政服務人員、學生等次級系統人員，其身心特質與生活文化背景各有差異，要能滿足成員的各種需求誠非易事。

學校內任何一個體系的經營領導者，都需具有愛與包容的心態，秉持互為主體、同理溝通，如此學校層層系統之間的領導、溝通與協調才能暢通無礙，學校才有可能成為一個相互依賴且相互影響的

大家庭。

（四）疏導學校組織內外系統間的互斥文化，構築共享共榮的溫馨校園

前述學校中的多種次級文化，學校治理者必須要有綜觀與洞察的知覺敏感度，對於學校中各種次級團體本身的背景和關心的焦點，學校經營者有必要一一深入瞭解，如此才能適時的提供各種需求滿足的途徑，也更能設計各種不同宣洩的管道。各種次級團體間瞭解和互動的機會，也要隨時間及情境的變化，適度的構築和擴充，以增進學校不同次級團體間的瞭解，培植其互信互賴的基礎（李新鄉，2013）。

從概念層次來看，學校行政體系的支援與服務觀念需加以確立，學校行政層級掌握了全校的資源，但學校經營的效率或效能，並非只在於行政效率的高低，而是要呈現在學校整體教育目標的達成上。假設教師、學生、家長或社區各環節不能與之同步，則學校經營的共同參與度必然無法提升，此實為今日學校治理上呈現曲高和寡困境的主因。

其次教師稍顯保守、安逸的文化，也要想辦法加以激發其團隊的榮譽心。而學校與家長和社區的生命共同體，也是必要建立的一環，尤其是中小學學校與社區能夠共享共榮，雙方各蒙其利，學生也才能有一個溫馨永續的學習環境。

第六節　核心概念實證研究案例簡析及其對組織與學校治理之啟示

一、核心概念實證研究案例簡析

為方便瞭解本章核心概念近年來之實證研究發現，六個研究案例分析彙整如表 6-3。

表 6-3
本章核心概念相關實證研究案例分析彙整表

研究者 人名（年代）	研究對象與 主要變項	研究方法與工具	重要研究發現
周竹一（2022）	• **研究對象** 北市公立國小教師，共654人。 • **主要變項** 國民小學校長、校長正向領導、教師教學效能	• **研究方法** 問卷調查法 • **研究工具** 李俊毅（2018）所編修之「國民小學校長正向領導調查問卷」 陳繁興、蔡吉郎及翁福元（2017）所編修之「教師教學效能量表」	1. 新北市國民小學教師高度認同校長正向領導及高度的教師教學效能認知。 2. 不同「性別」、「教育程度」、「擔任職務」與「學校規模」之教師，在知覺「校長正向領導」整體上具有顯著差異。 3. 不同「性別」與「學校規模」之教師，在知覺「教師教學效能」整體上具有顯著差異。 4. 校長正向領導與整體教師教學效能具有顯著正相關，其中以「良好學習氣氛」與校長正向領導整體層面的相關程度較高，顯示提升學校教師教學效能之關鍵在於校長是否能夠有效運用正向領導策略。

表 6-3（續）

研究者人名（年代）	研究對象與主要變項	研究方法與工具	重要研究發現
			5. 校長正向領導對教師教學效能具有預測作用，「校長正向領導」中之「正向氣氛」、「正向溝通」、「正向意義」與「正向關係」對「教師教學效能」均具有預測之影響力，其中以「正向氣氛」對教師教學效能之「教師教學效能整體」、「多元教學策略」、「善用教學評量」、「良好學習氣氛」等層面有較高之預測力。
謝為任、謝文英（2021）	• **研究對象** 臺灣地區（不含金門、馬祖）之公私立國中小教師共 2,846 人，有效問卷 1,960 份。 • **主要變項** 多元架構領導、教師組織承諾、學校效能	• **研究方法** 問卷調查法 • **研究工具** 鄭燿男（2018）「團隊取向教學領導、複合領導、多元領導之影響關係模式建構」	1. 校長多元架構領導、學校效能及教師組織承諾之現況良好，尤以「結構架構領導」、「教職員專業度」、「努力承諾」等構面最佳。 2. 校長多元架構領導、教師組織承諾

表 6-3（續）

研究者人名（年代）	研究對象與主要變項	研究方法與工具	重要研究發現
			對學校效能具有顯著正向關係和促進效果，模型亦具良好配適度。
賴協志（2020）	**• 研究對象** 臺灣地區公立國民中學導師 2,075 人，有效問卷 1,683 份。 **• 主要變項** 校長教學領導、導師正向管教、班級經營效能	**• 研究方法** 問卷調查法 **• 研究工具** 自編問卷「國民中學校長教學領導、導師正向管教與班級經營效能調查問卷」	1. 國民中學校長教學領導層面在「確保教學品質」、導師正向管教層面在「正面的班級文化」、班級經營效能層面在「班級常規實踐」有較佳表現。 2. 國民中學校長教學領導、導師正向管教與班級經營效能三者之間具有密切關聯性，且三者關係模式適配情形良好。 3. 國民中學校長教學領導對導師正向管教與班級經營效能有顯著直接效果，導師正向管教對班級經營效能的影響亦有顯著直接效果。

表 6-3（續）

研究者人名（年代）	研究對象與主要變項	研究方法與工具	重要研究發現
			4. 國民中學校長教學領導會透過整體導師正向管教之中介作用，正面影響班級經營效能。
Gong, Y., Huang, J., & Farh, J. (2009)	• 研究對象 一家臺灣的保險公司，200 名保險代理人與 111 名直屬主管。 • 主要變項 創造力、學習導向（learning orientation）、轉型領導（transformational leadership）、創新自我效能（creative Self-efficacy）	• 研究方法 焦點小組訪談 問卷調查 • 研究工具 改編自 Oldham 和 Cummings 的三項員工創造力量表、改編自 Elliot 和 Church 的六項學習取向量表、採用 5X-Short 多因素領導力問卷	1. 員工創造力與其工作績效間存在正向關係。 2. 領導者與下屬之間進行學習導向的互動，可增強員工個人創造力。 3. 創新自我效能為轉型領導與創造力間的中介變項。
Dongil (Don) Jung, John J. Sosik (2006)	• 研究對象 218 位經理人和 945 位部屬 • 主要變項 工作動機（work motivation）、魅力領導（charismatic	• 研究方法 變異數分析 • 研究工具 自我監測（self-monitoring）量表、自我實現（self-actualization）量	1. 高魅力領導組的經理人在「自我監測」平均得分顯著高於低魅力領導組的經理人。 2. 高魅力領導組的經理人在「自我實現」

表 6-3（續）

研究者 人名（年代）	研究對象與 主要變項	研究方法與工具	重要研究發現
	leadership）	表、實現社會權力動機（motive to attain social power）量表、自我提升和開放變革（self-enhancement and openness to change）量表	平均得分顯著高於低魅力領導組的經理人。 3. 高魅力領導組的經理人在「自我提升」平均得分顯著高於低魅力領導組的經理人。 4. 受高魅力領導的部屬在「外在表現」優於受低魅力領導的部屬。
John E. Barbuto Jr., Susan M. Fritz, David Marx (2002)	• 研究對象 美國中部三州農村和城市的 56 位領導者和其 219 位追隨者。 • 主要變項 領導者影響策略（leaders' influence tactics）、自我概念的外在動機（self-concept external motivation）、自我概念的內在動機（self-concept internal motivation）、目標內化動機（goal internalization motivation）	• 研究方法 問卷調查 • 研究工具 Yukl（1998）的影響行為問卷（Influence Behavior Questionnaire, IBQ）、Barbuto & Scholl（1998）之動機資源（Motivation Sources Inventory, MSI）問卷、Stahl and Harrell（1982）之工作選擇決策運作問卷（Job Choice Decision-Making Exercise, JCE）	1. 由工作選擇決策運作問卷（JCE）可三分為：聯盟需求（need for affiliation）、權力需求（need for power）和成就需求（need for achievement）。 2. 內在過程動機（intrinsic process motivation）是影響力策略（influence tactics）最強的預測因子。 3. 自我概念的外在動機對影響力策略的預測力達顯著（power estimate > .80）。

二、理論與實證案例評述及其在組織和學校經營的省思

當前社會生態的領導情境錯綜複雜，組織成員的人格特質各異，各種組織的結構不一，組織文化各自不同，組織外在系統的社會政治經濟情勢又隨時在變動，因此領導者要如何扮演其角色，妥當發揮領導效能，並能導引組織各系統成員間的動力，在經由本章的討論分析後，對組織與學校治理上有如下的啟示：

（一）領導效能之影響因素極其複雜，領導者一方面要進德修業厚植權力基礎，另一方面要廣結善緣通權達變

影響組織團體領導效能之因素包含了領導者本身的特質，領導者為了增進本身的知識、能力及涵養，除了不時的汲取新知，擴增自己的專業知能，以增長自己的專業影響力，更要致力於人品道德、待人處世等人際互動特質之提升，以廣結善緣並累積自己的聲望，如此才可能政通人和，而有利於組織效能的提升。

另一方面，對於組織社會系統環境，更需透澈瞭解，全盤掌握，而且常常訓練增長自己的知覺敏感度，以利自己隨時作適切的決策，所謂通權而達變也才有可能達成。

（二）領導者對待組織成員，需要知人善任、賦權增能

組織成員的能力、條件等人格特質，對於領導效能之發揮或訊息溝通之成效，影響頗大。因此慎選人才，才盡其用，使組織內人人各得其所，個個都能同心一志為團體而努力。

（三）組織要有多元的參與管道，容忍異見的開放環境氣氛

團體內的訊息要暢通無阻，必須要有多元的參與管道，下情才能上達，人人才會願意為組織貢獻自己的智慧。組織內影響溝通成效的因素中，開放的意見表達環境及容忍異己的組織氣氛，是兩大重要的關鍵點。成員之間可以互相接納對方的想法，部門與部門之間沒有本

位主義的隔閡，這些都是民主參與的組織基本環境條件。

（四）注重組織人力資源管理策略

組織成員素質是影響組織運轉的核心資源，成員的能力、態度、價值觀等特質，乃是組織領導與溝通效能高低的最重要關鍵。

慎選成員，需要有一套選才的技巧和流程；而人力的培訓以及生涯成長機會的提供，乃是成員繼續精進與自我展現的途徑。此外，更需要有一套能激勵成員為組織投入的公平、公正之升遷和獎賞制度，以提升成員的工作滿足感。

（五）善用組織內非正式領導者

組織內的領導與溝通，都受非正式組織溝通管道的影響。非正式組織意見領袖的出現，如能因勢利導，無損於正式領導者的聲望與權力，反而更能宣洩組織溝通上的障礙，有利於組織內衝突的消弭。

（六）真誠、關懷與激勵，形塑組織正向領導的權力運作文化

組織內的動力情境固然詭譎莫測，人心不同也各如其面，人性有光明面也免不了有黑暗面，然而權謀與心機或許可以逞一時之快，不過如果是人存政舉、人亡政息，則更不利於組織的永續經營。但作為一位領導者，應儘量摒除不正當的權力運作模式，所謂誠實是最好的策略，充分採用正向的影響力，光明磊落處事，誠誠懇懇待人，時時關懷與激勵成員。正面的組織運作歷程可能要花更多的時間、資源和人力，然而所謂「精誠所至，金石為開」，正向領導的文化一旦成形，高昂的凝聚力將是組織永續經營的後盾。

第七章

組織運作系統過程變項的文化與心理脈絡

溝通、協調、合作、競爭與資源分配和效能及效率

組織系統運作過程每一個動力環節與因素，幾乎都與組織體制、社會文化規範和團體氛圍三大層面相關（Schein, 1992/1996）。除了領導因素由於它的核心特質，已在前章作專題論述之外，其他重要因素諸如溝通、協調、合作、競爭、資源分配模式、制度、規範、訓練、士氣、人際情誼、組織氣氛等，將於本章論述。

互為主體的同理溝通才有可能達成組織內群體間的共識，從而能共存共榮、合作無間。而組織的凝聚力（organizational cohesion）是組織人群間認同、依存、合作與團結共享的根源，也是組織內在形成的文化傳統規範。如何眾志成城？到底是三個臭皮匠勝過一個諸葛亮？還是三個和尚沒水喝？狼性文化能凝聚人心嗎？組織資源、福利與獎賞應該雨露均霑嗎？還是依個人和群組的績效評比而各異？這些都是頗值得探討的組織文化與心理脈絡議題。

團體乃是兩個人以上的組合，同時還需能彼此之間意識到對方之存在，有相互的相屬感和共享的目標。而相互依賴的情感，若沒有了互為主體的溝通，根本不可能存在；團體目標的完成、意見的協調、共識的獲得，都必須靠良好的溝通與協調，大家才能同心協力，否則將會是一盤散沙。

從另一個角度來說，組織內資源或利益如何分配到各部門，依據何種模式來給予績效獎賞或激勵，這些都會影響組織工作效率，且會造成組織內人際與部門之間合作、競爭與衝突的問題，這些有形或無形的規範，都會牽動組織成員與部門之間能否相互依存，進而共榮共享的文化與心理動力（潘正德，2012；Forsyth, 2014）。

第一節　互爲主體的同理溝通

互為主體的同理溝通，意味著組織內的各層級與成員之間能發揮同理心，設身處地站在對方的立場，容忍組織內不同觀點與需求，接受各次族群的多元差異，以求相互之間互動的和諧無礙。溝通行動的目的在增進社會各群體間的相互瞭解，藉以獲取雙方皆可接受的共識（張源泉，2006；Habermas, 1979）。互為主體性，意謂主客體之間或我與他者之間，彼此均能認同、尊重且接受每一個體的主體思維，站在他者主體的角度來看自己。唯有透過互為主體的同理溝通，組織才有可能達成群體與群體間、或群體內各次級群體間的共識，從而能達到組織整體社群間的共存共榮、合作無間。

溝通協調恰如有機體的血液與神經和內分泌系統，靠著溝通協調，有機體才有各種和諧的行為表現，組織內個人、團體及其相互間藉著訊息分享和傳達，組織才能發揮功能（黃昆輝，2000；Forsyth, 2014）。以下將從意義、目的、功能、種類及溝通網絡結構等，整合敘述如下（吳清山，1994；秦夢群，2019；潘正德，2012；謝文全，2003；Beehr, 1996）：

一、溝通的意義

溝通乃是組織內個人與個人、個人與團體、團體與團體或團體與組織間，傳達政令、澄清觀念、說明意見或交換訊息的歷程，藉此歷程以建立共識、協調步驟，或集思廣益作成團體決策，完成團體任務。

二、溝通的功能

溝通的功能可分為兩種：

（一）工具式溝通（instrumental communication）

透過溝通，傳遞訊息者將其意見、經驗、知識等傳達給接收訊息者。藉由此一訊息的傳遞，可以增進收訊者的認知，並影響收訊者的知覺、觀念、想法、態度及價值體系，最後改變其行為。

（二）滿足需求的溝通（consummatory communication）

透過溝通，傳訊者可以表達自己的感情或情緒狀態，消除傳訊者自己的緊張，獲致收訊者的同情與瞭解，建立穩固與改善人際關係網絡，並與他人分享喜怒哀樂。

三、溝通的目的

依據前面溝通之意義與功能的敘述，溝通的目的可以分成傳遞訊息消除隔閡、表達與抒發感情以激勵或關懷他人、倡導任務、協商共識齊一步調等四種目的。

（一）傳遞訊息消除隔閡

組織是一個開放系統，不管是上情下達或下情上達，都需要經由溝通而來。只有上下左右的訊息傳遞正確，即時且無誤，組織內的訊息才能高度透明化，減少各層級與各部門間的隔閡與誤會，消除組織內的八卦與傳聞。

（二）表達與抒發感情以激勵或關懷他人

組織成員間需要情義相挺，也需要分享喜怒哀樂，大家平時噓寒問暖、趣味相投，正是非正式組織的重要功能顯現。組織經營者及各層級領導人，對自己部屬的功績或優良表現，適時加以讚賞、表揚或肯定，更是激勵士氣，獲得認同的手段。非正式溝通的目的，大致皆以此為大宗。

（三）倡導任務

組織內的正式溝通重要目的之一便是任務的倡導，各層級領導者為了提示、指導、引領部屬執行組織的任務，勢需隨時經由溝通來瞭解部屬的看法，掌握各部門的進度，隨時發現執行中的問題並及時交換意見，組織任務才能順利完成。

（四）協商共識齊一步調

組織各部門或者成員之間，不管是基於部門或私人的利益考量，難免會呈現本位主義或門戶之見，尤其是當組織面臨重要決策、資源分配或危機與變革情境時，更是容易各持己見、互相牽制，導致衝突四起。此時便需要藉由溝通以集思廣益來獲致共識，繼而能齊一步調、團結一心共創新機。

四、溝通的種類

（一）依組織團體系統可分為正式溝通與非正式溝通

1. **正式溝通**（formal communication）：正式組織團體系統對內的法令或規定的傳達、會議、各種通知、報告，各種組織正式的集會、活動和儀式等，都屬於正式溝通。此外，組織對外的公文、函件往來，以及會議等皆屬之。
2. **非正式溝通**（informal communication）：組織系統的非正式溝通，包含所有非公務上的訊息傳達或感情及意見交流，比如非基於公務的私人互動交流，如私人聚會、基於興趣與嗜好的訊息共享和休閒聯誼等，皆屬非正式溝通領域。

（二）依訊息傳播方向可分為上行、平行及下行溝通

1. **下行溝通**（downward communication）：下行溝通，訊息由組織內高層的傳訊者往下傳給各層級的收訊者，傳統科層組織習於依循組織的層級權力路線，以告知組織之決策或上級之法令等。
2. **上行溝通**（upward communication）：上行溝通，即所謂的下情上達，部屬向上面各層級報告各種訊息、提供建議、反映意見或看法等。
3. **平行溝通**（horizontal communication）：平行溝通，產生於協調聯繫部門與部門間的意見，消除各部門間的誤會等，有時產生於同一層級部門內的人員之間，可以加強組織的團結與共識。

（三）依溝通的媒介可分為書面、口語、肢體語言及多媒體

1. **書面**：包含利用文字、符號等表現的文件，以及新聞、簡訊……。書面媒介可以減少訊息的扭曲，可有憑有據。
2. **口語**：不管是面對面，或利用電話、廣播等，口語表達具有各種方便性。
3. **肢體語言**：比如臉部表情、手勢、眼神、點頭、聳肩等，所謂無聲勝有聲，尤其是在情感的表達和人際互動時，更能增進溝通效果。
4. **多媒體**：綜合運用各種影音媒體，以強化訊息的吸引力。

（四）依訊息的傳播方向或正反面訊息的呈現而分

1. **單向**（one-way）、**雙向**（two-way）**或多向**（multi-way）**溝通**：單向溝通，只由傳訊者單向傳達訊息，收訊者沒有作回應；雙向溝通指傳訊者與收訊者間雙方可以交互發言；而多向溝通，則是指除了部門有領導隸屬關係之上下層級間能直接交換意見之外，平行部門之間、下級部門與非上級主管部門之間，均有互相交換意見的管道。
2. **單面或雙面傳播**：單面傳播只傳送正面或負面的意見、訊息；雙面傳播則正負面、長短處訊息均同時傳送給對方。

五、溝通網絡結構

在組織團體內，存在著溝通網絡結構，它反映著團體中每一環節點上人際互動與訊息分享的實況。這其中，可能有很多人會經常集中與團體內的某一個人溝通，而有的人很可能只擁有少數的溝通對象。

（一）網絡結構類型

每個人由於在組織中的地位、權威、人緣、影響力等的不同，在溝通網絡上的位置，就反映出他的上述狀況。圖 7-1 呈現了組織內可能的溝通網絡假設結構。

圖 7-1
假設的小規模組織團體溝通網絡圖

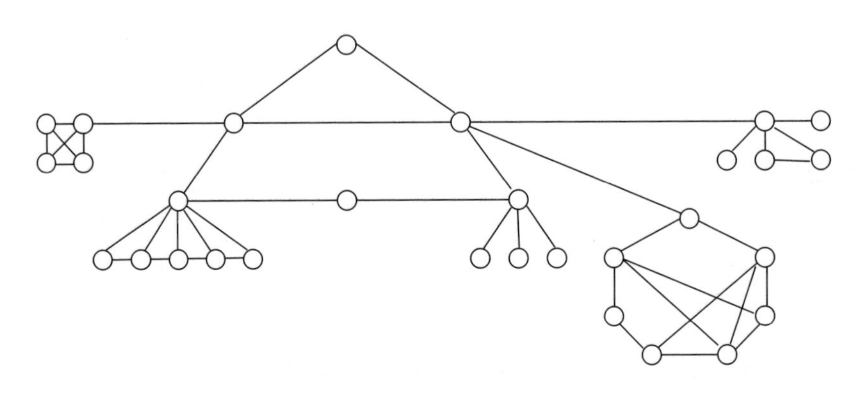

註：Adapted from *Basic organizational psychology* (p. 163), by T. A. Beehr, 1996. Boston: Allyn & Bacon.

由圖 7-1，可看出各種不同的溝通網絡結構：

1. **全員溝通型（或交錯型）**：在第二層最左邊的四個人，任何人均可相互分享訊息。
2. **孤獨者**：有些人在組織中只有一個溝通者，就是他的主管，比如圖 7-1 第二層最右邊五個人中，就有兩個屬於此一情況。
3. **環狀溝通網絡**：最底層右下七個人的團體，呈現著主管與部屬及部屬與部屬間的結構。
4. **Y 型網絡**：兩位部屬向一位主管報告，主管上面還有上層主管，為典型而簡化的倒 Y 型層級權威結構。
5. **三角型**：三個人的溝通結構。

（二）溝通網絡效能

哪一種溝通網絡結構最具有溝通效果？如果從人際互動的立場而言，很難判斷（Beehr, 1996），必須視溝通的目的而定。大致上有三種可能：

1. 從溝通速度及人員滿足感來看：全員溝通型（交錯型）兩者均高。

2. 從溝通正確性來看：類似權威結構之 Y 型或三角型可能最好。
3. 環形結構之人員溝通滿足感最高。

但是如果從整個組織的團體工作表現來看，則工作性質或條件可能又變成是另一個重要的干擾因素了（Beehr, 1996）。

第二節　組織團體或部門間相互依存的關鍵——協調

「皮之不存，毛將焉附」，開汽車的人都知道手眼協調的重要性，否則儘管一個人手眼功能都正常，但卻容易左衝右撞經常出事。組織愈大則其部門分工就愈多，各部門團體間若不能步調一致，則組織功能將無從發揮，整體的效能與效率將大打折扣。從組織系統運作過程來看，各部門團體間能否產生相互依存感的要素之一，就在於其間的協調是否順暢，協調事實上就是指組織部門與部門或團體與團體間另一種形式的溝通。

組織團體中，每一個部門有各種不同的任務和資源分配，也各有不同的工作內容和步調，如何能調整大家的步驟，以便分工合作，使得團體目標可以順利達成，這便要以溝通為基礎進一步進行協調。以下將從協調的成因、傳統協調形式、多重協調結構和促進協調的方法彙整如下（吳清山，1994；秦夢群，2019；謝文全，2003；Beehr, 1996）：

一、專門化與部門專業分工是協調（coordination）產生的首要原因

組織團體再小，都需要將成員作業務上的分工。而稍具規模的組織，一般都會將任務交由不同專業部門負責，成為組織經營的常態。我們知道整體組織任務的完成，並不是每一個部門各自完成工作，就代表組織全體任務的達成。假使生產部門生產過多，銷售部門賣不出去，則庫存堆積愈多，必然造成成本的增加；採購部門的原料置備不

順利，則生產部門將無可生產之材料。組織部門間的訊息分享若不順暢，則各自為政的結果，將是組織資源的雙重浪費。

組織分工與部門專業化的結果，提升組織專業水準的目的達到了，但部門間卻各自為政的本位主義也可能繼之而起，組織團體內的紛爭也容易產生，形成組織另一個相對必須解決的議題。

二、傳統的協調結構——直線單向的協調

傳統組織內各部門間的協調者，往往是由組織內各階層主管人員負責，如圖 7-2 所示。

圖 7-2
傳統的相依團體工作協調階層職責

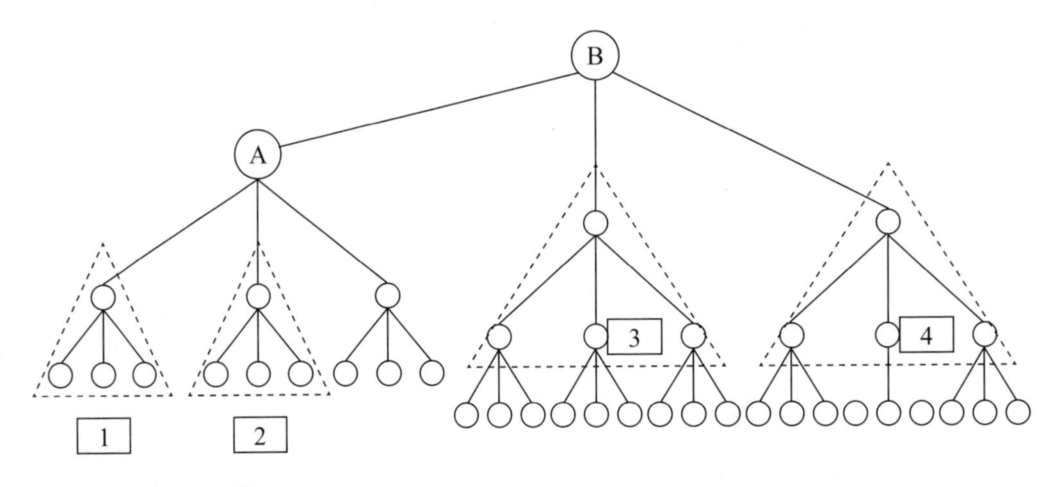

註：Adapted from *Basic organizational psychology* (p. 170), by T. A. Beehr, 1996. Boston: Allyn & Bacon.

由圖 7-2 可看出，每一個組織工作團體，由一個領導人和他所直接督導的部屬成員所形成，如圖 7-2 虛線所框的標號 1 和標號 2 兩組工作團體。在第 1 組和第 2 組工作團體中，組內的領導者就是協調者；而此兩組的協調者就是 A，A 負責協調第 1 組和第 2 組，A 也是

此兩者的上司。在標號 3 和標號 4 兩個大虛線框中的工作團體，也顯示了此一結構形式，不同階層的領導者就是協調者。

在這樣的協調結構中，只有階層化的領導者擔任協調角色，層層節制的結果，導致了團體間的協調效率下降，常為人所詬病。

三、替代性的多向協調結構與聯絡職位（liaison position）

（一）多向協調結構與聯絡員（liaiser）

除了傳統的協調結構外，為了能貫串上下左右的靈活聯繫協調，有些組織團體結構中設計了聯絡職位（徐木蘭，1983；Beehr, 1996）。由聯絡員負責部門與部門間的聯繫協調，建立橫向多重的協調聯繫關係，組織不再單是由各階層領導者負責協調，部門間的溝通結構更適時順暢，整體的協調功能更能發揮，如圖 7-3。

圖 7-3
組織內相依團體間的正式協調結構

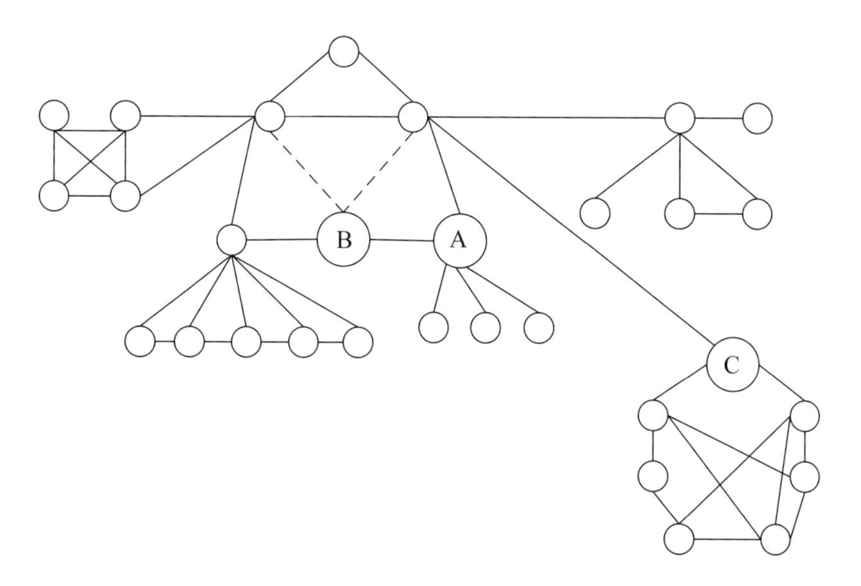

註：Adapted from *Basic organizational psychology* (p. 172), by T. A. Beehr, 1996. Boston: Allyn & Bacon.

圖 7-3 中的 A 和 B 兩個職位被稱為訊息溝通協調的守門員（gatekeeper），這兩個角色職位掌握了所有溝通門徑，他們可以快速促進也可以完全阻礙部門或團體間的協調功能。A 是垂直結構的部門領導者，也是協調者；而 B 則是組織內的專門協調員。

（二）聯絡人職位的性質

聯絡人的專門職責，在協調組織內重要且必須互相依賴、互相調整步驟的部門，他的權限和職位等級不能比協調的部門主管來得高，也不能來得低。職位等級來得高，就成了另一形式的領導者；來得低，則很難發揮聯絡人的功能。

四、促進組織團體間協調功能的方法

為了促使組織內團體或部門層級間的協調更有效率，有兩種手段可以運用（潘正德，2012；Beehr, 1996）：

（一）職位或特定部門的互換

部隊輪防時，駐守某一區域的一個團，移調防守另外一個區域，這是一種部門團體職責的輪換。而中小學的教務主任、總務主任、學務主任職位互換，則是部門主管或主管職責的互換。

（二）人員的工作部門輪調

一個銀行行員由放款部門，調到存款部門；或是一個職員由學務處調到總務處，這些都是人員在工作部門間輪調。

從組織心理學層面來看，增加組織內各團體或各部門層級之間的互動和接觸，將會使聯繫協調更有效（徐木蘭，1983；Schein, 1985）。而經由工作的輪換或輪調，擴增人員與人員間、人員與部門間深入的瞭解和接觸，也進一步真正體驗到不同部門或團體的功能和差異，這將有助於增進他們瞭解在工作上和其他部門協調的重要性，連帶相互之間的隔閡與誤解也可以消除。同時，因為不斷地與不同部門團體的人接觸和共同工作的經驗，使得他們更可以在組織內隨時與不同團體部門的人直接聯繫協調，溝通管道大為擴增，溝通協調也就更為頻繁與順暢，而本位主義及各自為政的局面將可以降低或免除。

第三節 溝通協調的歷程與障礙克服策略

本書視協調為團體部門相互間溝通的另一種形式，因為協調基本上，可說是溝通的另一種情境呈現。溝通協調的歷程中包含了各種溝通要素的連結，而溝通協調障礙的成因，大致上乃是歷程中的環節要素所引起。溝通協調產生障礙，對組織而言，是一種相當重大的事件，如何克服或排除頗值得加以探究。

一、溝通的歷程與要素

溝通的歷程與要素在意義上有必要合起來討論，事實上，溝通歷程也就是溝通因素之間的連結過程。完整來看，溝通的歷程包含下列各種要素的連結（潘正德，2012；Berlo, 1960; Ritzer, 2011）：

（一）傳訊者或訊息來源（sender or source）

傳訊者乃是溝通歷程的訊息來源，其發出的訊息愈清晰、明確，效果就愈好。因此，傳訊者先入為主的觀念、態度、經驗、能力和溝通技巧、儀表，尤其是親和力等，都直接或間接會影響到溝通的效率。

（二）訊息（message）

訊息是指溝通傳播的內容，包含各種政令、法規、制度、規範、思想、觀念、態度、意見、看法、情感等。

（三）管道（channel）或通路與媒介（media）

1. 管道或通路

管道是訊息傳播的通路，管道與媒介有時互相重疊，比如電話網路是一種溝通的管道，而電話則是一種媒介。電視、廣播是一種管道，而電視機、廣播器本身也是一種媒介。網際網路是管道，電腦則是一種媒介。其他如書報、雜誌、公告、公文傳送等均類似。

2. 媒介

媒介可以包含任何知覺的訊息傳送工具，上述所提的溝通媒介已經述及。有時人也是媒介之一，如面對面人際間的口耳相傳，而小道消息（grapevine）或謠言（rumor）便是經常藉由人與人的傳播。

（四）編碼與解碼（decoding）和知覺（perception）

1. 編碼（encoding）

編碼是由傳訊者將其想要傳達的訊息，轉換成各種知覺符號刺激，如語言、文字等以便傳送。

2. 解碼（decoding）

解碼則是由收訊者將各種接收到的知覺訊息，轉譯成自己可以瞭解的意義。

3. 知覺（perception）

知覺是傳訊者編碼與收訊者轉譯訊息的重要關鍵因素。訊息本身乃是一種刺激感官的訊息符號，經過傳訊者加以組織成有意義的知覺訊息傳給收訊者，收訊者知覺到後再將這些訊息轉譯成自己瞭解的訊息。知覺乃是選擇性的過濾訊息，加以解釋與反應的心理過程（潘正德，2012；張春興，2006）。

（五）收訊者（receiver）

收訊者是傳訊者訊息傳達的對象，有如傳訊者一樣，收訊者本身的各種條件，比如知識、經驗、能力、文化背景和人格特質等，往往會影響到收訊者對於訊息的傳播效率，有時更是使訊息招致誤解扭曲或忽視等後果的原因。

（六）回饋（feedback）

回饋是訊息傳播歷程中，一種反覆循環的歷程。收訊者接收訊息後所作的反應與回送訊息，又透過管道傳回給傳訊者，傳訊者藉此瞭解訊息是否已經正確傳送給收訊者；若須再修正，則採取下一步驟的訊息再傳播歷程。收訊者，亦可藉由訊息接收後之回應，藉以瞭解自己是否掌握訊息的意義。

（七）環境

溝通環境亦會影響訊息傳播效率，比如噪音干擾、網路塞爆或斷線等。

前述溝通要素與歷程，可以圖示如圖 7-4。

圖 7-4
溝通歷程與要素圖

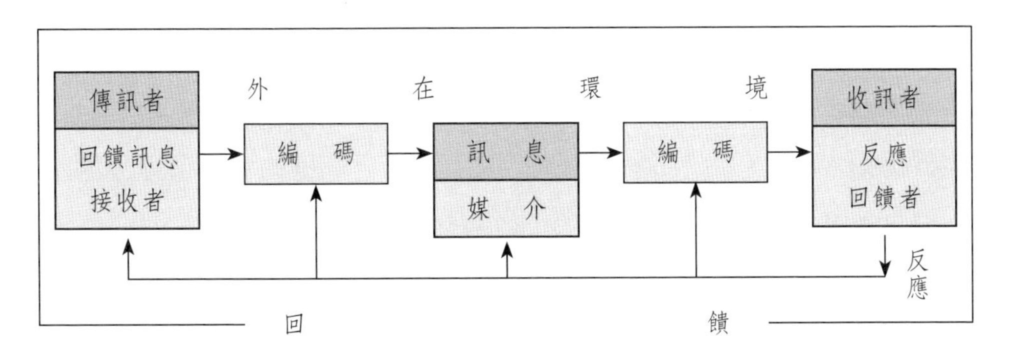

二、導致溝通協調障礙的因素及其克服之道

在溝通協調歷程中，由於各種溝通因素間的影響，經常導致訊息傳達效率受到干擾或扭曲。從這些障礙原因整體來看，可以分成兩類（黃昆輝，1984；潘正德，2012；Hitt, Middlemist, & Mathis, 1986）：

（一）人的因素

人的因素包含了發訊者、收訊者與組織成員，他們的態度、能力、相互間的關係等，歸納如下五個方面：

1. 發訊者的經驗、能力、人格特質與聲望

傳發訊息的人，本身的經驗、能力、人格特質和聲望，乃是發訊者是否能有效傳遞訊息的重要關鍵因素。好的發訊者善於運用各種溝通要素與技巧，有耐心與同理心，溝通的效率必然很高，障礙自然減至最低。

聲望或可信任度高的發訊者，由於其訊息收訊者樂於接受，溝通效率就高。否則，訊息受到收訊者的懷疑、保留或排斥、曲解的可能性就高。而發訊者如果能力、經驗等不足，則不能有效的編碼，辭不達意，必影響溝通效率。

2. 收訊者的能力、態度、人格特質和選擇性知覺

收訊者知覺到訊息之後，必須加以解碼，因此能否有效知覺到訊息的意義，牽涉到解碼過程中，收訊者知覺經驗、知識能力的問題，這些都會影響到溝通的正確性問題。

而收訊者的態度、價值觀等，則會涉及到選擇性知覺的問題。若收訊者隨著自己的意念、想法或期望等將訊息加油添醋，溝通效率將大打折扣。

3. 發訊者與收訊者間或組織內的人際關係

發訊者與收訊者之間的人際關係不佳，或組織內的人際關係不和諧，相互溝通的意願必然不高，大家勾心鬥角，溝通必定不良。

4. 語意與文化背景上的差異

不管是口語、書面或肢體語言任何溝通媒介，語意不清，或者由於文化上的差異，同一句話、同一個肢體語言，在不同文化背景的人，意義瞭解上就不同。所謂聽者有心，言者無意，這些都是造成溝通障礙的因素。

5. 缺乏互動與回饋

良好的互動過程，可以增進溝通的效率，而溝通互動關係的建立，在於雙方站在平等的地位上相互尊重，相互允許對方把話講清楚。

回饋是指發訊者與收訊者之間的溝通管道，不管是面對面，或藉由各種媒介，發訊者都需要透過回饋訊息以瞭解收訊者接受的程度和反應。

收訊者如不能同時扮演一個好的收訊者，而只有扮演告知者或傳令者的角色，雙方既無互動的機會，單向溝通的效果自然有限。

（二）環境的因素

溝通乃在組織團體中進行，組織除了人的因素之外，其他的條件都可能歸於環境的因素：

1. 網路故障

有形或無形的網路故障，均屬之。有形的網路故障，指的是溝通網路的中斷或受阻；而無形的網路故障，指的是雙方之間心理上的隔閡算計或形同陌路。

2. 訊息過量或訊息管理不良

同一時間湧入大量的訊息，經常會造成組織的過度負荷。因此，訊息必須有專人管理、分門別類，以方便運用、貯藏或傳播。知識管理不當，易造成資訊泛濫或雜亂無章，影響溝通效果。

3. 時間因素

溝通歷程如果受限於時間壓力，則發訊者有可能急就章，匆忙之間就易於出錯或疏漏，提供的訊息也容易不完整。時間短促，能考慮的空間受壓縮，發訊者與收訊者交換回饋的機制無法有效運用，收訊者也無法加以充分求證，溝通難以有良好成效。

第四節　共榮共享的資源分配策略——合作、競爭、衝突與效能和效率

組織內資源或利益如何分配到各部門，乃是組織全員能否共存、共榮、共享的重要關鍵因素。組織依據何種模式來給予組織內的團體與成員工作績效報酬或激勵，這些都會影響組織的工作效能與效率，也進一步造成組織內人際與團體部門之間的合作、競爭衝突。

團體乃是個人的結合，儘管是一個少數人的工作團體，仍然是基於分工的需要而形成。團體逐漸擴大後，原來個人分工與特殊化（specialization）的工作執掌型態，慢慢變成為部門的型態，每個部門負責執行各自的專職業務。比如原來一個小公司，除了有負責生產的技術人員外，也有負責會計、採買、銷售等的分工型態；公司規模擴展後，生產、會計、採購和行銷等部門也逐漸形成。部門與部門間，由於工作或需求的依賴性，比如生產部門的產品就是銷售部門的售貨來源，導致了因資源或利益的分配而產生的合作、競爭與衝突的人際與群際之間的互動問題（陳皎眉，2004；潘正德，2012；Brandenburger & Nalebuff, 2015; Robbins & Laughton, 2001）。

本節將從組織內人際或部門之間的合作、競爭與衝突等各層面，由資源和利益等分配而形成的群際之間文化與心理動力脈絡，來探討組織內個人與個人、個人與團體或團體與團體之間的資源分配策略。

一、合作好抑或是競爭好？

為何要找第二個人力加入工作，而成為團體？當然是一個人工作做不了；組織為什麼要成立另一個部門團體，當然是因為必須要做工作的專業區隔。這樣看起來，兩個人或兩個部門應該比單一部門或個人要做得更多、更好，可是事實是不是這樣呢？原因在哪裡？

（一）人際與群際間的合作或競爭關係為何產生

在前面第五章的合作與競爭結構團體的探討中，我們曾將團體分成採團體酬賞制的合作結構團體，或採個別酬賞制的競爭結構團體。如果不是因為組織有意的以酬賞結構來引導人際或群際的互動關係，則團體內的人與人之間、或團體部門之間到底會合作或競爭？

籃球隊的輸贏不是看哪一個人得分最高，而是看團體的總得分，這樣的團體酬賞設計乃是造成團隊內人際之間的互助合作的主因。但是實際現場的工作組織，要完全設計出這樣的結構是很困難的。組織的資源有限，利益的分配要看部門的績效，大家都想分得更多的資源、獲得更多的利益，組織內不競爭是很不容易的。

（二）合作式團體互動結構比競爭式團體好嗎？

我們都知道所謂自由市場機制，就是互相競爭，優勝劣敗。競爭的結果，使得個人或團體更能發揮潛力，帶動組織的進步。但大家也都知道，過度競爭的結果，不只影響成員個人的身心健康（Caffrey, 1960），也造成團體部門或組織內的緊張關係，甚至互相仇視，造成部門的不和。這種結果，會帶給組織潛藏的衝突危機。

從社會閒散或社會性偷懶（social loafing）的角度看，合作式的團體結構，由於不同工但同酬，無論哪一個人的工作付出多大，在團體酬賞結構下，每個人都獲得相同的資源與利益分配，除非每個人都能充分的發揮利他行為（altruism），只考慮付出，不計較回饋，或者只顧團體利益而不圖個人得失，否則社會性的偷懶現象，便很難避免。從這一點看，不管是組織的物質資源或人力資源，都有可能在有飯大家吃的情況下造成浪費。

但如果從團體內的氣氛、成員的身心健康、意見溝通、友善與人際關懷，以及對組織的認同和向心力來看，合作式的團體結構是較有利的（Deutsch, 1969）。但有研究（Lupfer, Jones, Spaulding, & Archer, 1971; Wolosin, Sherman, & Till, 1973）認為，合作式的團體結構關係，由於團體凝聚力強，對於外團體較具攻擊性，同時團體決策的冒險性也高，而團體成員容易將功勞歸之於己，將失敗責任歸之於別人。

假設從這些角度來看，合作式的團體互動結構，並非全無短處；而競爭式的團體互動關係，事實上也有其可取之處。

（三）影響組織內合作傾向的因素

到底有哪些因素可能會影響組織成員或部門團體產生合作的人際或群際互動關係呢？大致可歸納為領導者個人特質、社會文化及組織因素三大類（李美枝，1982；盧瑞陽，1993；Deutsch, 1969）。

1. 領導者個人特質

部門領導者具有個人魅力、倡導合作且以身作則，組織成員或部門間的合作互動關係較易形成。

2. 社會文化因素

有些社會文化因素會左右合作或競爭傾向，如資本主義社會鼓勵利潤與自由競爭，社會福利國家則宣揚互助美德，傳統日本社會主張會社的合群、倫理與輩分（Ouchi, 1981）。

3. 組織因素

組織因素包含組織的工作結構設計、酬賞制度、溝通協調暢通性、時間充裕性等。

(1) 工作結構特性若傾向於相互依賴時，組織成員的合作傾向高，因為競爭反而造成不利。籃球比賽時，如有人特別喜好爭功，失敗機率往往很大。

(2) 組織內的溝通協調如果通暢無阻，合作傾向便會很高。

(3) 組織作決策或容許工作完成的時限如果很充裕，則較有利於合作式的互動關係形成。

(4) 酬賞結構若為團體酬賞制，則群際或人際間的合作互動關係較易形成。

二、組織內團體或部門之間的競爭及其對組織的影響

組織內的資源總是有限，為了能獲得更多的資源，以確保部門的產量，或者是為能分配到更多的利益以滿足成員個人的需求，因此不論是個人間、個人與團體間或團體與團體間，經常會出現競爭的現象。其產生的原因歸納如下（李美枝，1982；潘正德，2012；Robbins, 2001）：

（一）競爭的原因

導致競爭的原因與前一節影響合作傾向的因素有些許重疊，簡括來說，有下述幾項：

1. 組織團體氣氛

一個忠誠度很高、凝聚力強的組織團體，面對目標的達成壓力，為了突顯自己團體在組織中的效率，爭取自己團體的榮譽，很容易與組織內相對的團體形成競爭的局勢。

2. 全贏與全輸的零和賽局（zero-sum game）或分歧利益（divergent interests）按級給獎的酬賞結構

資源或利益的分配有等級之分，每一個等級依其工作表現而定，每一等級有名額限制，等級愈高，分配的資源或利益愈多。比如學習或考試結果按分數排列名次；或者學校的整潔比賽，以班級團體為單位排名次，依名次給獎。前者是團體內個人與個人間的個別酬賞

結構，必然會引起人與人間的競爭；而後者則會引起組織內團體與團體間的競爭。又如組織裡面的職位人事升遷，更是全有或全無的競爭，一個位置只能任用一個人，這種零和賽局，導致的競爭最為激烈。

3. 強制權力的擁有

相對的，雙方團體都擁有確切的強制權，很容易造成雙方的競爭局面。警察局的交通隊可以取締交通違規事件，而分局甚至派出所也都可以，為了業績，雙方競爭必不可免。地方縣市政府可以督導學校的財務經費，議會也可以，府會雙方爭主導權常常發生。

4. 人格的因素

有些人格特質傾向喜好競爭，比如有的人自尊心或好勝心特別強，為了維護自己的面子且不甘落於人後，其競爭的欲求，到處都會呈現。

（二）團體間競爭的情節與效應（effect）

Sherif、Harvey 和 White 等人（1961）曾針對團體間的競爭，與其相對可能產生的心理效應，作過一系列的研究。Sherif 等人（1961）運用孩子們露營的過程，觀察兩個露營團隊如何各自形成自己的團體，然後逐漸相互競爭的情況，從而探討團體競爭所帶來的各種效應。接著 Sherif（1961）等人，又嘗試各種可能重建這兩個團體合作關係的策略。以下就其每一階段的發現（Sherif, Harvey, White, Hood, & Sherif, 1961），作簡要的歸納說明：

1. 兩個團體間的競爭情境對團體內與團體間關係的影響

當兩個露營團體分成兩個不同營地，經由分工合作，各自形成了關係密切的生活團體後，再安排此兩個團隊進行各種運動競賽或技藝比賽，而且比賽的結果是輸與贏的零和賽局，只有贏者可獲得獎勵。此兩個團體間的競爭結果，最後導致兩個露營團隊相互謾罵、攻擊，形成了敵對的態勢。

這種兩個團體間相互競爭所造成的效應，後來有些組織心理學者（Blake & Mouton, 1962）改以成人團隊進行相同的情境實驗，也得到了相同的結果。這些結果反應出兩個團體間競爭帶來的影響如下：

(1) 團體間競爭對個別團體內部的效應：在面對團體外有相互競爭的團體，而且這種競爭是零和賽局，輸者將得不到資源與獎勵時，這種激烈競爭將使得團體內部有如下反應：

A. 團體本身內部更加團結一致，團體成員的忠誠度提升，則成員間個別的差異性逐漸減低。

B. 成員個別的心理需求滿足不再被重視，一切以達成團體的任務為優先。

C. 領導方式由民主參與的方式，逐漸轉變成以領導者為中心的集權領導模式，團體成員均願意接受此種決策模式，以爭取效率獲致勝利。

(2) 競爭團體相互間關係的效應：在團體間相互競爭的情境下，這些相互競爭的團體間所反應出的競爭心理效應如下：

A. 仇視競爭的對方團體，對待對方成員不再是友善的態度。

B. 產生扭曲的人際知覺，只看到自己團體的優點，誇大對方團體的缺點，忽視其優點。

C. 逐漸減少和對方團體的意見溝通與聯繫，加深敵意，偏見愈加明顯。

此外，Schein（1988）又提出在此一競爭情境下，如果勉強湊合兩個團體在一起互相溝通或討論，雙方都只擁護自己團體代表發言者的意見，而試圖干擾及不理會對方發言者。

2. 競爭輸贏結果對雙方團體的影響

經過團體間的競爭後，輸贏的結果對雙方團體有著不同的影響（Sherif et al., 1961），茲略述如下：

(1) 團體獲勝後內部所受的影響：競爭勝利後，團體內部的心理狀況轉變如下：

A. 獲勝團體的凝聚力持續穩定，甚或有增強的傾向。

B. 獲勝團體成員的精神鬆懈下來，戰鬥意志消除了，變得志得意滿，隨興散漫。

C. 傾向於強調團體內的合作及關懷成員的需求，減低對於工作和成就的關心。

D. 贏者得意忘形，誇大自己且貶低對方，無意從競爭互動中，學習到如何反省自己或改進自己團體的契機。

(2) 競爭失敗團體的效應：失敗的團體，在其團體內部及成員間所受的影響及反應（Schein, 1992/1996）如下：

A. 假如失敗得很勉強或有爭議，失敗者常常趨向於否認失敗，或扭曲失敗的真相。失敗者經常會在第一時間說出自己並未真正失敗，如果不是裁判不公、運氣不好，他們就贏定了；或者將失敗歸因於不太熟悉規則、場地等。

B. 如果明顯的失敗了，失敗者常會找尋一些團體外的替罪羔羊作為抒發情緒的對象；假如找不到團體外的怪罪對象，這時砲口會轉向內部，全力去找到失敗的合理化原因。

C. 如果是一面倒的失敗，團體內部有可能自暴自棄、互相攻擊，而導致團體瓦解。

D. 失敗的團體，內部關係可能比以前更緊張，準備比以前更加努力，企圖挽回頹勢。

E. 失敗的團體傾向於忽視團體成員的需求，關注於如何能更加努力，以便贏得下回比賽。

F. 假如能面對現實接受失敗，則失敗的團體將會驅策自己成員重新檢討自己的知覺偏見，重組自己的團體結構，使得團體的凝聚力和效率比以前更為提升。

三、團體間的衝突與解決之道

團體間一方面可能由於競爭的團體關係，另方面可能由於目標不同和資源與利益分配不平均，而引起各種不同種類或程度的衝突。

而若競爭之後，失敗者不能面對現實，則衝突將更加嚴重，有時可能導致團體潰散，組織瓦解。因此，進一步瞭解組織內團體間的衝突及其解決之道，是很重要的（潘正德，2012；Ferrier, Fhionnlaoich, Smith, & Grimm, 2002; Robbins, 1974）。

（一）競爭與衝突的區別

競爭與衝突存在著一些差別，競爭的結果雖然有可能導致衝突，但競爭原本並不在阻撓或干擾對方目標的達成，同時雙方都在各自的規範中努力去達成任務，如果雙方都能遵守競賽規則，作君子之爭，就算是零和賽局，也可以獲致正面積極的結果。

但是衝突乃是由於雙方意見分歧、觀點互異，或者互相爭奪有限的資源和權利而來，夾雜著不相容的認知，也可能伴隨著情緒性的反應及攻擊性的行為，或者相互干擾、抵制（Schein, 1988）。

（二）衝突的意義與原因

1. 衝突的定義

衝突是一種爭鬥的現象，也是一種過程。Robbins（1991）認為衝突是一種爭鬥的過程，在此一過程中，雙方藉由干擾性行為，相互抵制對方的行為意圖，以阻礙對方目標的達成。因此，衝突必然存在著互相對立的雙方，而且是一種負面的互動行為歷程。

2. 導致衝突的因素

在任何組織中，由於團體內人與人、人與團體或團體與團體間頻繁互動，假如興趣、目標、價值取向互不相同，對問題意見看法互異，而且組織內的資源有限，利益分配又難以面面俱到，一旦個人或團體的目標達成受到干擾或阻撓，加以溝通協調管道又受阻，衝突便因而產生。

（三）衝突的功能

對於衝突功能的看法，有很多不同的論點，大致可分為傳統負面觀點、人際關係論的自然現象觀及互動論的正負並存觀（潘正德，2012；Robbins, 1974），述之如下：

1. 傳統的觀點——負面的功能論

傳統衝突觀點，認為衝突乃是由團體運作歷程中溝通協調不良所造成，衝突是可以避免的，衝突的產生對組織而言是負面的。因此，必須探求衝突的原因，以消弭衝突。

2. 人際關係（human relations）論點——自然現象觀

人際關係論點，認為衝突乃是任何組織團體中自然會產生而不可避免的現象，因此組織團體需要去正面接受。衝突既自然會產生，對組織團體而言，衝突也可能帶來助益，組織的管理上必須思考如何因應之道。

3. 互動論觀點——正負功能並存觀

就互動論的觀點而言，衝突產生於組織團體互動過程中。團體之所以會有衝突，在於團體中存在有不同的經營理念與革新策略，組織須藉著衝突以保持其改革與創新的動力，因此衝突不只應被接受，更應允許與鼓勵那些能夠激發團體改革創新，以及能促進團體反省和再出發的最大容忍限度內之衝突。

由於文化情境不同，對於衝突的管理理念也隨著不同，但衝突有其正面與負面功能，如何使衝突成為激發組織創新與改革的動力，應是最重要的。

（四）衝突的作用

從上述功能的角度來看，衝突應有其不同的作用，分述如下（潘正德，2012；Robbins, 1991; Schein, 1988）：

1. 正面作用

(1) 激發創新與改革：衝突可能引發競爭，在競爭情境中，雙方將盡全力思考致勝之道。因此，一方面可協助團體檢討作業規範與效率，促進團體除舊布新，改革不良的傳統或作業模式；另一方面，亦可能激發團體成員的潛能，找出新的方法或技術。

(2) 增進團體內的凝聚力：不同團體間的衝突，帶來外在的壓力，衝突的結果有可能提高內部的團結和對於團體的認同與凝聚力。尤其外來衝突壓力愈大，威脅升高，反有助於化解內部的紛爭，團結一致對外。

(3) 提升決策品質：組織團體間，在決策環節上，最怕大家沉默從眾，不敢有異議或意見。在衝突的情境中，大家竭盡所能，暢所欲言，團體思考的一致性傾向將可免除，有助於決策品質之提升。

(4) 重新評估實力，重整經營方針：一旦發生衝突，假如能面對現實，將有助於重新客觀評估自己實力，以便調整運作方針，爭取勝利。

2. 負面作用

(1) 破壞團體和諧與降低向心力：衝突的結果將造成團體內部的緊張、焦慮和相互猜忌與敵視，導致團體和諧遭受嚴重破壞，團體內人與人間合作和友善消滅，團體向心力降低；嚴重的話，更可能帶來團體和組織的崩潰與瓦解。

(2) 削減工作效率與降低生產品質：衝突造成雙方目標的歧異，不同部門間無法協調，步驟不一致，工作效率必然大為降低，而部門間相互阻撓和抵制，生產流程受到干擾，產品品質必然大為降低。

（五）衝突的類型

衝突的分類上，由於依據不同，顯得有些不一致，惟就組織心理領域來看，組織內衝突產生的層次大致可以分成個人、人際間、團體內、組織內團體間等四個層次，述之如下（潘正德，2012；Robbins, 1974）：

1. **個人內在衝突**：個人在組織內由於角色的扮演、價值觀的不同、對目標的期待和認知上的落差，因而對組織團體的目標、策略、手段和方案規劃與選擇，都可能造成個人內心的挫折或衝突。
2. **組織團體內之人際衝突**：組織團體內個人與個人間的衝突，在組織互動歷程中經常可看到，其產生的原因與前述個人內在衝突頗多類似。
3. **工作團體內之衝突**：工作團體內的衝突，除了前述個人與人際間之衝突外，尚包括不同職位或階層相互間或平行部門間的衝突。
4. **組織內團體間的衝突**：此為組織內兩個團體部門間的衝突，團體與團體間的各種歧異，導致組織內的不同團體為了資源與利益而引發衝突。依其性質尚可分為下述三種：
   (1) 垂直衝突：組織內部不同上下階層部門間的衝突，如總部與業務部門間因立場不同所產生的衝突。
   (2) 平行衝突：組織內平行部門或單位之間的衝突。如教務處與學務處，生產部門與行銷部門間因目標歧異所造成的衝突。
   (3) 組織不同團體層級間的衝突：如小團體與其所屬大團體間、工程大隊與其各地區分隊之間的衝突、學校與教育局之間均屬之。

（六）衝突產生的要件——潛在危機變項

衝突產生的要件包含三項，即溝通受阻、團體結構混亂與個人人格特質互異，但有這些衝突的要件並不一定會導致衝突（潘正德，2012：Robbins, 1991）：

1. **溝通障礙**：溝通障礙的相關因素，包含領導者或傳訊者、收訊者、媒介、傳播媒體、通路與環境，這些前面已述及。由於溝通不良，產生誤解、扭曲猜忌，導致雙方敵意和情緒反應。

其實溝通不良的因素中，在環境部分，假如組織環境中充斥太多的訊息，導致溝通訊息負荷過量，引發成員感覺組織有意製造中心人物或政策作多的疑慮，反而可能造成潛在衝突危機。

2. **團體結構與工作特性**：團體結構包含團體的大小，團體成員工作的專門性、回饋性，權責的明確度，團體目標的一致性，團體成員間或團體間相互依賴的程度、領導風格、酬賞結構等。

(1) 酬賞結構中的競爭或合作酬賞結構與衝突產生的關係密切：在合作酬賞結構下，酬賞的給予不依據個人表現，而是依據團體成員合作的表現，成員必須合作，其目標始能達成而獲得酬賞。在合作酬賞結構下，個人的努力就是團體成功的要件，成員之間人人都會盡最大的可能去求取團體績效，假如我們看到運動場上親子活動比賽，或者十人十一腳比賽，那種團體之間合作無間的例子，確實令人羨慕。

(2) 目標一致性：組織內每一個團體若各有其個別目標，而假如每個團體的目標間差異性太大，此一組織內團體間的紛爭潛在危機就愈多。

(3) 領導風格或領導方式（leadership style）：領導風格是組織內引起衝突的潛在變項，專制的領導模式，由於凡事都遭約束，成員挫折感太大，壓抑一旦爆發便無法收拾。而在專制或權威的領導情境下，成員容易找到替罪羔羊以發洩其不滿情緒，消極性的抵制或破壞、謠言猜忌都是專制權威領導下的產物。但是沒有權衡的參與式領導，易產生資訊爆滿，人多嘴雜，吵吵嚷嚷，演變成流派攻擊，共識很難產生，也是組織不安的因素（Schein, 1992/1996）。

3. **個人人格特質與個別差異**

(1) 每個人的人格特質不同，其工作動機、價值觀等與職場工作規範有關的知覺就會有差異，這些差異在重要決策時尤其容易產生激烈的路線之爭。

(2) 有些人的性格較不利於與人合作或溝通，如自尊心太強或太低、獨斷性（dogmatic）太強、高權威（authoritarian）等人格趨向，不容易與人相處，常是衝突的導火線。

(3) 組織成員個人知識或家庭社會背景的差異太大，容易在溝通時造成語意上的誤解，如學校內老師和外包清潔工人間，有時言者無心，聽者有意，衝突亦有可能產生。

(4) 成員異質性太高的團體，其學歷、年齡、性別、族群、區域、待遇與地位、興趣等落差太大，很容易形成太多非正式團體，團體凝聚力或認同上有所不利，容易產生衝突。

（七）面對衝突的因應態度

面對衝突情境的因應態度，每個人所思考的反應模式不一，依據 Kenneth W. Thomas（1976）的研究，面對衝突的情境，一般有五種不同的因應態度（秦夢群，1987；潘正德，2012；盧瑞陽，1993），如圖 7-5 所示。

圖 7-5
面對衝突的因應態度

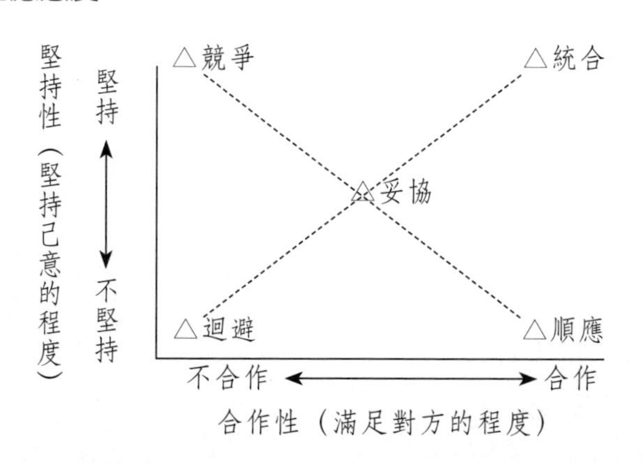

註：Adapted from "Conflict and conflict management", by K. W. Thomas, 1976. In M. D. Dunnette (Ed.). *Handbook of industrial and organizational psychology* (p. 900). Chicago: Rand McNally.

從修改自 Thomas（1976）的圖 7-5 可看出，此五種不同的因應態度是由兩個向度所組成，此兩個向度為合作性（cooperativeness）與堅持性（assertiveness）。

合作性係指衝突之一方試圖滿足對方要求的程度，而堅持性則指衝突之一方堅持己方要求的程度。由此兩個向度之變化共組合成五種因應態度，包含統合（高合作與高堅持）、妥協（中度的堅持與合作）、順應（低堅持與高合作）、迴避（低堅持又低合作）與競爭（高堅持與低合作）。以下進一步作詳細說明（秦夢群，1987；潘正德，2012；盧瑞陽，1993；Thomas, 1976）：

1. 統合（collaboration）

衝突的雙方都有很高的意願滿足對方的需求，同時願意透過合作途徑以尋求雙贏的結果。在統合的態度下，由於雙方都能誠懇面對衝突情境，衝突的解決效率也最高，對組織的建設性也最高。

2. 妥協（compromise）

採妥協因應模式之雙方，所抱持的態度是各退一步海闊天空。雖然雙方都各有所失，但犧牲的代價，卻讓雙方裡子、面子都能保留，不致撕破臉或兵戎相見，正是有所失亦有所得。

3. 順應（accommodating）

衝突的某一方願意不再堅持自己的立場，同時儘量配合對方的要求。放棄自己的利益或主張，來成全對方，以維繫雙方的和諧關係。

4. 迴避（avoiding）

衝突的一方採取從衝突情境中退卻，不再與對方接觸，或暫時按兵不動以靜觀其變。當然逃避並非終久之計，但當無更好計策可施時，或不願意面對衝突時，採取拖延戰術，亦是面臨衝突者一種可能的因應態度。

5. 競爭（competing）

面臨衝突的一方只想要堅持自己的立場，而不理對方的要求。如果衝突另一方也採取同樣的因應態度，則必將會是零和之局，雙方你死我活的拼鬥。

（八）解決組織團體內及團體間衝突以達成共存共榮的各種技巧或策略

下面所探討解決組織團體內或團體間衝突的各種技巧或策略，有些可能是對組織較有利的，有些則可能暫時阻卻紛爭卻會帶來後續的危機，組織經營者要竭盡所能採取正面的處理技巧或策略，以達成共存共榮的目標。以下綜述之（李美枝，1982；潘正德，2012；Ferrier, Fhionnlaoich, Smith, & Grimm, 2002; Robbins, 2001）：

1. 交涉（bargain）與談判（negotiation）

Robbins（1974）認為談判與溝通是類似的，為了溝通彼此之間的歧見，人們隨時隨地都在交涉與談判。就此而言，Gavin Kennedy、John Benson 和 John McMillan（1987）認為談判指的是兩個或兩個以上的個人或團體間，解決衝突的一個過程。所有相關的團體或個人，都願意調整各自的要求，以謀求雙方都可以接受的協議（盧瑞陽，1993）。

事實上，不管是個人或團體間的衝突，如果雙方預見競爭的結果將造成兩敗俱傷，往往就會試圖進行交涉與談判，尋求共同解決的妥協辦法。

談判交涉的雙方都盤算著如何以最少的損失來獲得最大的利益，所以雙方都會想盡辦法，運用各種可能影響對方的策略。談判與交涉的過程其實就是雙方訊息溝通的過程，主要目標大致有三項（李美枝，1982）：

(1) 想盡辦法取得對方讓步底線的訊息資料：如能在談判之前，先蒐集對方的背景、價值觀、偏好等訊息資料，有助於分析對方的停損點。瞭解對方的讓步底線後，自己的談判勝算就大增。由於對方的抗拒點很難發覺，因此對方第一次的喊價和之後討價還價的方式和讓步的快慢，就成為掌握對方底線的重要線索。

(2) 想辦法隱藏自己的抱負水準：由於雙方都知道第一次出價和往後的討價還價方式，將有可能暴露自己的底線。因此，如何決定喊價以及讓步策略便非常重要。一開始就設定公正價碼，而不作與喊價的方式，在大多數的談判場合往往會無功而返（Komorita & Brenner, 1968）。

但是一開始就喊出高價碼以虛張聲勢，交涉過程又擺出強硬的態度，有時候可能會獲大利，但有時反而嚇走對方，或造成對方認為沒有誠意以致談判決裂。談判時如能沉得住氣，不急於一時達成交易，讓步時在速度和喊價上作不規則的變化，較可能達成協議（李美枝，1982）。

(3) 抱持著改善雙方關係，增加互信基礎的正向態度：事實上，互信是維繫談判進行的關鍵，雙方都瞭解對方有解決衝突的誠意，而且能互相讓步，良好的談判關係才能建立。而談判雙方不會是這次目的達成之後就不再見面，策略運用固有其必要，惟對於組織內人與人或團體與團體間的衝突談判，最後目的仍在化解衝突達成和解，以便重新建立關係（李美枝，1982；Robbins, 1974）。

2. 交由仲裁或調解（mediating）

仲裁或調解，一定要有中立或局外的第三者，亦即仲裁者或調解者（mediator）。仲裁者的主要功能乃在幫助衝突的雙方當事人解開僵局，達成公正與平和的結局，尤其當雙方都不再讓步時，仲裁者更是重要。

一個具有影響力的仲裁者在仲裁或調解過程中具有四種作用，包含：改變了讓步或妥協等的意義、導引雙方更改其抱負水準、容許雙方或任一方維護面子和保住尊嚴、公平和公正規範之引進（李美枝，1982）。

接受仲裁者的主要意義在於使雙方的讓步不會被認為是軟弱的表現，雙方更有可能讓步。沒有仲裁者的場合，讓步愈多的一方會產生軟弱的自我知覺。在第三者調解下，所提的妥協方案可讓雙方都有下臺階。

3. 吸收合併

組織內團體層級高者，在面對其所下轄各層級團體的抗爭時，如果上層團體將其所屬團體的訴求照單全收，則抗爭的次級團體就失去了表演的舞臺，此時若組織允許上層團體進一步將抗爭之下屬團體直接納入其組織中，並予以吸收合併，則小團體亦將隨之消失。就如國民中小學之分校或分部與校本部衝突嚴重時，校本部若將其直接納入，不再有分部或分校則紛爭自然停止。

4. 訴諸威權或暴力

當衝突雙方，地位、權力、資源、規模等有差距時，優勢的一方很有可能放棄理性溫和手段，轉而採取強勢作為，訴諸以威權、命令或各種強制方式壓迫對方屈服。弱勢的一方亦可能採取威脅、恐嚇等暴力行為，以小搏大、孤注一擲，巴勒斯坦解放組織對以色列之爭就是一例。

5. 樹立共同的外敵

有些團體或政黨為了弭平內部的派系紛爭，常會蓄意製造外敵，以便於轉移爭鬥焦點，將內部的競爭關係改變成合作關係以便一致對外。

6. 設立超級目標

設立一個可以滿足因目標不同而引起衝突之所有團體的超級目標，則各部門或團體的目標均廣納其中，衝突自然消除。

第五節 核心概念實證研究案例簡析暨其在組織和學校治理的省思

一、核心概念實證研究案例簡析

本章論述之核心概念為溝通、協調、合作、競爭與資源分配和效能及效率，其相關實證研究案例簡述如表 7-1。

表 7-1
本章核心概念相關實證研究案例分析彙整表

研究者人名（年代）	研究對象與主要變項	研究方法與工具	重要研究發現
李佳如、李建亞、劉興旺、蔡明哲、莊閔傑（2019）	•研究對象 布農族 3 位原住民青年 •主要變項 共榮計畫、原住民、木工訓練班	•研究方法 行動研究 •研究工具 3 位原住民實作課程行動研究	1. 研究結果顯示，具備木工基礎的原住民學員仍不易完成實際可行的設計作品，但此結果並非歸於學員缺乏創意及執行能力，而係因學員較缺乏實務經驗或建造過程的經驗。 2. 經由合作成果的表現，我們相信「共榮計畫」中的共榮、互助及合作的精神是可實現的。

表 7-1（續）

研究者 人名（年代）	研究對象與 主要變項	研究方法與工具	重要研究發現
馬薇茜 (2019)	• **研究對象** 研究者和國立臺灣戲曲學院傳統戲曲藝術教育與三所民間單位合作之個案 • **主要變項** 產學合作、企業社會責任、藝文服務	• **研究方法** 行動研究法 • **研究工具** 研究者與團隊海外與偏鄉及災區場域角色與工作實務反思日誌	1. 本產學合作企劃案效益：創造雙方均有實質利益的合作空間，透過戲曲藝術教育共同努力推展的全面合作關係，建立雙方的新平臺、新起點及學生的新機遇與社會服務的價值。 2. 學校以戲曲藝術教育為平臺，藉由藝術行動媒介，透過傳統戲曲到不同區域表演、辦理夏令營、獎學金等活動，讓參與者學習戲曲藝術教育，從中獲取藝術與生命力，重新認識及發掘對生活與藝術的資源。 3. 透過體驗與學習的過程，凝聚認同、情感與身體的活力，重新感受生命的新動力，並培養學生對表演藝術的

表 7-1（續）

研究者 人名（年代）	研究對象與 主要變項	研究方法與工具	重要研究發現
			興趣、解決問題的能力、觀察力、引導學生互助合作、增進群己關係、表達想法、藝術欣賞、創作思考與拓展視野等。 4. 清楚瞭解對目標的思維與相關發展過程，透過產學合作的模式，從中學到確立目標之前要增加自我的技能與學術，進而達到目標的成就。 5. 全面推動務實致用的產學連結，發揮「產學合作、設計創新」之優勢，並促進「產學一體，轉型發展」。這樣的產學合作方式，達到一舉數得的效益，尤其是對社會責任與回饋的指標。

表 7-1（續）

研究者人名（年代）	研究對象與主要變項	研究方法與工具	重要研究發現
丁學勤（2007）	• **研究對象** 293 位有上網經驗的購物者，有效問卷 273 份。 • **主要變項** 溝通、信任	• **研究方法** 問卷調查法 • **研究工具** 自編問卷	1. 溝通和信任都對更換夥伴、未來繼續合作、策略性整合有直接的影響，而且零售商關係取向扮演著干擾的角色。 2. 關係行銷對關係績效的影響效果，幾乎都是短期關係取向的零售商大於長期關係取向的零售商。因此，長期的關係取向對關係行銷效果的發揮可能有不利之處。
周世偉、黃慧玲、李冠穎、許英傑（2007）	• **研究對象** 480 位全國第一大的連鎖便利商店之加盟者 • **主要變項** 合作性溝通、信任、情感性承諾、忠誠度	• **研究方法** 問卷調查法 • **研究工具** 自編「合作性溝通、信任、情感性承諾、忠誠度」問卷	1. 合作性溝通與信任皆會正向影響情感性承諾，而合作性溝通亦會促進加盟者對加盟總部的信任。 2. 加盟者的情感性承諾促成續約與推薦行為（即忠誠度）。

表 7-1（續）

研究者 人名（年代）	研究對象與 主要變項	研究方法與工具	重要研究發現
余明助 （2006）	• **研究對象** 260 位來自變革後的中華電信公司員工 • **主要變項** 組織變革不確定感、組織溝通、信任與工作態度	• **研究方法** 問卷調查法 • **研究工具** 自編「組織變革不確定感、組織溝通、信任與工作態度」問卷	1. 組織變革不確定感對組織溝通、信任有顯著的負向影響。再者，組織變革不確定感、信任，分別對工作態度有顯著的正向影響，但組織溝通對員工工作態度的影響不顯著。 2. 組織變革認知會透過組織溝通和員工信任的中介作用，正向顯著影響員工的工作態度。 3. 本研究建議企業在推動變革時，應舉辦個人小型說明會，多與員工溝通，強化員工的信任感，以提高員工對組織的認同、工作投入和工作滿意。

表 7-1（續）

研究者 人名（年代）	研究對象與 主要變項	研究方法與工具	重要研究發現
Sachiyo M. Shearman (2013)	**•研究對象** 以位於美國東南部的日本跨國企業，調查 119 位美國員工。參與者的職位包括：一線工人、集團領導、團隊領導、技術人員和助理經理。 參與者的種族有黑人／非洲裔美國人占 81%、歐美白人占 13%、拉丁美洲人占 1%、亞裔美國人占 1%、美國土著原住民占 1%、其他／混和占 3%。 參與者的年齡範圍從 19-59 歲，平均 37.6 歲。 **•主要變項** 管理溝通（訊息共享、培訓機會、參與決策和管理評價）、組織文化（員工導向或工作導向、公開或封閉	**•研究方法** 問卷調查法 **•研究工具** 「管理溝通、組織文化、民族中心主義、組織認同」問卷	1. 管理溝通的訊息共享、培訓機會、權力與控制、評價與獎勵等四個元素與組織認同有顯著相關：對員工來說，組織成員在工作管理上，掌控工作內容及評估工作過程是重要的。如果日本公司的管理主要集中在「員工參與決策」、「公平公正的評價與獎勵」這兩個向度，則有助提升企業員工對組織認同。 2. 在組織文化向度上，「員工取向對工作取向」被認為是重要預測因素，較強的工作取向與成員對組織認同呈現負相關。傳統日本企業機構將「工作任務」視為成員的組織承諾，並要求其長期奉獻，

表 7-1（續）

研究者人名（年代）	研究對象與主要變項	研究方法與工具	重要研究發現
	的系統、鬆散或緊密控制）、跨國公司、組織認同		然而美國籍員工重視個人主義，文化差異考驗著日本跨國公司。如果日本跨國企業可以關心「人」勝於「工作」，使其成為企業組織文化的一部分，可加強成員的組織認同。 3. 以員工的民族中心主義進行中介分析，組織文化的三個向度對組織認同有顯著預測性。員工的民族中心主義與組織認同是有關聯的，本研究沒有確切指出員工的民族中心主義會對跨國企業的組織認同呈現負相關，有強烈民族中心主義意識的成員，只要認同自己歸屬的組織或國家，也會有較高的組織認同。

表 7-1（續）

研究者 人名（年代）	研究對象與 主要變項	研究方法與工具	重要研究發現
Zinta S. Byrne, Elaine LeMay (2006)	•研究對象 598 位全職員工 •主要變項 溝通媒介（communication media） 資訊品質（quality of information） 滿意度（satisfaction）	•研究方法 問卷調查法 •研究工具 問卷改編自國際溝通協會（International Communication Association, ICA）編寫的問卷 Communication Audit Survey	1. 對組織溝通的成效而言，媒體豐富性（media richness）是關鍵。 2. 不同的溝通媒介（電話、電子郵件、備忘錄）代表不同層次的訊息豐富性。 3. 覺知的資訊品質是影響組織內溝通滿意度的重要一環。
Fernando J. Garrigós Simón, Daniel Palacios Marqués, Ye-amduan Nara-ngajavana (2005)	•研究對象 西班牙 189 間旅館業 •主要變項 策略導向（strategic orien-tations）、績效測量（performance measurements）	•研究方法 調查研究法 •研究工具 Miles 和 Snow（1978）的策略圖譜（Miles and Snow's strategy typology）、自編的績效量表（performance scale）	1. 就組織而言，三種積極的策略（前瞻者、防衛者、分析者）都是有效的、有競爭力的，以及組織良好的。 2. 只要這些機構能夠持續的實施上述積極的策略，不管在任何環境下都會成功。 3. 西班牙的旅館業表現最佳的，都是那些實施以上三種策略者，尤其以前瞻者表現最佳。

表 7-1（續）

研究者人名（年代）	研究對象與主要變項	研究方法與工具	重要研究發現
			4. 消極反應者的表現無論以何種量表來測量，都是表現最差的。
Leslie McClintock Stoel (2004)	• 研究對象 美國 1,599 位電腦硬體零售商 • 主要變項 組織認同（group identification） 衝突知覺（perceptions of conflict） 競爭行為（competitive behavior） 績效表現（performance）	• 研究方法 問卷調查法 • 研究工具 Bhattacharya 和 Glynn（1995）的社會認同理論行銷量表（scale of marketing from social identity theory） Rahim 和 Psenieka（1995）的團體衝突量表（intragroup conflict scale） Covin（1991）的創業家量表（entrepreneurship scale）	1. 零售商會員身分的重要性與其對組織的合作關係，對個別零售商而言影響的是知覺，而不是績效表現。 2. 對組織的認同感，會強化會員的競爭行為。 3. 對特定競爭對手的衝突知覺，不會影響競爭行為的信念。 4. 衝突知覺不會直接影響競爭行為。 5. 個別的零售商影響競爭的行為很有限。 6. 團體認同感會影響其成員的知覺，這種知覺不是服從。

二、理論與實證研究核心觀點評述及其在組織和學校治理的省思

組織內的訊息網絡乃是組織賴以成為有機體的關鍵，有機的組織，藉由訊息網絡溝通與協調，可以得心應手地面對複雜的組織環境。但是從前述各節的探討中，我們可以發現在溝通與協調的動力歷程中，影響的因素相互作用錯綜繁多，而就臺灣現階段的社會情境來看，倫理輩分已非發訊者依賴的說服力來源，個人累積的信用籌碼已成為溝通歷程中的重要因素。

再者，組織經營的難題在於既要讓成員或每一部門團體都能夠盡力發揮，又要顧及到人際與群際間的和諧，而臺灣的風土民情，重視的更是上上下下一團和氣。組織內不同團體間，其功能、目標屬性上各有區別，每一個團體各有其規範，當每個成員對其各別所屬團體都有很高的認同感、忠誠度及向心力時，這種高昂的團體意識，經常又是組織衝突的肇因。如果從臺灣近年以來政黨輪替所造成的社會成本損失來看，如何面對組織內的衝突，以減少組織內因衝突帶來的負面效果，避免虛耗及解組，維持良好的組織氣氛，使競爭成為良性，乃為組織經營者之要務。就此而言，吾人應有如下的體悟與因應：

（一）完整掌握影響溝通協調的動力歷程

溝通與協調乃是一種動力的歷程，因此每一項溝通要素都不是單純的發生作用，只樂觀的以為從某些層面著手，有時可能難以提升溝通效率。Lewin（1958）在二次世界大戰末期，曾研究如何說服美國家庭主婦購買長久以來不被歡迎的動物內臟，結果發現口齒清晰、誘人的食譜、健康營養的訴求，都不能打動人心，最後發現讓家庭主婦分組進行所謂團體決策歷程的方式，最能改變購買意願。

要提升組織的溝通效率，必須要充分瞭解因素之間的交互影響歷程，才能有所助益。人的因素和環境因素如何產生交互作用，不只要經驗累積認知，更需要探討理論與實證的文獻研究成果。

而動力歷程的內外在因素都必須兼顧，動力系統中，主客觀的力量，都可能發生影響作用，溝通障礙有時不單只在於溝通要素本身的問題，這是首要的體悟。

（二）組織內各部門團體間的協調有時上層領導者要扮演中立第三者的協調角色

部門間有時由於本位主義，加上組織團體內部的凝聚力和部門間的利害關係，常導致爭執不下，這時上層領導者如果能適時以中立的第三者角色出現，擔任調解（mediating）、仲裁（arbitrating）、斡旋（conciliating）或諮詢（consulting）的角色，則協調的結果才能一勞永逸。假如上層領導者以權威或命令的方式裁決，將可能造成部門之間的心結愈來愈深，埋下未來更大衝突的危機。而領導者夾在這兩者之間，自己亦可能被質疑偏袒某方，反而有損聲望。

（三）充分的同理心（empathy）與良好的傾聽技巧乃是有效溝通的基石

溝通不良，大部分都不是單方面的事，雙方當事人若不能抱持平等的溝通心態，設身處地站在對方的立場考慮，溝通的目的要能達成，其實是很困難的。同理心事實上，還牽涉到耐心、尊重、平和的情緒管理等層面。

所謂提眉、傾身與注視對方的良好傾聽技巧，事實上可以化解雙方的隔閡、拉近彼此的距離、表現自己接納與理解對方的立場，更是化解雙方衝突的有效手段（Benton, 1998）。

（四）經營者平時要累積聲望與信用，以增加自己溝通的籌碼

溝通與協調之於一個人，有時可比外交之於一個國家的實力般，光靠口才是很難服眾的。我們可以在某些衝突的場景中看到有人一諾千金，被認為是今日的魯仲連；而也有人卻是調解別人的衝突不

成，反倒公親變事主。這其中的重要關鍵，乃在於調解者本身的聲望、信用與能力的問題。因此，經營者宜隨時隨地培養自己的可信度，增進自己的專業能力與人品修為，累積可用的溝通籌碼，應是提升經營者溝通協調能力的首要之舉。

（五）適度和適量的衝突固然有其正面功能，惟仍需符應文化背景審慎因應

儘管互動衝突論者認為衝突有其正面之功能，且鼓勵領導者容許組織團體內最小的衝突存在（Robbins, 2001），以作為激發組織自我反思、批判與改革，或者激發創造力及創新的動力。但是水能載舟也能覆舟，尤其我們整體文化背景崇尚的是和諧與忍讓，面對衝突仍需慎重。

從另一個角度看，星星之火足以燎原，尤其當組織面臨的競爭壓力非常激烈，內部的衝突又不斷時，稍有不慎，極易引爆組織解組的危機。組織經營者勢必要能有充分控制組織衝突的能耐，且需在衝突停損點出現時，及時帶領衝突雙方找到妥協方案或達成協議，以免進一步擴大而不可收拾。

當然如果面對一個凡事因循苟且已處於老化冷漠的組織團體，有需要藉由衝突的引發來投入改革動力，但是衝突猶如兩面刃，如何拿捏力道，有必要審度環境背景，妥慎因應。

（六）合作固可避免競爭導致衝突，但為避免社會閒散現象，仍應建立公正規範

合作的團體酬賞結構，團體最終仍需面對如何分配酬賞給每一個成員的困境。各盡所能、各取所需的結果，很可能導致成員各自視其所需來衡量自己努力的程度。社會閒散現象有一部分是由於分配不公而來，假如一個團體內大家的酬賞分配量是一樣的，固然仍有奮發努力的人，但有些人必然不願盡全力。

社會共產主義者或抱持大同社會的理想者，主張智者、強者但求付出，不應計較收入，這種齊頭式平等的想法，在現實社會恐有落差。齊頭式的平等，忽視了個別差異狀況，從社會公平的交換論來看，個人付出與所得不成正比，正是促使個人產生對組織不滿的主因。

因此在合作的酬賞結構下，仍然要保有立足點平等（equity）的公正酬賞分配精神，以免員工產生不滿，導致更大的衝突，或導致成員降低工作投入、認同，甚或怠工、離職。

（七）誠懇與包容的互為主體溝通態度是解決衝突最好的策略

利益糾葛和權勢爭奪，經常是造成衝突最大主因，而這些衝突場合中，大家爾虞我詐的結果，更是扭曲了人際交往的互信基礎。一旦團體間互信瓦解，則衝突的交涉談判，便有陷於攤牌的可能，有時演變成暴力相向而無所不用其極。

因此，衝突的解決，實有賴於誠懇與包容的互為主體溝通態度，隨時能心有對方，站在對方立場思考其可能接受的限度。當衝突雙方彼此體會到和諧的誠意時，雙方才有可能坐下來談，也才有可能捐棄前嫌，找到妥協點。

（八）對協調者（coordinator）或聯絡人（liaison）角色的重視

大型組織由於分工的需求，部門團體的分立成為必要之途，而部門功能與目標的差異，又是組織衝突或資源浪費的原因。因此協調者或聯絡人，在功能複雜或部門眾多的組織中就成為重要的衝突緩解者。

組織部門團體間其互賴關係愈深，目標愈近或愈矛盾對立，則此兩部門間愈需要有協調者或聯絡人的設立，協調者或聯絡人可以充當第三者或仲裁者的承轉角色。一來可以避免雙方的直接接觸，減少衝突；另一方面，當雙方發生衝突時有第三者在場，衝突的化解就更容易。

（九）合作又競爭的工作結構設計——競爭共存（competitive coexistence）或合作式競爭（cooperative competition）的共存共榮雙贏（win-win）構局

競爭共存（competitive coexistence）或合作式競爭（cooperative competition）的共存共榮構局，也就是尋求達成既競爭又合作的雙贏構局，互相競爭的體系之間，能互為對方設想、互留餘地，各自能夠獲得最大利益，同時又能避免導致惡性競爭以至於不可收拾的組織解體局面（彭朱如、劉哲瑋、顏孟賢，2015；Brandenburger & Nalebuff, 2015）。

我們常可看到傳統的商店街，有所謂的米街、布街或打鐵街，整條街有好多的同業一起經營，而我們也可看到現在的假日花市，或美國的華爾街金融行業林立，他們之間雖然競爭激烈，但卻商機興旺。經營性質一樣競爭難免，但卻能共同吸引大量的人潮，帶來的是更多的利潤。競爭與合作皆有其優缺點，組織中的工作結構設計，如果能夠兼容並包此兩個特性，組織的社會閒散現象既可消除，而效率又可提高，人盡其才、才盡其用的目標也較易達成。

（十）學校治理更應謹守同理溝通、誠懇包容、循循善誘、合作共榮

真正的教育應是本以至誠，營造一個充滿同理心與教育愛的情境，讓受教者依循其自我條件，在心悅誠服的氣氛中，藉由施教者的指引薰陶下，不論知識、能力和為人處事，都獲得充分且喜悅的成長。學校應該就是這種場所，校長固然是這條船上的掌舵者，然而學校這條船上的任何一個經營者，都無法置身事外。

一般來說，學校理應是一個講求自然與人文友善和諧發展的環境，但是傳統上學校被認為是知識的寶庫和傳習所，學校老師是知識的擁有者，在華人社會中更是頗受尊重的道德權威。然而就後現代主義等理論的批判，知識本應是開展智慧之窗，但在一般現實社會中，知識卻可能與真理與權力成一線，教師被認為是知識擁有的權威

者，很容易使學校與教師也成為「真理政權」（黃瑞琪，1996；張鍠焜，2006；Foucault, 1970）的助長者。學術體系一旦定於一尊，知識就等同於真理與權力，從培養尊重多元、創新、開放、包容、共好，以及獨立自主人格的當代教育理念而言，後現代主義、批判和知識社會學的論述頗值得作為借鏡（張建成，2004；楊洲松、王俊斌，2021）。

成長中的受教者，其身心皆未成熟，施教者的一言一行都是學習者仿效的對象。施教者其施教方式絕然要依循教育的本質、目的與方法，符應前述教育的三大規準：不違反學習者自主認知、理性經驗與多元價值，學校的陶冶性情場域方能成形（牟宗三譯註，1983；歐陽教，1997）。學校內任何一個體系的經營領導者，都需具有愛與包容的心態，秉持互為主體、同理溝通，如此學校層層系統之間的領導、溝通與協調才能暢通無礙，學校才有可能成為一個相互依賴且合作共榮的大家庭。

第八章

組織創新與永續發展的文化和心理氛圍營造

問渠那得清如許，爲有源頭活水來～
——創意是組織朝向蓬勃發展的活水源頭

創意（creative imagination）與創造力（creativity）涵義上經常交互運用（張春興，1989），本文將以創新涵蓋之，蓋因本文較著重於組織成員在面對各種困境時，能不因循守舊，接受各種不同的可能途徑，以突破現狀；或常能超越經驗而思考出一些不尋常的觀念或方案，具有這種永續發展、追求卓越的組織治理文化。

保持現狀就是落伍，儘管是世界頂尖卓越的公司，亦難逃此一定律。就現今的全球競爭體系來看，不管百年老店和新創的公司都一樣，如果沒有創意，很容易就被取代或是被淘汰，極難有發展的可能。新創的組織機構，可以一開始就及時形塑創新發展的文化，但是百年老店則要面對組織變革的挑戰困境（Collins, 2001; Schein, 1992/1996）。

W. Chan Kim 與 Renee Mauborgne（2005）在其所提的藍海策略（blue ocean strategy）中，即指出真正維持組織永續經營與繁榮的關鍵，在於開創嶄新的市場需求。如果能夠跳脫同行競爭另闢蹊徑，就算夕陽產業，也能夠成功轉型。

從社會系統理論觀點而言，組織乃是一個開放系統，系統所處的內外環境隨時都在快速的重組和變遷（秦夢群，2019；謝文全，2003；Bertalanffy, 1968; Robbins, 2001）。組織為了適應變遷，唯有營造組織永續發展與創新的文化，不斷的調整、改變、突破和創新，才能創造組織的藍海，穩固永續發展的利基。

第一節 變革、發展與創新的永續文化與氛圍

一、組織變革（organizational change）

組織為求適應環境所作的一切改變，不管是手段、過程或結果，應都是組織變革的範圍，包含觀念、技術或行為程序的轉化皆屬之（Pierce & Delbecq, 1977）。因此，變革事實上包含了有計畫性的、無計畫的、全面性的或只是小環節的改變。所以，諸如改革、革新、創新、發展等導致組織的變化，皆是組織變革的涵義（Robbins & Laughton, 2001）。

組織變革的範圍，包含了一切產品、技術與人力的改變或創新。組織為了適應環境變革，所採取的措施，都有可能調整其結構，更改其組織規模，更新其組織目標，改進生產技術、流程、產品，提升其質與量，促進組織成員在觀念、知識或能力等成長，此皆為組織變革可能的方向（Greenberg, 2006）。

二、組織發展（organizational development）

組織發展乃是組織有計畫性、有系統性，以及有程序性的變革管理。從組織整體結構層次和系統之改變，到團體或個人層次的價值觀念更新，或團隊訓練、個人諮商輔導等計畫性組織成長措施均屬之（盧瑞陽，1993；Greenberg, 2006）。

因此，組織發展一般強調下述六項重點（French & Bell, 1990; Schein, 1988）：

（一）變革帶動者（change agents）

聘請外部管理諮商顧問或行為科學家擔任組織發展帶動者。

（二）組織文化之改變

包含組織的制度、氣氛和規範，以至於經營的根本理念和願景的更新計畫等。

（三）全面性而計畫性之變革

乃是組織基於系統性、計畫性的變革需求，與自發性、零星性、隨想性的改變不同。

（四）長期取向

持續的組織發展過程，以維持組織全面與長期的成長。

（五）參與性及合作性的管理

組織採取參與性及合作性的管理模式，以吸納組織所有成員的智慧。

（六）行動研究（action research）

強調組織現場人員基於問題解決和改革需求，與組織外聘顧問或指導人員共同進行解決實際情境問題的研究歷程。

三、組織創新（organizational innovation）

創新運用在組織經營上，一般是指運用創意點子來開發新的事物或改進生產的品質。組織創新著重的是，當組織面對外界的快速變遷尋求適應時，能跳脫傳統思維，接受多種不尋常的改革觀念或方案，以求突破現狀。這種以激發成員創意的經營模式，即是組織創新（Coulter, 2002; Greenberg, 2006）。

組織創新的內涵由於不同的理論觀點紛雜，因此自始即呈多元面向。Robbins（1991）認為組織創新包含了產品、服務、流程及管理等四個層面；而 Damanpour（1991）則從設備、系統、政策、方案、過程、產品和服務等來說明組織的創新。

四、組織變革、發展與創新三者間的關係

從前述三者的意涵來看，組織變革包含了組織所有的一切有計畫或非計畫性的改變或更新；而組織發展乃是組織一種較長期，而且全面性的、有計畫的、程序性的改變；組織創新關注的焦點則在於其改變是否具有創意，尤其著重在產品或過程上（吳清山，2001；Burgess, 1989; Kanter, 1988）。

這三者的關係可以用整合自盧瑞陽（1993）和 Greenberg（2006）之相關論述，如圖 8-1 所示。

圖 8-1
組織變革、發展與創新三者之關系

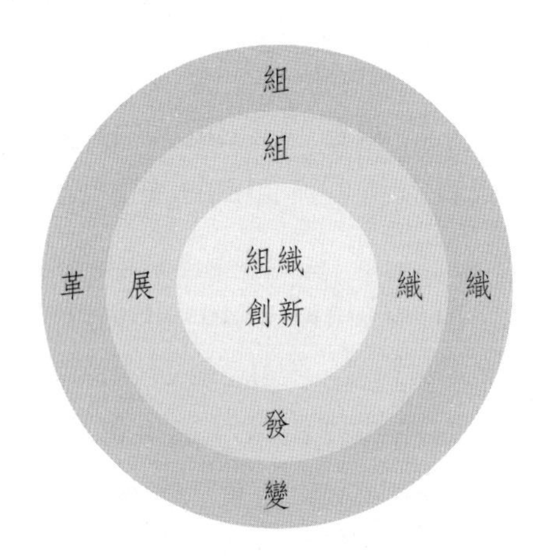

從圖 8-1 可看出，組織變革包含了一切改變；組織創新則是側重有創意的變革或發展計畫，居於最內層，所占之比率為最小。

第二節　組織變革的因素與阻力

組織所處外在環境隨時在變遷，為了生存，組織必須隨時調整其結構、技術與觀念。但是變革勢必將造成組織成員的重新適應，於是阻力也隨之而生。本節將先分析促使組織變革的原因，其後再討論組織變革的阻力（盧瑞陽，1993；Greenberg, 2006）。

一、促進組織變革的因素

（一）社會文化變遷帶動倫理與價值觀的轉變

社會、政治與經濟隨著時代快速改變，社會文化也急速轉型，組織新進人員的觀念、價值觀，甚至其工作倫理也都跟著在變。

以臺灣近 10 年來的改變來看，工作時數減少，工會勢力抬頭，威權主義不再，民主自由與權利保障意識普遍落實，組織勢必改變其以往較為權威的管理模式。於是從組織領導者到各階層管理人員，甚至是組織基層人員，都必須透過各種可能的途徑，改變其經營理念、培養自主能力，調整管理人員的管理心態，改變組織管理制度，或改變組織結構和經營目標。

（二）知識與技術能力的創新和發展

不管任何組織，其所屬專業或行業領域的知識與技術能力的創新和發展，必然帶動組織在各方面的變革。不論是生產設備、流程更新的結果，組織的部門及人力也都將重新調整。組織技術愈精進，則組織的專業化也就愈提升。除了設施和環境的硬體更新之外，管理和行銷的方式當然也要隨之改變，人力資源的管理策略也要更改。

（三）社會結構與生活方式改變，需求內容不斷更新

經濟發展造成社會結構重組，傳統家庭結構與生活方式不斷變遷，城鄉分布的生活圈也跟著轉變，而食、衣、住、行和育樂等需求的內容也變化頻繁。不只是產品或服務的內容要改進，相對地，其從業人員的素質、產品的品質等都要進入全面管理的理念，以期組織效能的整體提升。

（四）能源短缺與市場競爭

石油等能源需求快速增長，價格不斷飛漲，加以資訊科技日新月異，新興經濟體逐一成形，市場競爭日益加劇。組織為了生存，無論

是內部結構、流程、產品、技術、管理與人員知能都需要全面思考改革方向，甚而與外部的產業結盟等，相關的經營策略都需推陳出新。於是組織的扁平化、虛擬化，經營方式的網路化、電子化等，都需力求適應環境以求生存。

（五）知識經濟的帶動

知識的發展一日千里，今日的技術和能力，明日可能已不具競爭力，知識創新成為帶動組織生存和發展的首要。各種領域經營體的研究發展部門成為組織的核心單位，研究發展能力也成為組織競爭力的關鍵因素，傳統的資本投資轉成了知識人力的開發投資。

二、組織變革的阻力

變革的起因雖來自於適應變遷與生存需求，但不管任何層面的改變，多少都會產生不便或造成既得利益的流失。加上不能保證變革一定比過去更好或對自己更有利，所以變革經常引起員工的猜疑和抗拒，形成組織變革過程中的內部阻力。以下就抗拒組織變革的意義與原因敘述之：

（一）組織變革抗拒的顯現及其對組織的意義

抗拒變革可以視為組織的衝突來源或現象之一，依據前面衝突章節的分析，適度的衝突，可以啟發組織理性反思與批判，重新找到出發的契機，因此對組織的變革仍然具有某些正面的意義。但是抗拒變革對組織的更新發展而言，無疑地將可能阻礙組織發展的速度，甚至造成組織的停滯與空轉。

抗拒現象的顯現與衝突亦頗類似，抗拒有時可能是外顯的，也有可能是隱而不見的。而從其時效來看，有時可能立即產生，有時卻可能慢慢滋長蔓延而導致一發不可收拾（Robbins, 2001）。當組織的變革計畫或措施提出時，組織成員有可能立即以抱怨、抗議等任何具體的行動或消極的不合作，來加以抵制，亦有可能產生如工作意願降低等隱而不顯的抗拒形式。由於隱而不顯，所以較易為組織領導層次所忽略。

一般而言，變革的層次、幅度、內容太高或太廣泛，所引起之抗拒較大也較激烈；若變革幅度愈小或複雜性愈低，則可能引起的抗拒力也就愈小（盧瑞陽，1993；Greenberg, 2006）。

（二）抗拒變革的主要原因

變革阻力產生的來源，大致上可以概分為個人和組織因素兩大層面（Lawrence, 1970; Robbins, 2001）。

1. 個人層面的因素

(1) 對失敗及未來不確定性之恐懼：由於對組織變革結果的不可預測性，組織成員隨時擔心改革失敗將會造成其既有權力的喪失，因此對於組織引進的改革措施將會產生抗拒的心態。

(2) 人格特質：天生拘謹、缺乏創新冒險性、較為保守的人格特質者，對組織所導入的變革措施也較易產生某種程度的抗拒，而拖延改革的契機。

(3) 安全感受到威脅：有些人的安全需求較高，引進的新措施勢必改變其既有的知識能力或行為，威脅到這些人的安定感，因而抗拒新的變革。

(4) 知識能力不足：改革的層次若太高，超過成員既有知識能力所能勝任的範圍，則危機感必然很高，抗拒的幅度也會很大。

2. 組織層面的因素

(1) 經濟的因素：因改革要投入更多的成本，會造成組織更多的負擔，所以很多組織都是非到不得已時，不太願意變革。

(2) 各部門間意見不一致：變革帶來的影響，在同一組織內對不同部門團體間可能造成的損失或衝擊程度、調整幅度或重新適應的需求度都不一致，因此各部門間對於變革的意見或步調也各自不同，彼此互相牽制，阻礙了變革的進展。

(3) 成敗不可預測性：組織的變革是否能有成效，充滿不可預測性；以不變應萬變的組織慣性，經常阻礙了組織革新的進行。

第三節 組織計畫性變革與發展

Kurt Lewin（1890-1947）是最早建立應用行為科學（applied behavioral science）、行動研究與計畫性變革（planned change）理論的學者，早在第二次世界大戰時，Lewin 就在美國從事團體動力與變革方案施行的實驗研究（Schein, 1988）。這些早期的研究，大致在探討如何藉由團體動力歷程以改變消費者的行為傾向。由於消費者行為的改變，牽連到整個組織生產技術過程與結構的調整，組織問題的解決，需要整個組織工作團隊的投入與合作，因此組織發展的關注乃成為組織行為科學的重要探索主題，於是乎行動研究很早就成為組織發展的一項重要方法（Schein, 1992/1996）。

傳統組織治理理論較重視權力、分工等靜態結構的分析。後續由於人群關係理論的發展，動態的人際互動影響組織效能的觀點受到重視，組織動力學的探討，帶動了如組織發展團體（organization development group）等工作團體策略在人力資源發展領域內的運用。

由於組織發展是一種永續的歷程，因此組織創新文化的形成更是重要關鍵（Schein, 1988）。組織計畫性變革或發展，從組織變革設計的角度言，大致可以整合成結構、過程與技術、人員、文化與心理和產品，以下分別敘述計畫性變革發展歷程與可行策略。

一、組織計畫性變革與發展歷程

（一）綜合性計畫變革發展的歷程

Schein（1988）整合了一些學者（Lewin, 1952; Gindes &

Lewicki, 1971）的觀點，提出了解凍、變革和再凍結的綜合性計畫變革歷程觀點，摘述如圖 8-2 所示。

圖 8-2
綜合性計畫變革歷程

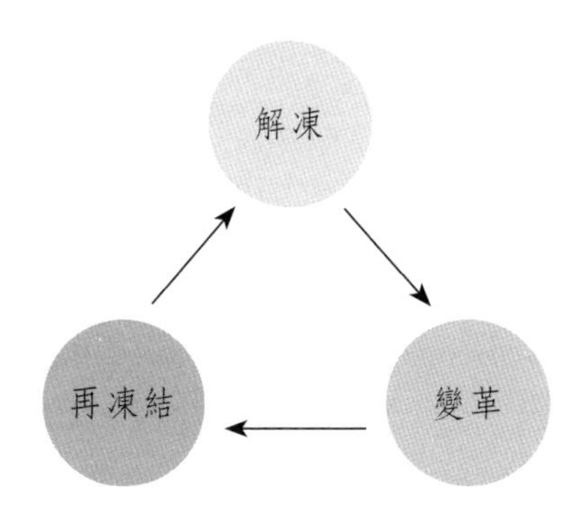

註：Adapted from *Organizational psychology*, by E. H. Schein (p. 242-247), 1988. Englewood Cliffs, NJ: Prentice-Hall.

1. 第一階段：解凍（unfreezing）——激發動機

解凍階段著重在變革情境與問題的確認和變革動機的導引和創造。計畫性變革的開始，必須讓組織成員瞭解到既有文化、技術、過程、方法、人員和結構等環節中，若不加以變革將不能適存於目前環境中。所以變革需求氣氛的創造，乃是變革的第一階段要務（盧瑞陽，1993）。

透過全面性的溝通和訊息分享，組織成員能瞭解到現有組織哪些層面的行為或態度已到了必須變革的局面，這種不舒適亟需調適，以求取心理的平衡。同時此種變革的需求驅力要適中，不能太低或太高。另一個重要的原則就是心理安全感的營造，盡力消滅除舊與布新所可能帶來的焦慮或不安。面對改革不確定性與失去既有利益的壓力與不安，要採取有效的策略加以化解，唯有組織成員安全感的確保，才可能引導組織成員進行改變所需的學習（Schein, 1988）。

2. 第二階段：變革（changing）——認知、行爲技能與態度的重塑

此階段之任務在於從各種改革訊息中發展出新的態度與行為，或認知的再定義（cognitive redefinition），亦即認知、行為或態度的革新。此階段以學習楷模（model）或範例的設定最重要，員工若有足以認同的學習典範，則在新的觀點、概念或態度的改變就較為容易。

除了楷模或典範的設立外，讓成員學得從變革情境中自行搜尋解決個別情境問題的能力也是非常重要的，有能力從情境中搜尋符應解決自己問題的資訊，變革的幅度才能深入。

3. 第三階段：再凍結（refreezing）——穩定落實與評估變革執行成效

此階段在於確保變革的穩固與落實執行，也就是讓組織成員可以有機會將新舊知能與態度和個人既有的嘗試作深度的統整（盧瑞陽，1993；Schein, 1988）。同時，要有充分的機會讓組織成員體會到個別的改變對組織其他成員或組織整體都是具有顯著的意義，如此組織的變革才能有效落實。

（二）永續的環境適應變革歷程

從動態的系統環境來看，組織外部環境隨時都處在變動中，組織需要的是有機且能彈性適應環境的機制，組織才能永續生存。Schein（1988）認為此一適應過程乃是循環不息的歷程，亦即所謂的適應環（adaptive coping cycle）。

此一適應環包含五個歷程（Schein, 1988, pp. 233-238），即正確的知覺外部環境的變遷訊息、傳輸或引進變革的訊息至系統內變革權責部門、消除變革抗拒而促成權責部門瞭解及參與、接受變革措施以及正確的變革成效訊息回饋（盧瑞陽，1993）。以下將參考Schein（1988）所提的適應環，如圖 8-3。

圖 8-3
永續組織環境適應變革歷程

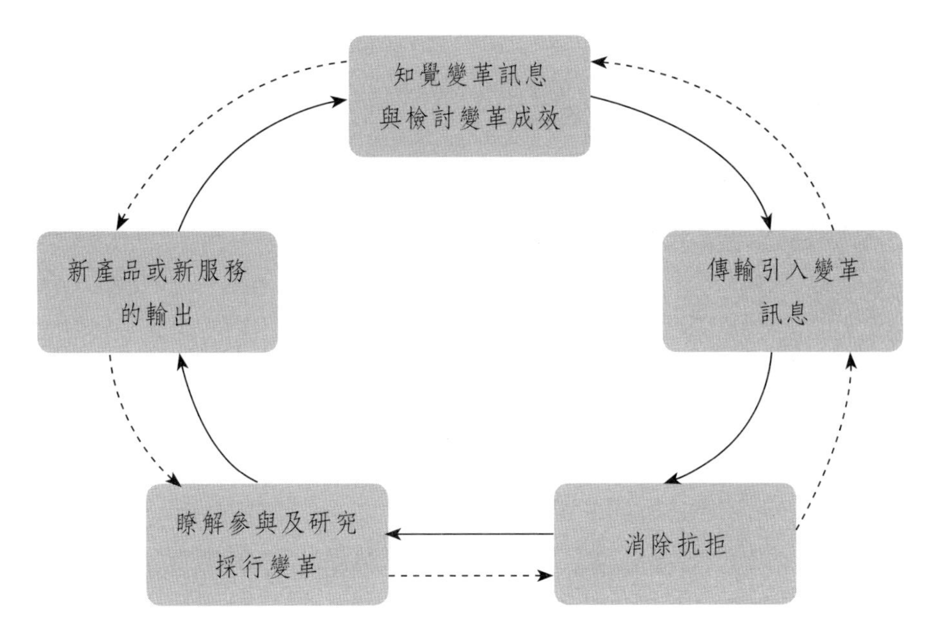

註：虛線代表回饋歷程

圖 8-3 每一個歷程在組織的環境適應循環歷程中，尚可作如下說明（盧瑞陽，1993；Schein, 1988）：

1. 研究發展部門或調查顧問公司等在適應循環中，有助於正確的覺察或提供環境變化訊息。
2. 組織變革的抗拒，需要開放的組織環境和參與的決策風格來支持。適度的導引員工瞭解、參與變革決策，可以使變革措施獲得實際的支持。
3. 掌握改革措施成效的正確回饋訊息，與覺察環境變革訊息同樣重要。而回饋更非最後的歷程，而是隨時存在於每一個適應環境的歷程中，如此才能確保變革的成功。
4. 透過暢達的溝通，取得最高階層的協助與認同，以確保革新的結果能影響組織內各體系，或受到組織內各部門的接納而不抵制，因此上下左右的溝通便顯得非常重要。

5. 組織需要經營出創新與民主的文化，如此才能敏於覺察外部環境的改革訊息。創新與民主的文化，也就是隨時容許成員有各種表達創意的機會，任何不同意見都會受到尊重。

（三）行動研究模式之發展歷程

行動研究模式之組織發展歷程，著重在組織成員自行主動發現問題，並進而構思解決問題之道，同時在解決問題歷程中，組織成員的知識、能力和經驗等也不斷成長（盧瑞陽，1993）。除此之外，亦可利用行動研究方案來引進一系列的技巧和方法，以改變組織成員及部門團體間的人際關係品質，促進組織的適應力（George & Jones, 2002）。

就行動研究模式發展歷程之論述來看（盧瑞陽，1993；George & Jones, 2002; Greenberg, 2005/2006），首在發現及界定問題；進而籌組行動研究或問題解決團隊，團隊可以由組織成員組成，也可外聘問題解決領域之專家顧問參與；接著蒐集與解決問題有關的既成文獻與實證研究成果、研擬問題解決計畫方案。後續階段著重實際執行行動研究方案、評估及反思批判初步行動成效，並且要不斷地修訂行動方案，以及評估、反思批判一直到績效評估滿意為止，其歷程綜合學者（盧瑞陽，1993；George & Jones, 2002）所提，整理如圖 8-4。

從圖 8-4 來看，有下述幾點討論：

1. 行動研究團隊可由組織內外人員彈性組成

行動研究之特色在於行動研究團隊之組成，團隊成員可以由組織內與問題解決有關之成員組成，亦可以聘請問題解決領域之組織外專家共同組成。

2. 研究主題就是組織成員急需解決之實際問題

行動研究主題，即是組織內成員在其工作歷程中實際面臨且亟需解決之問題。

圖 8-4
行動研究模式發展歷程

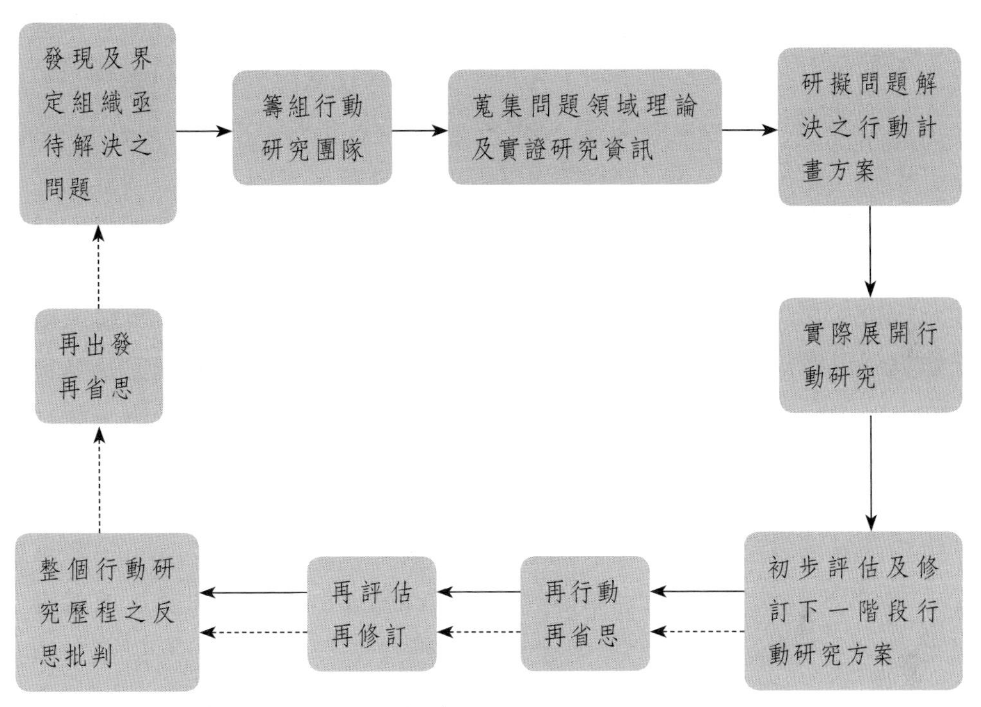

虛線表示：反覆進行一直到問題解決

3. 行動研究之意義在於透過團隊行動研究歷程促進成員成長

行動研究之歷程即是組織成員成長之歷程，成員透過團隊行動研究，在解決問題的知識與技能和行為態度各層面均獲得成長，而組織也同時有所發展。

4. 行動研究歷程乃是永續循環的歷程

組織的環境適應是永續存在的問題，新的問題又不斷產生，所以行動研究團隊的成員也許隨著不同問題解決的需要，隨時有所改變，但組織的行動研究需求，卻是永續進行的歷程。

二、組織發展的可行策略

組織發展乃在於行為科學的系統性應用，而運作上則是從整個組織系統做全面性的變革規劃。因此，不管是由組織內部自發性的變革發展，或是藉外部變革發展帶動者或組織發展諮詢顧問來進行，大致採取的策略取向如下所述（盧瑞陽，1993；Beer & Walton, 1990; Schein, 1992/1996; Senge, 1990）：

（一）組織結構層級控制幅度與權責分配之重組

科層體制等正式組織結構的調整或重組，近年來隨著科技與知識經濟之發展，正式科層組織彈性適應能力的缺乏，時時受到相當多的批判，很多新的組織型態也相繼出現，比如扁平式組織結構、虛擬（virtual）組織或網狀組織等組織結構型態的出現與倡導，普遍受到關注。擴大控制幅度、減少垂直層級數以增進溝通速度和有效性，減少中間管理人員以節省成本等變革發展策略，漸成趨勢。

授權（empowerment）與分權（decentralization）、工作現場本位（site-based）或民主參與決策等的權力分散或下放，以增進組織成員工作自主權，提升人員成就感的權力分配模式，亦成為組織變革的重要方向。

（二）組織文化層面之發展策略

組織文化乃是組織在應付環境與調適的歷程上所累積而來的共同行為模式、價值觀和信念，組織在甄選新成員的過程，就已隱含了以組織的價值觀念選擇其所要人才。新進人員進入組織之後，再從領導者以至成員的行事風格、決策過程、人際互動、願景與策略的融合中，達成了組織社會化。

由於組織文化形塑是漫長的歷程，因此組織文化的變革發展是一項相當艱困的任務。文化重建或變革發展，在於領導者有堅定意志力，且能善於運用組織動力，諸如：透過願景之營造，凝聚向心力；

運用非正式組織，消除抗拒力；所有管理階層身體力行，落實執行力；努力營造創意環境，讓組織引入源頭活水，增加活力；注重對內與對外之公共關係，獲取助力。

此外，如汰換組織幹部或工作輪調，更新組織行事規章，創立新的儀式、慶典或楷模，亦為改變組織文化常見的可行途徑（Schein, 1992/1996）。

（三）工作團隊建立與運用

團隊（team）的可貴及與一般團體不同之處，在於團隊重視價值取向、責任與領導的共享（Robbins, 2001）。而工作團隊由於成員間知識與技能的互補，以及共同對組織的高度承諾和投入，團隊成員彼此目標一致和資源共享，其內容的動能，經常能帶給組織關鍵的發展能量。因此在組織變革與發展過程中，經常視其階段與目的之不同而組成各種的工作團隊（余朝權，2005；Robbins, 2001; Sundstrom, De Meuse, & Futrell, 1990），茲介紹三種工作團隊如下：

1. **顧問團隊**（advice team）**或問題解決團隊**（problem-solving team）

顧問團隊或問題解決團隊成立的目的，在針對組織內各種關鍵性的議題，提供組織領導階層重要資訊、方案規劃與可行建議，以作為決策之參考。若是常年性者較多稱為顧問團隊，如智庫之類。

2. **生產過程團隊**（process team）

針對生產過程、技術或產品品質之改良或提升為目的而組成，諸如環保維安小組、資料處理團隊、奈米技術團隊等。

3. **專案團隊**（project team）**或功能性團隊**

專案團隊成立之目的在於處理組織的創新專案，經常由組織各部門的人員組成，選擇的成員常居於專案的功能考量，大部分的型態都是非建制的功能性組織，因此有時也稱為功能性團隊。諸如組織再造專案研究團隊、環境品質改善專案小組、各種不同任務的委員會等。

（四）人員知識、技能、態度與價值觀之發展

1. 在職進修

社會變革步調頗為快速，為求組織成員在知識、技能上得以與時俱進而不落伍，組織自應不斷提供成員各種可能的進修成長機會。隨著社會的多元發展，除了知能之發展外，有時更牽涉到意識型態與價值觀的問題，諸如多元文化的尊重、人權的保障、工會組織的成立和參與、環保、外籍勞力等，這些更涉及新的價值體系的適應問題。同時如何提供成員足夠的機會，從接觸、熟悉、瞭解而接受，更是重要的成長主題。

2. 專業社群

專業社群乃是組織成員基於對某一領域的愛好，或對某一主題的探索興趣，共同形成的非正式組織。大家有不成文的聚會方式、時間與地點，沒有資格的限制。

社群雖有領導人，但領導人沒有權利，只純粹作協調與聯繫性的服務，每次共同的活動目標就是分享主題領域的心得或新知技能。

3. 敏感性訓練（sensitivity training）或訓練團體（training group 或 T-group）

組織成員的人際技巧、成員的工作態度和價值觀，經常影響到成員在組織中的人際關係，進而造成組織和諧的障礙，為使成員能提升對自己的瞭解、對別人的同理心、多元價值的體認、衝突處理的技巧和情緒控制與管理能力，組織團體輔導技術中常用的敏感性訓練或T-group，即訓練團體（Beehr, 1996），都是試圖以非結構性的小團體人際動力來改善個人的人際行為技巧。

這類的人際能力發展工作屬於人力資源發展中的專業助人工作，一般會由組織中的專業諮商輔導人員進行，抑或由外聘的專業人員負責（盧瑞陽，1993；Greenberg, 2006）。

第四節 創新和永續的文化與藍海願景營造

藍海策略（Kim & Mauborgne, 2005）彰顯的是創新對組織永續卓越的重要性，創新經營的核心便是創意的激發，創意（creative imagination）與創造力（creativity）涵義上經常交互運用（張春興，2006）。本章以創新稱之，乃本章著重於組織領導者面對瞬息萬變的問題情境時，能不因循守舊，接受或激勵部屬以尋求突破傳統思考的觀念或方案，這種求新、求變、求卓越的經營策略，即是本節接下來要討論的組織創新文化的經營策略。

一、創造力、創意與創新

創造力、創意經常交互運用，其意相近（張春興，2006），而創新則是創造力與創意的展現。創造力若視為一種心理動力歷程，則其歷程依序可分成準備（preparation）、醞釀（incubation）、頓悟（insight）和驗證（verification）等四個階段（Wallas, 1926）。

準備乃是創意的產生契機，也是一種創意的心理傾向；醞釀則是發而未顯的潛藏活動期；頓悟有如豁然開朗；而驗證則是檢視其實際可行或可用性，而非天馬行空。這四個階段應非一成不變者，而創新需求則是創造力或創意啟發的誘因。創造力若將其視為一種創意的產生能力，則應可視為一種產生獨特（unique）與新奇（novel）之概念的能力（盧瑞陽，1993）。Guilford（1950）認為創造力是多種能力構面的組合，其中最重要的是擴散性（divergent）與水平式（horizontal）思考的能力，顯現其突破傳統思考、舊觀念與舊經驗的不尋常特色。

創造力具體來看，一般要從產品、方法、技術或歷程等是否具有創意來衡量，大致上可從獨創（originality）、變通（flexibility）、流暢（fluency）與精密（elaboration）四個角度來檢視其創意之高低（張春興，2006）。創意或創造力並非無中生有，而是對於現有事物之用途、構造、歷程、技術與方法等之創新的歷程，若從組織經營的角度來看，必須以組織目標市場的需求為創新的規劃方向（盧瑞陽，1993）。

二、組織創新（organizational innovation）經營的意涵

組織創新的內涵相當紛雜，角度不同其內涵的論述也就互有差異。以下分述之：

（一）人員、技術和結構三個面向的內涵觀點

Leavitt（1965）認為任何組織的創新，不外就是從改變人員、技術或結構三個層面著手。只要改變此三個層面中的任何一個，整個組織便會隨之引起全面性的互動變革。

（二）管理創新、技術創新與產品創新觀點

有些學者（Gunasekaranl & Mavondo, 1999; Hughes & Norris, 2001）研究技術創新、管理創新及產品創新三個層面對組織績效的影響，結果發現這三個層面確實對於組織績效有顯著的相關，因此將其列為組織創新的三個重要構面。

（三）產品與流程兼重的觀點

產品與流程是組織創新的兩大重要向度，產品是組織的目標產出，而流程則是組織的生產設施、生產技術和方法的整體。組織創新的目的乃在生產出更新、更精緻或更受歡迎的產品，所靠的不外是過程、方法或技術。

（四）兼重技術及管理層面的觀點

主要修正以往較偏重技術層面——產品、流程及設備的創新，而疏忽了管理層面——政策、方案及服務的創新（Jerry, 2002）。

（五）觀念、技術、產品、服務及流程觀點

國內學者（吳清山，2007）綜合歸納出觀念、技術、產品、服務及流程五個層面的創新經營內涵觀點：

1. **觀念創新**：意指價值觀、思考模式或意識型態等的改變。
2. **技術創新**：包含工作方法、設備及資源應用等。
3. **產品創新**：指產品的內容、樣式及包裝等。
4. **服務創新**：提供顧客服務的內容、方式等。
5. **流程創新**：包含工作流程或業務處理流程等。

三、組織創新經營的兩大動力——具高創意的經營者與高創新接受度（innovativeness）的組織文化

創新接受度係指組織個體接受創新的程度，相較其所在之社會系統的其他組織個體對於創新事物更早接受的程度，就組織經營的層面來看，大抵是指某一單位或團體成員在系統中比其他單位或團體成員較早採用創新事物的程度（陳嘉彌，1997；黃嘉勝，1994；Rogers, 1995）。

Rich（1992）認為創新乃指任何新觀念、方法或策略。Rogers（1995）則認為創新是經由個人或其他採用單位所知覺出的一種新觀念、實務或事物。Rich（1992）更進一步從教育觀點指出任何新的觀點、方法、活動計畫或科技，被用來改善教育品質者，乃屬於教育的創新。

如果我們以學校組織系統作例子來看，學校中凡屬於教育政策的更迭、教育理論的發展、課程架構的轉換、教學方法的變更等均屬於創新的事物，而其中影響最深遠的便是學校教育人員對於原有的教育理念、制度與態度，也就是學校的文化與氣氛。

組織是否具有包容異己和創見的氣氛，組織成員是否勇於接受外界的新觀念、新方法或新技術，隨時能敏於覺察外在環境的需求變化而準備迎接新挑戰，這種接受創新的文化，自是創新經營的重要條件。

進一步來說，組織具有高的創新接受文化氣氛，還需要有具創新的領導者，才可相輔相成。領導者無疑是組織運作的催化者，一個具有創意的領導者，在面臨組織發展的瓶頸時，經常能在問題情境中超越既有經驗，突破傳統與習慣，構思嶄新的解決途徑；更能時時敏於覺察組織應變的時機，塑造有利的環境，引導組織成員勇於接受新知，嘗試新方法，試驗開發新的產品或服務內容，不斷創造新經驗。

四、創意與創新文化的推廣

（一）創意領導者善於藉由溝通來推廣組織的創新事物

Rogers（1995）認為創新推廣乃是指一項創新標的物在某一段時間內，透過某種管道，在一個社會系統成員間溝通的過程。組織內任何被該單位認為是新觀念、方法或策略成形後，如何能夠在組織內使其迅速流通，並獲得組織其他成員接受，進而取代其舊有的觀念、方法或策略，就一個永續經營的領導者而言，無疑是個相當重要的任務。

個體與另一個體或其他個體，相互對一項新觀念溝通，以進行訊息的交換，此即創新推廣的過程。而從溝通的要素來看，最基本的溝通歷程包含了訊息來源，也就是傳訊者（speaker）或發訊者、訊息本身、溝通媒介與接收訊息的人（宋鎮照，2000；秦夢群，1987）。

就訊息來源觀之，面對瞬息萬變的市場需求轉變，組織領導者本身就是創新思考的來源之一，領導者是否有創意，當然關係到組織能否有主動創新的服務或產品；即便是被動去接受新事物，或宣導新觀念，一個有創意的領導者，當會更敏銳的覺察社會環境的氣息，適時適所的引進和採擇。

就訊息本身來看，有創意的領導者，為了使新觀念易於被接受與推展，必當善於將訊息作各種具創意的編碼，使訊息的組合更易吸引人。

就溝通媒介來看，不管是書面的、文字的、影音系統的、圖書的、聲音表情的掌控，加以肢體語言的發揮，任何一項若能加上創意，其溝通的效果必將大幅提高。

此外，溝通管道的運用也極為重要，不管正式溝通管道或非正式溝通管道，利用經銷刊物、消費者服務手冊、展示通知、信函、電話、社區電視臺、網際網頁、電子郵件等，充分掌握各種溝通管道的特性，以期發揮最高的創新推廣效果。

（二）創新推廣的過程

依據 Rogers（1995）的研究，組織在創新推廣的過程中，呈現兩種明顯的活動：創始（initiation）與實施（implementation）。創始活動在匯集對一項創新性的事物採用的資訊，加以釐清觀念，進而著手規劃可行方案，從而引導組織作成採行的決策。實施活動乃是指由理念萌芽至採行決策，到進入實際行動階段均包含之。整個來看，包含五個階段（Rogers, 1995）：

1. **設定討論事項**（agenda setting）：公布新事物，使組織成員認知新事物的存在。
2. **組織適配**（matching）：組織領導者設法使成員接受此新事物，乃是合乎組織之發展需求者。
3. **再定義或再建構**（redefining/restructuring）：為使創新事物順利實施，可能對創新之事物略加改造以符合組織需要，或改變組織結構以接納新事物。
4. **明朗化**（clarifying）：試行一段時間後，組織成員對新事物的認知更深入、更清楚，而且逐漸接納與認同。
5. **常規化**（routinizing）：新事物已融入組織成員常態活動或行事準則中。

五、運用團體心理動力歷程的創新經營策略

團體心理動力歷程包含了團體成員在團體內的一切互動歷程與行為表現，團體本身就是一種動力和過程的現象（宋鎮照，2000；

Lewin, 1936）。宋鎮照（2000）統整各種團體動力的看法，認為團體動力適用於描述和探討團體內或團體與團體之間的各種行為現象，例如：團體的形成、結構、關係、成員互動、運作、溝通、目標達成、合作和衝突、績效、權力，以及決策和領導等。

King 和 Anderson（1995）更進一步將組織內運用團體心理動力歷程與創新經營要素清楚地歸納成三大途徑：第一部分是社會情境的心理歷程，包含了認同、團體決策與團體影響效果（如團體凝聚力、工作滿意等）；第二部分是團體間的結構與互動，包含領導、團體的組成、團體結構、團體氣氛、團體生命周期；第三部分包含創新推廣中的溝通、建立創新工作團隊等實務技巧。

（一）營造組織團體創新的心理氛圍

團體影響力，包含認同團體壓力、順從（conformity）和凝聚力等對於組織創新的成果影響很大。社會心理學家 Asch（1956）的研究大家耳熟能詳，Asch 的研究結果顯示在團體社會情境下，個人很難不屈從團體的判斷。團體社會情境中，如何能讓個人的異見有發表的餘地，團體中少數的意見如何能被團體所接受，接著能發展成團體的共識，這些靠的是領導者如何營造一個有利的團體氣氛（李美枝，1982；徐木蘭，1983）。

團體領導者的人格特質如果是僵化或保守，團體的目標單純一致，成員間工作滿足感高，而且團體成員間的凝聚力很強，這些都有可能促使組織內的異見沒有太多抒發的空間。從好的方向看，組織的績效可能較高；從不利的方向看，組織與社會脈動間將有可能脫節，這些會造成組織發展的停滯，最後使得組織老化而解體（宋鎮照，2000；Schein, 1992/1996）。

因此，組織創新氣氛的營造乃是領導者創意發揮的首要之務，而創新氣氛的營造，必然牽扯到整體組織文化的更新，諸如領導者的領導風格、組織成員的組成、組織結構等層面，這些就是接下來要敘述的第二部分團體結構與互動歷程。

（二）領導風格與團體結構和互動層面上的思考方向

1. 領導風格與組織決策模式

民主參與的領導風格，對於組織創新的推廣非常重要，而民主參與領導風格也正是開放型組織氣氛的先決條件，此兩者共同形成組織的決策模式（Schein, 1992/1996）。

就今天的社會、政治與經濟等的快速變遷，加上知識科技的急遽創新，組織的經營型態已非昔日單一英雄式領導所能盡其功，組織勢必要成為內部成員、周邊社區、消費者與廣大社會有關民眾日常生活的場域之一。因此，組織經營必須靠全體人員的智慧與參與感，讓組織成為大家的，而非某一人或某些人的，領導者若有民主的領導風格和容許成員的決策參與，組織成員也才會願意為創新而奉獻心力。

2. 適度的導引和介入（intervention）

有創意的領導者，必會善於提供各種可能的引導點子，而放手讓組織成員在各自的領域內自由去完成任務。這裡必須一提的是，民主開放的領導並不必然會提升組織的創新力。從 Farris（1973）的研究來看，領導者適度的導引和介入創新實踐的歷程，組織創意才能源源不竭。

3. 團體結構與團體決策

高同質性的團體，在思考模式、作法、觀念上相近，其經驗也類似，容易窄化了團體的創新性。同質性高，團體間的凝聚力強，團體決策壓力也就容易出現，異見容易被壓抑，創新的內容品質就不高。因此，要避免團體決策的不利情況，提升組織創新活力，適度異質性的團體成員組合是必要的。

有機的（organic）團體結構（King & Anderson, 1995），對於組織的創新是較有利的。所謂有機的團體結構在組織中的權威、責任及影響的組成，並非是僵化的，在不同的團體情境，就會有不同的變化。組織階層間不在於上下權威的督導，而是傾向於支持性的引導；各層級間的訊息溝通是多元的，訊息流通不是層層節制的。Bhavani

Sridharan, B. 和 Boud, D.（2019）認為在專業的決策中，成員如果有高度的發言權，其投入的程度也比較高。

4. 組織的生存期

組織的生存挑戰性若不高，此一組織就容易因歷史包袱老化而解體（Gersick, 1989）。類似公立學校、政府機構等挑戰性與競爭性較低的組織，其組織的創新力也較不受重視。如何適時導入危機意識，以激發組織成員的活力，需仰賴領導者的創意展現（Schein, 1992/1996）。

5. 組織發展團體技巧的應用

類似 T-group 的組織發展團體或角色扮演等小團體輔導與諮商技巧的使用，在提升組織創新力上是有助益的。組織中，何時需要採用團隊建立的技術，有賴領導者的抉擇。組織中不是每個人都能具有高度的感受性，也並非每個人都有高的創新接受度，更非每個人均能有開放、包容和同理心。如何適時適度採用團隊技術來改變服務同仁的心智模式，乃是創新力提升的關鍵（宋鎮照，2000；潘正德，2012；Benton, 1998; Schein, 1992/1996）。

六、建立組織展望藍海的共同願景

「開渠那得清如許，為有源頭活水來。」我們都熟悉所謂「螃蟹簍文化」（crab bucket syndrome 或 crab syndrome）的故事，螃蟹簍中如果只有少數幾隻螃蟹，那就非得把蓋子蓋好不可；可是一旦裝了很多隻螃蟹，那沒有蓋子也無所謂，那些在前頭往上爬的，自有後面一隻一隻的往下拉，結果誰也跑不出去，誰都別想出頭，組織也就永無突破現狀的可能。

（一）互助合作的工作團隊、共存共榮的團隊文化氛圍

我們知道工作團體或團隊結構特質、酬賞方式等會影響成員行為表現和工作效率，組織乃是人群的集合體，成員愈多、團體愈大，

所謂的社會助長、社會抑制、社會閒散與責任擴散等的團體負面效應就愈多。要想能眾志成城，避免組織中螃蟹效應的途徑，有賴於互為主體的溝通以及共榮共享的團隊合作文化氛圍。從前面章節的人性假設、動機理論與激勵策略，以及共存共榮的工作團隊效應來看，組織要消除螃蟹效應，唯有依工作性質和部門來建立互助合作的工作團隊，以期形塑共存共榮的團隊文化氛圍。

（二）容許團體中的異議者，培育學習型文化

團體中的異議者若能被容忍，則有時會成為組織中的創新帶領者，「鯰魚效應」（catfish effect）是一個隱喻組織應有容許團體中異議者文化的故事。《孟子・告子下》有句古訓，所謂「入則無法家拂士，出則無敵國外患者，國恆亡。」組織如果已打下一片天，久而久之大家習於安逸，無法與時俱進，面對當前瞬息萬變的科技時代，終將如煮蛙效應（The “myth” of the boiling frog）般，走上被世局所淘汰的命運。

Senge, P. M.（1990）提到的系統思考（system thinking）、自我超越（personal mastery）、改善心智模式（mental models）、建立共同遠景（building shared vision）與團隊學習（team learning）等所謂五項修練的學習型組織文化（吳明烈，1997；Senge, 1990），乃是培育組織創新的策略，但是其動力乃在於組織要有容許團體中的異議者存在的文化。

組織中的先知先覺者本來就不多，但更可惜的是這些人常會被誤認為麻煩製造者，組織需要能孕育體恤與包容異議者的文化，鼓舞和促發他們成為組織中的創新帶領者，才能時時有活力、時時有新意，如此學習型的組織文化才能發展，組織永續生存的藍海願景才能夠形成。

第五節 核心概念實證研究案例簡析暨其在組織和學校治理的省思

一、核心概念實證研究案例簡析

組織變革、發展與創新之相關實證研究案例分析彙整，如表 8-1 所示。

表 8-1
組織變革、發展與創新相關實證研究案例分析彙整表

研究者人名（年代）	研究對象與主要變項	研究方法與工具	重要研究發現
林珮瑾（2021）	•研究對象 團體工作者，女性有 19 人，男性有 2 人，均服務於兒童、少年、婦女與家庭領域的民間社福機構。 •主要變項 社會團體工作、實務智慧、經驗式學習	•研究方法 個別訪談與焦點團體訪談 •研究工具 自編訪談大綱	1. 團體工作者在實踐行動中產生對自我的認識，並在自我與專業角色之間得到整合。 2. 經驗式學習需要將知識放入脈絡中與實踐相互連結，透過自我、其他學習者與督導者對話，辨識與反思學習過程，產生個人知識與專業的主體性等實務智慧。 3. 社會團體工作教育與在職訓練，不僅需要增加團體實作的比重，更需投入實務需求的督導資

表 8-1（續）

研究者人名（年代）	研究對象與主要變項	研究方法與工具	重要研究發現
			源，發展有系統的督導及師徒制指導。
黃靖文、蔡玲瓏、宋建輝（2021）	•**研究對象** 我國前五大保費收入壽險公司之壽險業務員：國泰人壽 303 份、富邦人壽 216 份、南山人壽 196 份、新光人壽 120 份、中國人壽 65 份，全部 900 份問卷，回收 876 份，有效問卷回收率 97.33%。 •**主要變項** 團隊學習、服務創新、專業成長、工作績效	•**研究方法** 採問卷調查法與結構方程模式進行分析 •**研究工具** 自編「團隊學習、服務創新、專業成長與工作績效」李克特氏五點量表問卷	1. 團隊學習對工作績效具有正向顯著影響。 2. 團隊學習對服務創新具有正向顯著影響。 3. 服務創新對工作績效具有正向顯著影響。 4. 服務創新對團隊學習與工作績效間之關係具有中介效果，且專業成長具有調解效果。 5. 專業成長對於團隊學習與工作績效的關係具有負向調解效果： (1) 對於培養員工低度專業成長能力時，採取團隊學習，可以獲得較佳之工作績效。 (2) 培養員工高度專業成長能力時，則採取非團隊學

表 8-1（續）

研究者 人名（年代）	研究對象與 主要變項	研究方法與工具	重要研究發現
			習方法，如個別教導方式。
熊漢琳、陳靖凱（2020）	• **研究對象** 以 107 學年度第一學期全國大學校院學生事務人員為研究對象，不包含國立空中大學、軍警院校、宗教研修學院及專科學校，採量化研究，以分層隨機抽樣法，針對北區之大學校院，隨機抽取 10 所之 209 位學生事務人員。 • **關鍵詞** 學生事務組織、組織創新經營、專業發展創新	• **研究方法** 問卷調查法 • **研究工具** 自編問卷「大學校院學生事務人員組織創新經營問卷」，問卷內容主要分為兩部分，「基本資料」、「大學校院學生事務組織創新經營量表」。	1. 全國大學校院學生事務人員整體組織創新經營知覺程度良好，其中以組織氣氛創新層面知覺程度最高。 2. 不同學校性質、學務處環境氛圍之學生事務人員對組織創新經營知覺程度有顯著差異： (1) 不同學校性質的學生事務人員在「專業發展創新」層面，公立大學校院、私立大學校院、私立技職校院的學生事務人員優於公立技職校院學生事務人員。 (2) 不同學校學務處環境氛圍的學生事務人員在「專業發展創新」、「公共關係創

表 8-1（續）

研究者人名（年代）	研究對象與主要變項	研究方法與工具	重要研究發現
			新」、「學生活動創新」、「組織氣氛創新」，知覺友善的學生事務人員優於不友善及沒意見的學生事務人員；在「行政管理創新」層面知覺友善的學生事務人員優於不友善的學生事務人員；在「資訊科技創新」層面知覺友善的學生事務人員優於沒意見的學生事務人員。 3. 不同服務年資、服務組別、擔任職務、編制人數之學生事務人員對組織創新經營知覺程度無顯著差異。
薛芬林、張耀川（2018）	**‧研究對象** 三家位於高雄地區美容休閒產業中的微型企業（匿	**‧研究方法** 個案研究法、深度訪談法之半結構式訪談	1. 把顧客當作朋友、家人一樣關懷，談心互動，建立朋友的親密關係。

表 8-1（續）

研究者人名（年代）	研究對象與主要變項	研究方法與工具	重要研究發現
	名），經營時間均超過 5 年。 • **關鍵詞** 美容休閒產業、商業模式、藍海策略	• **研究工具** 研究者自身背景，並引用 Alexander Osterwalder 和 Yves Pigneur（2010）所提出之「商業模式圖」與元素內涵為工具，以及 W. Chan Kim 和 Renee Mauborgne（2005）一書中所提藍海策略之四項行動架構，進行分析與評估。	2. 以專業獨特的手技與服務品質，獲得顧客的忠誠度。 3. 選用品質良好的保養品，獲得明顯的療效，贏得顧客的信任感。 4. 把所有的經營成本降至最低，減少成本造成的壓力。 5. 運用藍海策略的價值創新概念和四項行動架構，融入商業模式圖中，訂定合理的價格，搭配不同的行銷策略來吸引消費者，以開創美容美體微型企業經營之創新模式。
藍天雄、羅佳蕙（2018）	• **研究對象** 中小企業、大型企業員工，或公務人員。 • **主要變項** 組織變革認知、組織創新、組織承諾、工作績效	• **研究方法** 問卷調查法 • **研究工具** 自編「組織變革認知、組織創新、組織承諾、工作績效」李克特氏五點量表	1. 組織變革認知對於組織創新、組織承諾與工作績效皆具有正向影響。 2. 組織承諾對於組織創新與工作績效具有正向影響。 3. 組織承諾對組織變革認知與工作績效有顯著的中介效果。

表 8-1（續）

研究者 人名（年代）	研究對象與 主要變項	研究方法與工具	重要研究發現
蕭佳純（2011）	•研究對象 全國 82 所社區大學中的行政工作人員（其中北部 35 所、中部 25 所、南部 16 所、東部 4 所、離島 2 所），總共發放 410 份問卷，回收 198 份。 •主要變項 社區大學創新經營、組織創新氣氛、知識管理能力、領導者創新領導行為	•研究方法 問卷調查法 •研究工具 創新領導行為改編自倪靜貴（2006）發展的創新領導行為量表，創新經營改編自蕭佳純（2008）的「成人教育機構創新經營衡量量表」，知識管理核心能力改編自胡夢鯨、蕭佳純及吳宗雄（2006）所發展之成人教育工作者知識管理能力指標，組織創新氣氛改編自 Amabile 等人（1987）的組織創新氣氛量表。	1. 領導者創新領導行為對組織創新氣氛、知識管理能力具有顯著影響。 2. 組織創新氣氛對創新經營具有顯著影響。 3. 知識管理能力對創新經營具有顯著影響。 4. 領導者創新領導行為對創新經營的影響路徑還可透過組織創新氣氛與知識管理能力的中介影響。
余嬪（2006）	•研究對象 臺灣 521 人（臺北、高雄）、中國 673 人（北京、上	•研究方法 問卷調查法 •研究工具 成人玩興量表短	1. 三地教師在個人玩興總分差異不顯著，而臺灣教師知覺到較高的組織玩

表 8-1（續）

研究者人名（年代）	研究對象與主要變項	研究方法與工具	重要研究發現
	海、哈爾濱）、香港地區 219 人，總計取樣 1,413 人。 • **主要變項** 自變項：教師個人玩興、組織玩興氣氛 依變項：教學創新、工作滿足與工作表現	題本（余嬪等人，2003）、組織玩興氣氛量表（余嬪等人，2004）、教學創新行為量表（吳靜吉等人，1996）、工作滿足量表（Weiss 等人，1967）、工作表現自評（余嬪等人，2004）	與氣氛與工作滿足；中國教師知覺到較高的創新行為與工作表現。 2. 個人玩興總分與教學創新行為相關較高，組織玩興氣氛與教師工作滿足相關較高。 3. 利用多元迴歸分析比較在華人文化中，哪些個人因素與組織氣氛能預測三地教師的創新教學、工作滿足與工作表現。
Gopinath, C. & Saleem Farida (2020)	• **研究對象** 美國一間大學，非美國裔的大四學生，控制組 27 人、實驗組 26 人，共 53 人。 • **主要變項** 結構化團隊（structuring teams）、團隊項目（team projects）、	• **研究方法** 準實驗設計（quasi-experimental design）、問卷調查 • **研究工具** 李克特五點量表（5-point Likert-type scale）	1. 能夠順利完成任務過程中，隊長扮演了重要的角色。 2. 先前經驗和學科認知與團隊態度有顯著正相關。 3. 團隊過程中，保持良好溝通和互動的團隊比缺乏溝通或出勤率低的團隊分數來得較高。

表 8-1（續）

研究者 人名（年代）	研究對象與 主要變項	研究方法與工具	重要研究發現
	團隊技能（team skills）、隊長（team leader）		
Bhavani Sridharan, & David Boud (2019)	• 研究對象 澳洲大學 98 名學生，其中 72% 的學生是大學生和 28% 是研究生。大多數學生（86%）在校內，而 14% 在校外，共兩個學期（2014 年和 2015 年）。 • 主要變項 協作小組工作（collaborative group work）、團隊合作行為（teamwork behavior）、自我評估能力（self-assessment）、同儕反饋素養（peer feedback literacy）	• 研究方法 自我評估、同儕評估、反饋 • 研究工具 1. 線上工具（online SPARKPLUS tool）。 2. 提出了一個概念模型，該模型代表三個組成：性能評分（自我和同行評分）、定性評論（表揚和批評）和結果變量（團隊合作行為和自我評估能力）。	1. 績效評分與團隊合作行為之間存在顯著的間接影響。 2. 績效評級和自我評估之間發現了中度正相關能力，績效評價與表揚和批評之間呈負相關。 3. 批評既不能提高團隊合作行為，也不能提高自我評估能力。 4. 正面反饋（即表揚）減少了動機和表現。 5. 讚美對自我評估改進並沒有帶來太多的附加值能力。 6. 表現優異的學生獲得的表揚和批評的例子較少，表現不佳的學生受到更多的表揚和批評。同樣，自我評估能力與表揚和批評都呈負相關。

表 8-1（續）

研究者 人名（年代）	研究對象與 主要變項	研究方法與工具	重要研究發現
Donald B. Fedor, Caldwell, S., & Herold, D. M. (2006)	•研究對象 美國東南部 34 個組織的 806 位雇員 •主要變項 組織變革、組織承諾	•研究方法 問卷調查法 •研究工具 自編「組織變革、組織承諾」問卷	1. 個人工作改變的公平性與工作認同對組織變革有很重要的預測作用。 2. 觀念變革的阻力、倦怠、犬儒主義、功能失調的影響，對組織承諾影響很大。 3. 不同工作單位變換影響組織承諾，其間並有交互作用存在。

二、理論與實證研究核心觀點評述及其在組織和學校治理的省思

組織乃是開放的有機系統，組織環境不斷在改變，組織人際動力也不斷變化，組織如何傳承、調適與創新其文化，改變其經營策略，更新其經營的內容與方法，鼓勵創意、推陳出新，使組織永續生存，正是任何組織都需面對的問題。臺灣目前正面臨政經轉型、少子化與高齡化等重大挑戰，但唯有勇於變革與創新，才能穩固永續發展的利基。就此而言，以下數點頗值得組織和學校治理上加以省思：

（一）敏於覺察組織的改革徵兆與創新契機

組織環境的變化瞬息萬變，唯有敏於覺察環境變遷的徵兆，才不至於錯失改革良機。而創意的點子，更是隨時蘊涵於環境訊息中，因此組織經營者需要隨時掌握組織內外的訊息，營造創新契機，才能時時匯聚小改革，而成大進步。

（二）營造一個容忍歧異、多元且無拘束的溫馨環境與團體規範

組織成員如果處在一個權威緊張的工作環境，再有創造力的人也不太可能激發創意的點子。無拘束的環境，需要組織團體成員相互間對於異見與不同價值觀的包容與接納。作為組織經營者，如果需要組織隨時有創新的點子，則設法營造一個無拘束的組織環境與團體規範，是最重要的。

（三）化阻力為助力就是經營者的創造力展現

組織的發展、變革與創新歷程中，組織成員由於對未來的不確定感，造成一方面擔心自己的知識與能力是否可以應付變局，另方面亦擔心既得利益的流失，大致上都會產生抗拒與排斥的心理。領導者如何隨時維持其穩定、冷靜的情緒，找到變通的方案，化阻力為助力，這也是經營者創造力的展現。

（四）塑造勇於接受新知與挑戰的學習型組織文化

永續生存的關鍵在於隨時有源頭活水，組織在開創期，大家胼手胝足、同心齊力、朝氣蓬勃。惟一旦局面底定，大家就習於安逸，失去了憂患意識，終究落入了保持現狀就是落伍的宿命。組織經營者如何能形塑一股勇於接受新知與挑戰的學習型文化氣息，乃是深值反思的主題。

（五）學校治理上最重要也是最艱鉅的，就是孕育變革創新的文化與氛圍

學校組織系統中，凡屬於教育政策的更迭、教育理論的發展、課程架構的轉換、教學方法的變更等均屬於創新的事物，而其中影響最深遠的便是學校教育人員對於原有的教育理念、制度與態度，也就是學校的文化與氣氛。組織文化乃是組織在應付環境與調適的歷程中所累積而來的共同行為模式、價值觀和信念，由於組織文化的形塑乃是漫長的過程，因此其變革與發展自非一朝一夕可成，學校治理上最重要又最艱鉅的就是孕育變革創新的文化與氛圍。

第九章

全球與在地永續共榮的組織和學校治理

21 世紀以來的臺灣，正面臨了政經結構轉型和文化認同與整合的關鍵期，這應是危機也是轉機。從危機社會學的角度來看（Beck, 1999, p. 19），全球化與在地化，基本上是一個分化與整合的動態歷程，去中心與解構乃是建立共識的一連串辯證法則，中外學者都有相近的看法（陳伯璋，1987；楊深坑，2005；Robertson, 1992）。

文化隱含著人類族群發展的歷史脈絡和風土情懷，當今臺灣在地組織正面臨未曾有的世紀大變局，歷經全球化、在地化、全球在地化、在地全球化的浪潮，地球村的生活體系已然成形，構思如何能以全球化視野暨在地主體性（subjectivity）之思維，藉由反思、批判、多元、和解、變革創新，以期在全球化的浪潮下本土文化仍能占有一席之地，並進而與之共存共榮，乃為在地組織治理的重要議題（方永泉，2009；陳伯璋、薛曉華，2001；劉美慧、洪麗卿，2018；蕭全政，2000；Beck, 1999; Robertson, 1992）。

因此當整個社會文化環境面臨變革關鍵，外來挑戰和內在衝突可能導致組織的解構危機時，不管任何層級的組織治理者，皆宜以全球視野與在地情懷全面深入反思、重構與創新組織治理文化，以期組織除了追求機構績效和滿足成員欲求之外，共同為整個社會和生活環境永續優化共同盡一分心力。

當今社會與自然環境的惡化問題，日益威脅全球人類的永續生存。聯合國組織為挽救世界困局，2005 年制定並簽署了全球經濟體的責任投資原則（葉保強，2007），惟其成效仍待檢視。隨著 2019 年起全球 COVID-19 疫情的衝擊，以及全球科技資訊競逐的日益加深，人類如果無法孕育共存與共榮的願景，其惡果將會是無以承受之重（李碧涵，2000；葉保強，2007；張玉圓，2020；賴英照，2021）。

值此全球經濟體系對於組織環境及社會的共存共榮責任益發重視之際，臺灣教育體系亦已著眼於此。從教育部大學的社會責任實踐（USR）計畫（教育部，2019；詹盛如，2020），以及中小學十二年國教新課綱訴求的核心素養：自發、互動與共好（教育部，2021；

蔡清田，2021），可以看到作為社會結構體系一環的學校治理亦緊跟著此一潮流。

第一節 全球化的發展與反全球化效應

全球化的發生源於社會體制、政治、經濟和科技等系統的整合發展，是一種強勢政經實體之跨國界與族群的擴張行動，跨越了族群領域和國家主權的有形和無形邊際，不斷侵蝕弱勢族群，造成弱勢族群主體性受到挑戰，導致在地文化的自我認同混淆，終而迷失於新潮與時髦的外來文化中（陳伯璋、薛曉華，2001；葉保強，2007；Beck, 1999）。英文至今幾已成為世界最重要的通用語言，牛仔褲之前所以風行全世界，「麥當勞」漢堡征服了全球人的胃口，絕不是單單因為某一種單純的原因，而是現代新潮文化取代了傳統舊文化的象徵，也代表了一種強勢文化政經勢力的世界性征服。

從另一方面來看，當本土文化面臨危機時，如何能夠以前瞻視野和寬廣胸懷從外在強勢文化找到生機，讓在地族群與組織走出困境，進而使本土文化能夠在全世界發光發熱，這又是另一種文化變革與創新的議題。

一、全球化意涵

全球化如果視為是一種跨越國家、族群與地域的政經文化流動，則全球化現象的產生已相當久遠，不過 15 世紀起歐洲民族國家的跨國殖民與通商通航，應是比較顯著的開端（周桂田，2003；Beck, 1999）。

英國社會學家也是美國 Pitsburg 大學教授 Roland Robertson，於 1992 年的著作中對「全球化」概念前前後後有很深入的論述（劉約蘭，2009），依據他的看法，全球化的形成是不可避免的，此一潮流將導致世界各族群行為的重構，但是全球化也不可能形塑全世界人類一致性的行為模式，地球村也絕非是一個同質文化的世界，應該是一個同中有異、異中有同，多元而彈性的全球人類情境模式（global human condition）或全球場域模式（global field）。此一模式包含了四個文化情境因素（劉約蘭，2009）：個體自我（selves）、國家社會（national society）、社會世界體系（worls system of society）與人類（humankind）。因此，Robertson（1992）認為全球化乃是由社會化、個別化、國際體系的穩固化，以及全人類一體感知具體化所調節的相互滲透歷程，個人認同的定位將會依此四個調節變項的差異而改變（楊深坑，2005）。

爾後 Ulrich Beck（1999）在其所著 *World risk society*，從危機社會學的觀點也有相當多的探討，Beck 認為全球化基本上是一個動態的分化整合歷程，由強勢政經實體合成的跨國組織所運作，發展成一股跨越和穿透族群與國家主權和管制能力的行為（周桂田，2003；Beck, 1999, p. 18）。

全球化既是一個分化與整合的動態歷程（Beck, 1999），因此全球化面貌應是隨時空情境、人類族群文化以及個人的自我認同而變動的，它呈現的應該是多采多姿、異質多元之世界各地社會文化內涵（武文瑛，2004；陳伯璋、薛曉華，2001）。

就 Beck（2000）的看法，全球化實質上是一種全球性、變動不拘的社會文化傳播歷程，而非一種單純的國際商業鏈或行銷網路（周桂田，2003）。因此我們可以想見，牛仔褲之所以風行全世界幾十年，其因素相當複雜，它涉及到整個時空環境變遷、二次戰後嬰兒潮導致社會族群結構改變、經濟條件改善、電視等新視訊傳播出現之諸多因素，在此一條件下，相同的世代由於生活內涵的改變，連帶對於穿著文化價值觀的認同，加上對上一代文化的反抗，這些全面性的轉變才會造成之前牛仔褲的全球化潮流。

二、全球化的發展與國際化（internationalization）

事實上，在15世紀西方民族國家開始全球性的政經擴張之前，不同形式的國際性政經文化流動即已出現，諸如絲綢、茶葉等的西傳，如果單從經濟貿易的角度看，也許國際化的意義較為顯著；但是類似佛教東傳、日本的大化革新等，其實就可看到文化全球化的影子。

全球化到了近20年來，由於交通與資訊科技和網路媒體的急遽發展，資訊科技的世界性覆蓋以及龐大資本經濟體的流動，全世界已然形成地球村，時空環境遭到強力壓縮，區域與區域之間的距離、人與人之間的互動，產生了極其密切的相互依存關係（武文瑛，2004）。強勢政經實體在資訊科技與網路傳播的助陣下，任何國家、區域、族群所發生的事件，其影響性經常會擴散到全球各個角落。

基本上Robertson和Beck的觀點，都認為全球化是由於政經體制隨著歷史時空的演進，民族國家形成的強勢政經實體往全世界擴張，一開始從經濟層面切入，接著介入政治操作，隱於其背後的強勢社會文化最後也全面滲入弱勢族群的日常生活中（周桂田，2003；劉約蘭，2009；Beck, 2000; Robertson, 1992）。

然而有些論述則從國際化的多元面向因素探討全球化，認為無論從科技或經濟的發展來看，國際化都是必要的方向。固然科技或經濟的國際接軌之後，必然會引發文化同化的議題，但是無論從全球環境或企業策略層次來看，全世界任何國家或族群都必須與國際接軌，閉關自守終將無法適存於今天的國際情境（仲崇親，2005）。

如果就5G資訊和AI人工智慧的發展趨勢來看，國家疆界、族群差異、文化隔閡等問題，幾乎都不足以抗拒全球化的浪潮；再就2019年爆發的COVID-19疫情來說，全世界各角落、各階層、各領域莫不受到全面性的衝擊，從北極圈的村落到南美巴西亞馬遜河流域深處的原住民皆受到影響，由此可以看到人群互動的緊密性，於今人類行為的全面相依性無以復加（張玉圓，2020）。

三、全球化發展的貢獻、困境與在地主體意識和反全球化

（一）全球化發展的貢獻

全球化確實為全世界的現代化帶來莫大的進展，開發中以及落後地區的國家由於資金和技術的引入，政府的財稅來源擴增，基礎建設獲得改善。人民的工作機會大增，收入提高，連帶也提升了生活品質。一般消費者可以買到相對低廉的產品及服務，同時因為競爭的結果，選擇性增加，品質也獲得改善。世界上很多國家或地區，因為外資和技術的引進，不只脫離了貧窮，甚至有能力躋身為國際事務發聲（周桂田，2003；Beck, 2000）。

隨著國際市場的自由競爭與開放，造成資本累積加快，為了應付激烈的市場競爭，產品的創新和研發獲得大力投注，科技的進步日新月異，產品和服務的品質不斷提升，價格卻愈低廉。地球村的生活型態形成，世界人類生活的共存共榮更為可能。

（二）全球化發展的困境

前面述及全球化為全世界的現代化所帶來的貢獻，但是相對的，負面的效應卻也如影隨形。

1. 資源掠奪造成弱勢族群生活與環境的無盡禍害

資本過度累積的結果，造成大多數的經貿利潤都被大財團所掌握，全球性的貧富差距更加拉大。尤其是待開發或部分開發中國家的資源被掠奪的狀況越發加劇，跨國投資者賤價壟斷貨源，弱勢地區除了忍受低工資之外，原料或農工產品幾無喊價能力，本土產物更無法與舶來品競爭，加上部分財團的短視近利，環境汙染與破壞造成永難彌補的禍害。

2. 全球化衍生成資本主義強勢政經體系世界霸權

Beck（1999）在其 *World risk society* 一書中，對於全球化所將可能導致的風險有很深入的論述。他認為全球化衍生成資本主義全世界擴張獨霸的化身，藉著宣揚自由經濟的美名，以行其極大化經濟效益的功能，更幻想全球各地區及各種政治、社會、文化領域皆可納入市場管理的範疇，事實上這種「全球主義」（Globalismus）的空虛論調，根本上是一種假想式的全球化（周桂田，2003）。Beck 抨擊此一說法，認為全球主義、自由主義無限擴張，掩蓋了各項嚴重的世界危機，最終將徒然為資本投機集團者、跨國企業和媒體塑造了世界自由市場的利基，也為全球化招致無盡的批判（周桂田，2003）。

3. 社會體系失衡、社會問題叢生

全球產業鏈發展的結果，中階與傳統工作職種不斷的發生地區性流失，全球性失業問題更形嚴重，年輕族群以及勞動階級的失業率都在攀升，導致社會問題日益增多，從而造成社會體系失衡（劉約蘭，2009）。

4. 多元價值觀與弱勢族群自我文化認同式微

當強勢政經實體挾其豐厚的資源，透過資訊科技、網路媒體，以自由開放包裝其文化宰制內涵，弱勢族群經常因為新潮所驅，不只接受了外來產品和服務，連其背後的理念與價值觀也不自覺的接受，造成強勢文化不斷擴張，弱勢文化逐漸式微，甚至產生對自我傳統文化的認同危機（周桂田，2003；Beck, 2000）。

（三）在地主體意識的覺醒與反全球化運動的浪潮

1990 年代世界經濟的全球化速度加劇，科技強國的社會文化籠罩了全球，弱勢文化逐漸式微，多元價值觀與在地族群的傳統文化認同面臨危機，於是激發了全世界各族群在地主體意識（subject consciousness）的覺醒，終而引發了反全球化的浪潮。

反全球化運動，隨著全球各角落在地社群日益高張的主體意識，以及無疆界社群全球串聯抗爭下風起雲湧（李碧涵、蕭全政，2014；Norberg, 2003）。1999年世界貿易組織（World Trade Organization, WTO）部長級會議在美國西雅圖召開，來自全球各地的抗議群眾圍堵會場，抗議國際強勢經濟體主導世界經濟全球化的結果，不僅造成全球各弱勢地區的貧富懸殊問題更加嚴重，導致國際間衝突加劇，更造成全球各地資源被掠奪、環境惡化等問題（李碧涵、蕭全政，2014；香港中文大學社會學系，2013；Norberg, 2003）。此後這些國際經貿體的集會到處遭遇全球性動員的抗爭，其抗爭議題更從經濟強權獨霸的主題，擴及到全球性的人權、社會與環境正義、民主參與等議題，也就是所謂的另類全球化（alter-globalization）運動（周桂田，2003；Beck, 2000）。

反全球化運動秉持社會正義和在地主體意識的核心思維，企盼本土社會文化傳統體系能在全球化的生活場域中，不只仍能占有一席之地，甚而能自我超越以迴向全球，此也是組織治理必須面對的社會環境永續責任議題。

第二節　在地主體思維的崛起與世界強勢政經文化擴張的演化——在地化、本土化、全球在地化、在地全球化

在地化（localization）、全球在地化（glocalization）、在地全球化（logloblization）三者都是為因應全球化的效應而引發。在地化重點在因地制宜，因應各地不同的需求，提供不同特色的產品或服務。全球在地化主要在考慮全球各地區族群的文化差異，將當地的社會文化思維儘量融入其產品或服務的設計中。在地全球化主要在於發掘在地的特色，以期能往外行銷至全球各地。

一、在地化與本土化（indigenization）

在地的鄉土情懷與本土的文化認同，維繫了在地族群的社會體制、文化價值觀，以及生活內容與方式（卯靜儒、張建成，2005），尤其當面臨外來文化的威脅時，在地化與本土化的思維常常伴隨而起。

在地化雖是由於產品與服務市場的不同需求而起，惟進而常常在各地引發了本土化的相關思維。本土化，意在反思、維護與變革本土傳統文化，以期能提升在地族群的本土認同；本土化乃是從整體文化的角度出發，當外來的產品與服務挾帶其背後的強勢文化入侵時，在地族群不應一味封閉排外，必須全面反思固有文化的受挑戰性何在？進而去蕪存菁、轉化與超越，以期能在全球化浪潮中穩固本土傳統文化認同，維繫本土文化於不墜（葉啟政，2001）。

二、全球在地化

全球在地化隨著在地化與本土化的觀念應運而生，意指全球性的在地化，強調全球化的發展中必須與在地文化緊密結合。從企業組織經營角度來看，亦即企業在跨國行銷產品或服務時，必須適當考量所在地區族群的社會文化，融入在地族群的生活要素，設計出符合在地社會文化和生活需求的產品或服務，以期提升市場占有率（葉啟政，2001；Robertson, 1992）。

麥當勞為了因應全世界各地不同的飲食文化，在印度推出素食咖哩漢堡，在傳統米食文化區域推出米漢堡，在泰國的麥當勞叔叔雙手合十以配合當地問候手勢，在以色列原本的紅底商標改為藍色以配合在地的宗教習俗，展現了因地制宜的全球在地化行銷理念（李碧涵、蕭全政，2014）。

三、在地全球化

在地組織審時度勢放眼全球，掌握全球化趨勢以及世界各地文化精粹，變革、創新與增益在地文化生活內涵，從而以多元、優質的在地文化發揮全球影響力。

（一）全球視野，增益在地

審時度勢，掌握全球性的社會文化內涵與變革趨勢，釐清在地的風土民情與生活需求，針對各種生活方式與內容適時變革與創新，讓本土文化一方面更能貼近國際腳步，另方面又能提升在地生活的品質。

以臺灣各地的夜市文化為例，臺灣花蓮的東大門夜市即是以國外先進地區的購物街區、夜市和地方特產攤販區的優點作為更新參考。自 104 年 7 月改成「東大門國際觀光夜市」，以陽光電城、福町夜市、大陸各省一條街與原住民一條街，加上地方小吃攤販區組成。東大門夜市步道地磚，以印度黑搭配泉州白之花崗岩鋪設而成，再搭配國際知名 3D 彩繪大師圖龍帶領設計團隊，繪製、美化園區內 20 座變電箱，展現東大門夜市有別於全省各地夜市的獨特與優質。如今東大門國際觀光夜市豐盛的美食，以及展現在地精彩人文氣息，不只深受在地花蓮人的喜愛，也獲得了國內外觀光遊客的青睞。

（二）立足在地，胸懷全球

在地族群以胸懷全球的氣度，拋棄外來與本土、全球與在地的二元對立思維，除了客觀審度世界局勢演變與潮流發展以外，更進一步深入瞭解在地的條件以及本土的特色，化被動為主動，以在地文化為立足點，發揮全球影響力，以寬廣胸襟抱持共存共榮的觀點與思維，讓在地獨特優質的文化能獲得世界各個國家和地區不同文化族群的認同，以躋身世界舞臺（陳伯璋、薛曉華，2001）。

以臺灣廟會文化為例，電音三太子紅遍國際就是一個很好的例子。這幾年，臺灣電音三太子不管在服飾、音樂、道具、演出風格等，不只更新，更加入了世界各地可以接受的新潮文化內涵，因此大為走紅，名聲甚至遠傳到國外。2010 年洛杉磯道奇球場「臺灣日」，臺灣電音三太子受邀請到現場跳 Lady Gaga 舞曲，風靡全場，連國家地理頻道都特別來臺拍攝紀錄片，報導創始者北港電音三太子團的故事，為了澈底展現臺灣味，還製作了臺語旁白，讓全球各地能看到臺灣的文化風貌（中視新聞，2010 年 9 月 7 日）。

第三節 多元、共存、共榮與環境及社會永續發展責任的組織治理

Beck（2000）所謂的全球化，基本上是一個分化與整合的動態歷程（楊深坑，2005）。因此，全球化面貌應是隨時空情境、人類族群文化，以及個人的自我認同而變動的，它呈現的應該是多采多姿、異質多元的世界各地文化內涵（武文瑛，2004；陳伯璋、薛曉華，2001）。全球化不可能形塑全世界人類一致性的行為模式，地球村也絕非是一個同質文化的世界，應該是一個同中有異、異中有同，多元彈性而共存、共榮的地球村生活情境（劉約蘭，2009；Robertson, 1992）。

1990 年代之後，由於世界經濟強權全球化發展的結果，除了造成弱勢文化式微，多元文化與在地傳統文化面臨認同危機之外，待開發或部分開發中國家的資源被掠奪的狀況加劇，環境汙染與破壞造成難以彌補的創傷，全球性失業問題益發嚴重，社會體系失衡、社會問題叢生。此一社會與自然環境的禍害不只引發了經濟不利地區反全球化的激烈運動，世界經濟列強也因遭遇抵制、干擾與激烈的暴動造成發展困境，此一全球性的社會與自然環境持續惡化結果，終而導致全世界無人能倖免於其害。

不論是全球性的連鎖企業或是在地的小公司，除了各自的組織治理策略與實務差異之外，都需面對相同的景氣循環、能源消長及社會穩定，這些都與自然環境的保育、社會正義的維護有關。聯合

國組織為挽救世界困局，2006年終於制定並簽署全球經濟體的責任投資原則（Principles for Responsible Investment, PRI），認為投資機構應追求投資者之長期最大利益，而環境、社會與公司治理（environmental, social, and corporate governance, ESG）議題將會影響投資之長期績效，因此首要倡議即是將ESG納入投資原則內（葉保強，2007）。

預期隨著全球科技資訊競逐日益加深，以及2019年起全球疫情帶來的警示衝擊，世界各國對於企業組織治理與環境及社會的永續發展責任將益發重視（賴英照，2021）。

一、封閉系統追求的工具理性、普世真理、絕對法則已為開放系統的多元、溝通、共識所取代

17世紀科學啟蒙運動確立了學術體系普遍與客觀真理的無上法則，建立在自然科學體系下的理性客觀經驗檢證和邏輯實證推理的方法論，也逐漸擴張到人文社會科學體系，人類行為普遍原則的追求瀰漫到各學術領域。此一狀況延續至20世紀初，終於從自然科學界到人文社會體系引發了一連串震撼性的論戰與批判。

20世紀以前的古典物理學界，採用的是牛頓古典力學，也就是自伽利略時代以來就開始建立的絕對時空觀念。然而自20世紀初以來，相對論（Theory of relativity）、量子論（quantum mechanics）和混沌理論（Chaos theory），已先後對於絕對理性科學原理隱含的本體論、宇宙論，挑起了不斷的質疑與修正（蕭全政，1998：112）。

1905年Einstein提出的相對論，則否定時間、空間和標準度量的絕對性；隨之量子論否定了牛頓物理因結合絕對理性、萬有秩序和超時空因果關係等假設而形成的機械式決定論（蕭全政，1998：112-117）。1960年前後，科學家發現許多自然現象即使可以化為單純的數學公式，但是其行徑卻無法加以預測。1963年美國數學暨氣象學家Edward Norton Lorenz，在論文中提出其發現的簡單熱對流現象居然

能引起令人無法想像的氣象變化（蕭全政，1998），這所謂的「洛倫茨吸引子」（Lorenz attractor），之後廣稱為奇特吸引子（Strange Attractor）。爾後 Lorenz（1972）在美國科學促進會舉辦的第 139 屆年會上，發表所謂的「蝴蝶效應」（Butterfly effect），這一系列發現導引成混沌理論，此一混沌理論解釋了這種決定系統可能產生隨機結果的現象，以其時間不可逆性，而將本體論上主張理性永恆不變的牛頓萬有體系，澈底的判定為與實存宇宙不符的封閉體系（蕭全政，1998：112-117）。

人文社會科學體系的理論與方法論，諸如社會學、社會心理學、文化心理學等與組織治理相關的社會行為學術體系，也在此一質疑普世真理、絕對法則及永恆真理的氛圍下激起一連串的變局，20 世紀中葉以後，後現代主義、現象社會學、符號互動論等學說相繼浮現。

二、以互為主體的溝通理性建構去中心與容忍多元的價值觀

民主正義不能只依賴個人的主體性，社會結構本身的合理性亦需兼顧，否則在不合理性的社會結構中，個人主體性提升，恐反傷害社會正義（吳豐維，2006）。

1960 年代以後，由於啟蒙運動以來隨著科技文明進展的結果，造成工具理性和真理法則宰制了人類社會，對於這種過度現代化的弊端，不斷引發各個體系一系列的質疑、否定與批判，進一步希望能超越現代性。到了 1980 年代，這股趨勢達到高峰，1984 年後現代主義大師 J. F. Lyotard（1924-1998）發表了他的重要著作 *The postmodern condition: A report on knowledge*，如果從他 1954 年介紹現象學的第一部著作 *Phenomenology* 起，我們可以看到一進入 20 世紀起，人文社會體系與自然科學體系就有了巧合的連結，因為現象學大師 E. Husserl（1859-1938）就在 1901 年發表第一部現象學專著 *Logische Untersuchungen*，現象學的核心訴求諸如：回歸事象本身、直觀本

質、存而不論，唯有把持獨立自主和自由意志，才可能瞭解自己，藉由互為主體性方能進而瞭解世界（吳汝鈞，2001）。這些思想在後現代主義主張去中心、解構與質疑真理，現象社會學認為藉由互為主體性方能進而瞭解人類社會生活中的現實世界，符號互動論傾向從日常人與人的互動過程中使用的象徵符號分析微觀的社會現象，這些主張與論述大都承續了類似的軌跡（楊洲松，2000；張源泉，2006；Habermas, 1984; Lyotard, 1984）。

後現代主義的興起，源於對啟蒙運動導致了科學實證的普遍理性形成象徵暴力，並宰制了人文社會科學領域研究方向的批判，去中心與解構遂成為其核心理念；而反全球化運動的起因，則是由於全球化歷程衍生成資本主義強勢政經體系世界霸權，從而導致了資源掠奪、貧窮等社會體系失衡的問題叢生（楊洲松，2000；Habermas, 1984; Lyotard, 1984）。

但是後現代主義由於其倡導去中心、解構、非連續性和主張不確定性，亦容易導致價值體系的崩解以及人類基本價值理性信念的混淆，終於引發了後續一連串的批判（楊洲松，2000；葉東瑜，2009；Habermas, 1984）。而反全球化由於其將全球化所主張的無疆界主義、市場開放、自由競爭等訴求，跟導致世界種種社會問題的強勢政經霸權混為一談，招致了全世界到處出現的極端文化排外、民族主義、種族和宗教仇視等，產生了更多社會二元對立的後遺症（周桂田，2003）。

事實上就如批判詮釋論的主張，去中心與解構乃是建立共識的一連串辯證歷程（陳伯璋，1987；張源泉，2006；Habermas, 1984）。後現代主義的核心精神乃在於其對於唯一真理霸權的反思，反對西方物質文明過度擴張導致弱勢族群文化的崩解，質疑普遍理性與權威。批判詮釋論質疑其主張若不秉持溝通理性，則對社會價值體系可能造成各說各話，落入相對與虛無的危機。但後現代主義的去中心、解構與質疑真理的理念，發展至今如從批判論的理念來看，更呈現其反對社會價值的二元對立，與主張社會包容性與多元價值的面貌

（王瑞賢，2002；張源泉，2006；楊洲松，2000；Bernstein, 1971; Habermas, 1984）。

三、全球與在地共存、共榮、共享的組織治理

所謂全球化與在地化，基本上是一個分化與整合的動態歷程（楊深坑，2005；Beck, 2000）。由於全球化帶來的多元價值觀與弱勢族群自我文化認同式微，引發反全球化以及地方主義和激進民族主義的一連串的後續發展，終於導引出全球在地化與在地全球化的社會思維。釐清了與資本主義強勢政經文化世界霸權的界線，超越地方主義與全球主義的二元對立爭議。全球化與全球在地化相互依存，帶來了全球族群互賴、共生共享與共存共榮的地球村體現的希望，也擴大全球人類族群視野，消弭全球與在地、外來與本土的鴻溝，深化了多元社會價值體系建立的根基（陳伯璋，1987；Robertson, 1992）。

組織本身即是一個開放生態系統，內有階層化的次級系統，外有層層的外延系統，從混沌理論的角度來看，任何一個層級、任何一個徵象都有可能引發蝴蝶效應（秦夢群，2019）。組織治理自需認清，假如組織任一層級互動關係者之間沒有共存、共榮與共享的理念，所引發的對立、衝突與矛盾，最後將會造成組織的解體。基於此，地球村共存、共享與共榮理念，正是組織治理者全球思維與在地主體意識兼容並蓄之方略。

四、企業組織治理的社會責任（CSR）與環境、社會與公司治理（ESG）

社會與自然環境的惡化問題，由於公部門體系經常受制於法令、預算以及私人財團惡勢力的處處掣肘，改善效率屢受詬病，公民的自覺運動於是而起，不只組成壓力團體監督政府，更在全世界各地區要求政府應建立法制，來正式規範大中型企業團體必須投資一定比率的資金，以維護自然環境與社會正義（葉保強，2007）。

聯合國有鑒於此一全球性危機，遂於 2005-2006 年間邀請全球大型機構投資人參與制定並簽署責任投資原則，將環境、社會與公司治理（environmental, social, and corporate governance，簡稱 ESG）之環境與社會責任永續議題整合到投資策略中。ESG 議題其實就是企業社會責任（corporate social responsibility，簡稱 CSR）的核心議題，投資人如能選擇投資對於社會及環境考量具有永續發展前景的企業，不僅個人可因投資報酬受惠，亦使社會、環境與經濟領域皆可受益（葉保強，2007）。

在全球對於企業應將環境保護、社會責任與組織治理整合的關注趨勢下，臺灣金融監督管理委員會（簡稱金管會）於 2014 年 12 月 4 日函准備查臺灣證券交易所「上市（櫃）公司編製與申報企業社會責任報告書作業辦法」，以及財團法人中華民國證券櫃檯買賣中心「上櫃公司編製與申報企業社會責任報告書作業辦法」，規定資本額達一定規模以上的上市（櫃）公司每年必須向金管會申報公告企業社會責任（CSR）報告書。2021 年起企業社會責任（CSR）報告書之名正式修改為「永續報告書」。目前依據金管會的規定，資本額 50 億元以上的上市（櫃）公司每年必須向金管會申報公告永續報告書。而到了 2023 年起資本額達 20 億元以上的上市（櫃）公司，每年就必須申報公告永續報告書，以期深化導正公司治理，實踐企業社會責任，落實 ESG 目標（臺灣金融監督管理委員會，2020；賴英照，2021）。

第四節　臺灣在地組織治理的願景——解構威權與關係文化、重構群己倫理、形塑全新的多元族群本土認同

組織行為本質上就是以文化為調節的社會行為，當面對無法阻擋的全球化趨勢，組織成員若無法對於本土文化產生自我認同，成員的凝聚力與組織倫理恐將面臨解體，這將會是在地組織治理的最大危機。

21 世紀以來世局動盪不安，臺灣正面臨了政經結構轉型和文化認同與整合的關鍵期，這應是危機也是轉機。從危機社會學的角度來看（周桂田，2003；Beck, 1999），全球化與在地化，基本上是一個分化與整合的動態歷程（周桂田，2003；Beck, 1999）。去中心與解構乃是建立共識的一連串辯證法則，中外學者都有相近的看法（陳伯璋，1987；楊深坑，2005；Habermas, 1984; Robertson, 1992）。

臺灣整體社會體制上的政治意識型態二元對立、不同族群之間裂縫的彌合、貧富差距和環保等社會問題的解決，最需要的就是相互依存、包容共享的多元社會價值體系的建立，以期和衷共濟立足於全球化浪潮中。此際在地組織的治理之道，也就在於勇於面對組織內外部環境的變遷與威脅，盤點自身所具有的優勢與劣勢，凝聚共識勇於變革與創新，以期永續發展。

一、在地組織治理理論體系之文化主體與霸權宰制爭議

有一套組織治理理論是適用於全世界各族群的嗎？還是各族群都應有其自己一套不同的理論？又或者應該是同中有異、異中有同呢？這與全球化、在地化、全球在地化、在地全球化演化似乎是類似的議題。其實學術理論體系的宰制議題，自 1960 年代起後現代主義和文化心理學的發展，就已受到全世界人文社會科學研究領域的關注。

從 17 世紀啟蒙運動興起後，歐美學術體系在其強大的政經實力庇蔭下，各種學門早已建立了深厚的根基。當代所有自然與人文社會科學的理論與方法論，以及實證研究所探討的主題和趨向，大抵都在美歐學術體系的引導下亦步亦趨，這主要從諾貝爾獎等世界重要獎項的頒發狀況就可窺知（余安邦，2017）。全球化激起在地主體意識的萌芽，全球在地化、在地全球化也已喚醒世界各族群文化認同的重要性，因此從全球視野與跨文化比較角度探索文化、心理與社會行為的論述也成為關注焦點（陳伯璋，1987；楊深坑，2005）。

惟在目前全世界學術理論體系之探討仍以美英為主軸的趨勢之下，植基於美英文化氛圍下的社會行為理論，當面對「他者」的社會文化現象時，是否真能不受自我體系羈絆，完全跳脫其從「自我」的文化體系涵化成長的思維，得以本諸同理的瞭解「他者」文化的思維脈絡，建立一套免於美歐主體意識型態羈絆，且能綜觀全球族群的人文社會學術理論，這是頗受質疑的議題。此一因素，也是促成 1960 年以來文化心理學在世界各角落興起的主因，也有學者認為是一種反美國與西歐人文社會學術霸權的顯現（余安邦，2017；黃光國，2014）。

社會學所謂的文化不利、真理霸權等，在社會心理學也有類似的探討主題，社會心理學探討族群間互動呈現的一些現象，諸如我族中心主義（ethnocentrism）、文化偏見（prejudiced），這些與人際互動的刻板印象（stereotype）、意識型態（ideology）等，都是由於不同的時空環境長久孕育而成（李美枝，1982；徐木蘭，1983；Shweder, 1990）。這些系統化的信念與價值觀，凝結成同一族群與個人無可質疑的假設或真理，潛藏於族群文化的最底層，人際、階層或族群之間的衝突，往往也因此而一發不可收拾（余安邦，2017；Cole, 1990）。

同一族群文化底層擁有其視為理所當然且共享共存的真理假設，在此一文化背景下的思考模式、人性、信仰、時空觀念，以至於生活方式各有差異（余安邦，1996；Schein, 1992/1996）。每個人對於事實現象的詮釋是透過共享的文化框架而來，在某一文化背景下產生的學術理論，當要用來解釋不同思考邏輯的異文化現象時，其間的謬誤與距離自然是不可避免的，而文化的宰制或霸權也來自於此，這也是存在主義、後現代主義、現象社會學和批判理論所質疑的核心，也是文化心理學興起的主因（楊洲松，2000；余安邦，1996；Cole, 1990; Habermas, 1984）。

二、關注在地組織的文化主體性

早期文化心理學關注文化對人類行為影響機制的普遍性與共同性，從人格、文化與社會行為等，探討文化對於人的心理行為之支配與制約現象。到了 1980 年，泛文化族群心理行為的比較研究受到關注，冀從跨文化的比較中，分析不同的文化因素對人類心理行為的影響機制。當代文化心理學除分析文化影響人類心理社會行為脈絡外，同時也注重剖析人的主體性，詮釋人類心理如何反作用於文化的議題，尤其重視人如何以其主觀意識建構認知意義，以及秉持自由意志對文化體制規約的抉擇（余安邦，2017；Cole, 1990; De Vos & Hippler, 1969; Shweder et al., 1990）。

文化發展有其長遠的時空背景，不同文化體系自有其一套思考邏輯和生活法則，任何組織都是其所屬社會文化體系的一環。組織治理策略若未能思考從文化與心理的脈絡，則脫離了在地文化主體性的組織治理效能將大打折扣。儘管是世界性的跨國經濟體，歷經反全球化而演變成當今講求全球在地化，其組織治理已然關注在地文化，力求突顯在地主體性，以消除外來霸權的印記，融入當地以獲取認同。

不同文化間存有不同的理所當然的假設真理，就是同一文化的成員也可能有其不同的主觀世界，但這並不能否定同一文化體制成員視為理所當然且共享共存的後設價值觀（Schein, 1992/1996）。此一文化主體意識正是組織所屬社會文化的根源，也是凝聚組織成員向心力的核心，宜為在地組織關注的焦點。

三、衝突、涵化、同化形成多元、共存、共榮的在地情懷，乃本土文化主體性的核心

臺灣近三、四百年文化的演進，呈現原住民文化、華人文化、西方文化與日本文化同時在臺灣交融，就像是一部文化移植、衝突、涵化與同化兼具的文化發展史（余安邦，2017）。三、四百年前西班牙與荷蘭勢力進入臺灣，可看到早期西方民族國家勢力全球化的軌

跡。原住民與當時日本的衝突，基本上就是原住民在地文化對外來文化的反抗。而臺灣明末以來，以華人文化為主的在地本土文化，在日本統治臺灣前後期間，同時產生了衝突、涵化與同化等現象。而最近二十多年來，更面臨了新住民文化的調適議題。臺灣這些近 400 年來本土文化與異文化之間的紛擾糾葛、強勢文化與弱勢文化之間的互動效應，正好也可在世界各地面臨全球化與在地化的困境中，提供不少反思源頭（許詩淇、葉光輝，2019）。

無論從社會學全球視野或本土情懷的角度，或者從文化心理學族群認同和社會心理學自我概念發展的社會文化體制參考架構角度來看，沒有了文化的自我認同，自我定位將引起混淆，主體性也就蕩然無存。然則臺灣文化主體性核心為何的議題，自 1970 年中央研究院開創了以探討中國人心理特質為主題的研究風向以來，從中國化到本土化一連串的論辯過程頗值得探究。

1972 年 7 月中央研究院民族所出版了李亦園與楊國樞合編的《中國人的性格——科技綜合性的討論》一書，就心理學或人文社會科學研究的中國化，或者學術研究的本土化運動，最早開啟了風向。此後，1982 年楊國樞與文崇一在其主編的《社會及行為科學的中國化》一書序言中（1982：vi），曾經對其主張心理學研究的中國化提出解釋：「心理學研究的中國化，更不是要建立中國的心理學；世界上只有一個心理學，各國心理學者的研究發現、理論及方法，都將納入其中。」明確揭示了對於美歐學術霸權的批判與反思，並對於中國化的意義、目的、途徑和方法等實質問題進行了探討，同時也明白宣示中國化並無排外或是地域主義的企圖。

就此來看，此中似乎顯露了此期社會科學中國化與學術主體性的標的，事實上與 1960 年代早期文化心理學的研究取向相近，亦即站在實證科學理論與方法論普同性的觀點，將華人的時空（歷史、社會）及文化脈絡放入探討架構，深入剖析華人的文化心理行為特質，進而探討其對華人行為影響機制的普遍性與共同性。最主要目的，就在依據華人的社會歷史、文化特質，鎖定華人社會的重要與獨特問題，以求能在問題、理論及方法上有所突破，期能走出美歐學術霸權的陰影（余安邦，2017）。

但隨著 1980 年代後期臺灣政治解嚴而來的百家爭鳴社會情境，中國化的議題引起了一連串的批判與論辯，中國化、反中國化、去中國化的議題爭議不斷，臺灣化與本土化議題也接續浮現，臺灣文化主體性的論辯也隨著政治文化的威權轉型和統獨爭議達到高峰。人文社會科學體系在地主體性的訴求也受到影響，此一臺灣情結的學術主體意識，顯然與 1970 年以來循著華人文化為核心的學術主體性訴求有頗大落差（蕭全政，2000）。

中國化、反中國化、本土化、臺灣化等思潮衝突與調和的困境，若從全球化歷經長久的反全球化與在地化之爭鬥，衍生成現今全球在地化和在地全球化的多元文化觀，應是最好的前車之鑑。1970-1980 年代將近 20 年之間，臺灣在國際和國內政經情勢歷經了激烈的變局，人文社會學術研究的主體意識論辯也益發強烈。到了 1980 年代末期，文崇一也對當時所謂的中國化提出說明，他指出所謂中國化大致就是要有大中華文化的特色，因此用本土化應更符本意，因為本土化不只在於反美歐學術霸權，更要能從深入瞭解本土的文化特質著手，進而從我們的社會文化生活場域中，發展出我們本土的概念，最後建立我們自己的理論體系（余安邦，2017；馮朝霖，2000；蕭全政，2000）。

由於臺灣整個政經情勢的轉變，以及國內外華人圈在社會科學本土化和主體意識的論辯，楊國樞到了 1993 年在其與余安邦共同主編的《中國人的社會取向：社會互動的觀點》一書中，很明顯的從「心理學研究的本土化」到「心理學本土化」，至此已轉變為「本土契合性」的理念（蕭全政，2000）。強調研究者與被研究者之間在社會文化背景、知識體系和研究場域及主題間的整體契合性。1993 年國立臺灣大學《本土心理學研究》創刊發行，從其發行的旨意以及研究的主題和方向，顯現到此時期以華人文化為主體的社群，其臺灣學術本土化的概念和方向已確立。

從避免中國化與臺灣化淪為政治意識之爭的角度，而且又能突顯在地學術主體性的意涵來看，本土化卻是較為中性的選擇，也更能包容臺灣歷史與社會文化脈絡的在地多元共存、共榮特質（張曉春、蕭新煌、徐正光，1986）。

學術本土化最主要的核心應在落實在地的學術主體性，緊扣本土文化的時空特質，探索在地生活場域互動行為的社會文化脈絡，但是臺灣在地學術主體性是否從中國化、反中國化到臺灣化與本土化過程中得到落實呢？這又是另一個值得討論的議題（羊憶蓉，1995；蕭全政，2000）。在地學術主體性在政治統獨爭議的過程中也隨著演變，政治意識型態隨著威權解體也逐漸開放而多元，但是學術主體性的意涵卻顯然存在著兩股意涵，一是 1970 年以來從中國化延伸而來的華人文化在地學術主體意識，另一則是幾百年來涵化而成的臺灣在地主體意識，兩股本土主體意識就如現存的中國情結及與臺灣情結般，要能完全融合仍尚待假以時日（羊憶蓉，1995；蕭全政，1998）。

我們不可否認多元涵化的本土文化脈絡底層華人文化仍居優勢，但是很顯然的理性單元的封閉系統已然消逝，此時此地臺灣各族群如能拋棄中國化與臺灣化的意識型態，體會只有同島一命的共同體才是在地永續生存之策，力求異中求同、同中求異，在此一生活場域中包容多元，期能共存、共享與共榮，應是凝聚在地本土主體意識的轉機。

四、在地組織治理之社會責任——形塑全新多元族群本土認同的文化、解構威權關係、重構群己倫理

猶記得 1960 年代初，臺大一位來自美國的留學生 Don Baron，1963 年 5 月 18 日回國之前，在 1963 年 5 月 18 日的《中央日報》副刊署名狄仁華發表了一篇文章〈人情味與公德心〉，道盡在臺灣 2 年之間感受到的人情溫暖，但也對於當時所見的凡事講人情，徇關係無

視法紀，只顧自己人的利益不顧公德秩序，群己倫理不受重視，提出殷殷諍言，於是後續掀起了全臺各界轟轟烈烈的知恥自覺運動。如今事隔將近一甲子，再回頭搜尋細覽之餘，心頭仍感沉重，「臺灣最美的是人」，隨處展現的人情味依然普受各國人士讚賞，排隊守秩序等可看到的公德心，不可否認的也已然成風，然而人情味外表內隱的信念：分親疏講關係、自己人好辦事，這樣的文化在當今公私組織治理中似乎仍尚留存。

人固然會秉其主體意識主觀建構認知意義，亦能以自由意志對文化體制作抉擇，但是主體意識的根源來自健全的自我概念、開放的社會文化場域，更重要的根源乃是對於本土文化的認同（Shweder et al., 1990）。Edward Osborne Wilson（1990, p. 26）提到：物競天擇的對象是群體而非個體，具有合作特質的群體更能夠擁有演化上的優勢；人類族群組織演進過程中，人與人固然仍免不了彼此競爭，但是為了族群的生存仍需合作一致對外，認同自我族群、利他與自利並存，正是目前人類強勢族群複雜的社會行為表象，而這也正是建立共享共榮、同島一命的群己倫理內涵之一（林岳賢，2021）。

Cole（1990）認為文化乃是人類心理行為的中介變項，文化環境形塑了個人的心理行為；而 Shweder 等人（1990）則強調心理主觀建構事實的過程，人的心理歷程固然會透過人對文化意義的掌握而改變其行為，而不同的文化體系間也自然存有其不同的理所當然的假設真理，但即使是同一文化體系的成員之間也可能建構其不同的主觀世界，當然這並不能否定同一文化體制成員會擁有共享共存、視為理所當然的後設價值理想。

華人文化以儒家的人倫思想為中心，以人治為本，道德權威將近 2000 年成為教化社會的倫理信條，歷代各層級的領導者均以道德的化身自居（許詩淇、葉光輝，2019；楊國樞，1993）。誠如早期社會學者費孝通（1948）的看法：華人講道德禮義，但實質上是依據與治理者的親疏遠近而有差異，對於自己人和局外人明顯不同。

臺灣以其獨特的文化發展歷史，對於本土文化、心理行為與組織治理特質的系統論述與實證研究，早自 1970 年代文化心理學興起前後，中西學者就已開始關注。Hofstede（1980b）從比較文化心理學的角度，建構了權力距離、不確定性避免、個人主義—集體主義、男性度—女性度等共四個區分民族文化心理行為構面，臺灣即為其比較研究的對象區域之一。Silin（1976）則是中西方學者中，最早從華人分親疏、講人情義理的文化角度，探討華人組織的治理行為特質；而楊國樞、鄭伯壎等國內學者，也繼之而投入此一領域的探討（楊國樞，1993；鄭伯壎，1995）。

Hofstede 在 1960 年代的研究中，對於臺灣族群在其泛文化的比較中呈現的描述，距今已將近 50 年（Hofstede, 1980b），當時的社會文化氛圍跟現在已完全不同。而另一方面，黃光國（1990）、楊國樞（1993）、鄭伯壎（1995）與 Silin（1976）、Redding（1990）及 Westwood（1992）等學者，則從實際上在傳統華人組織治理中顯露的親疏有別，所謂攀親道故講關係、自己人好辦事等組織人際互動模式著手，發現此一衍生自傳統文化的組織治理氛圍，無可否認仍然存在於不少的臺灣家族企業，尤其傳統中小企業中還是到處可見。

仁義道德已成為華人不容置疑的組織倫理信條，但是在今天已非家天下的全球化時代，在地的組織治理如何跳脫人情關係的束縛，組織內不再有自己圈內人與局外人的區分，應是本土文化創新重構的要務。正如 J. Rawls（1971）社會正義理論提出的三個重要主張：對的優先性（the priority of right）、穩定性（stability）和公共理性（public reason），因為民主正義不能只依賴個人的主體性，社會結構本身的合理性亦需兼顧，否則在不合理性的社會結構中，個人主體性提升，恐反傷害社會正義（齊力，2007）。沒有公理正義何來民主自由的幸福社會，這也正是 Habermas（1984）溝通理性中首要的民主社會倫理，亦即是華人文化最需強化的群己倫理。

華人傳統文化固然仍無法澈底脫離儒家文化與帝王政治氣息的影響（許詩淇、葉光輝，2019），但是臺灣近 400 年來歷經各種政經風潮，整體文化內涵已歷經融入西方民族主義文化、原住民文化，以及新住民文化和全球化的洗禮，不斷涵化出的包容異己、和平共存之本土文化特質已見顯露，此乃在地主體性的根基，也是立足臺灣的最大力量（林岳賢，2021）。

如今臺灣整體政經體系的威權道德文化已正在消退，攀親道故、講人情關係，固然仍是華人的人際互動之常，且政治意識型態二元對立仍然存在，族群的裂縫尚待彌合、貧富差距和環保問題依然嚴重，但由於臺海周邊強權環伺，國際處境艱辛，全民對於臺灣的主體性與自我價值的認同感之高也是前所未有的，此時更應進一步形塑群己倫理，以彰顯社會正義，確保自由幸福社會的實現。

臺灣整體經濟實力雖已站穩腳步，尤其當 2020 年 COVID-19 肆虐全球時，半導體等少數科技領域更為世界所依賴，但最大的限制在於幅員有限，資源有待外求，比起周邊列強顯然不足，面對此一困局，只有放眼全球才能確保永世根基（周桂田，2002；張玉圓，2020）。無論任何一個在地組織體，如能自利與利他兼顧，除了自我的發展之外，也分一點心力為保持本土文化於不墜而努力，人人認同此時此地的生活場域，才可孕育堅忍的在地主體意識。

文化的重構與創新，倚賴的是整個族群的覺醒而非單打獨鬥，就如蝴蝶效應般，如能人人有此共識，一呼百諾，族群倫理文化的創新方能竟其功。事實上臺灣近年來，也產生了不少在本土文化中成長且又兼具全球視野的組織經營者（張玉圓，2020）。這些組織群中有些經營績效卓著，其組織治理文化不乏充滿了創新、活力、永續與本土人文關懷，這其中大家耳熟能詳的莫如被稱為「臺灣護國神山」的台積電等，台積電之所以無法被各國所複製，秉持的除了科技的創新思維，還有的是一群秉持本土文化腳踏實地、勤勉奮進價值觀的工作族群（彭建文，2020）。這種科技連結人文的治理文化（林一平，2020），顯現出新一代的在地組織立足臺灣、放眼全球與共榮、共享的治理情懷，這正是解構威權關係文化、重構群己倫理，以全球視野與在地情懷形塑全新多元族群本土認同的新契機。

第五節　學校治理的策略思考——從大學的社會責任與中小學的自發、互動與共好談起

學校治理千頭萬緒，本書起始即提到：學校治理核心任務在於面臨錯綜複雜的組織社會文化生態系統中，如何糾合群力以完成社會所賦予的教育使命。因此，學校治理需要的不只是各種有關的教育專業理論，同樣重要的是如何深度體現此時此地的社會文化脈絡，以期全盤掌握學校治理的系統因素，共創共存、共榮、共享、創新和永續發展的社會文化環境。

一、善盡社會責任培育自發、互動和共好的公民，乃當前學校治理之時代任務

21 世紀一開始，由於 20 世紀最後 10 年間科技網路資訊強國的社會文化籠罩全球，世界各地弱勢傳統文化面臨認同與消失的危機，反全球化的聲浪達頂峰，終促成在地主體意識（subject consciousness）萌發，於是企求社會人群能反思、批判、多元、和解、變革、創新，以求全球各族群共存、共榮的呼聲無以復加。本書前已提及，面對社會與自然環境的惡化加劇，日益威脅全球人類的永續生存，聯合國組織為挽救世界困局，2005 年終於制定並簽署全球經濟體的責任投資原則（葉保強，2007）。隨著 2019 年爆發的 COVID-19 疫情，以及日益升高的全球資訊科技強權競逐世局來說，人類如果無法走向共存、共好與共榮，其惡果將是無以承受之重（葉保強，2007；張玉圓，2020；賴英照，2021；Carvalho, 2021）。

當前臺灣的處境由於兩岸局勢緊張、政經結構轉型，比起世局更形艱困，宜為有史以來族群文化認同與整合的關鍵期，臺灣教育體系面對此一時代局勢，亦已著眼於此。教育部於 2014 年 11 月發布《十二年國民基本教育課程綱要總綱》（教育部，2014），而各不同領域課綱此後陸續發布，並在 108 年 8 月正式上路，因此又有「108

課綱」的稱號（教育部，2018）。其修訂背景中提到：近年來家庭日趨少子女化、人口結構漸趨高齡化、族群互動日益多元、網路及資訊發展快速、新興工作不斷增加、民主參與更趨蓬勃、社會正義的意識覺醒、生態永續發展益受重視，加上全球化與國際化所帶來的轉變，使得學校教育面臨諸多挑戰，必須因應社會需求與時代潮流而與時俱進（國家教育研究院，2015）。

108 課綱的基本理念中強調「本於全人教育的精神」，以「自發」、「互動」及「共好」，引導學生，期能「妥善開展與自我、與他人、與社會、與自然的各種互動能力」，期盼學生將來能夠「願意致力社會、自然與文化的永續發展，共同謀求彼此的互惠與共好」；而其整個課程的教育理念與目標正在於三大面向：「自主行動」、「溝通互動」、「社會參與」（教育部，2014），亦即所謂的自發、互動與共好，可以看到作為社會結構體系一環的學校治理，亦緊跟著此一潮流（李安明，2020；教育部，2021；蔡清田，2021）。

再者針對高等教育體系的大學校院而言，大學校院一直以來經常被視為是和社會脫節的學術象牙塔，然而面臨日益嚴重的全球化與少子化衝擊，大學經營日趨嚴峻。同時全球性的社會問題與環境惡化，半導體、5G 資訊和 AI 人工智慧的競逐趨勢高張，高等教育體系若無法與在地連結，人才培育終將與社會脫節（姜添輝、黃柏叡，2015；教育部，2019；詹盛如，2020）。教育部於是在 2018 年起推動「大學社會責任實踐計畫」（簡稱 USR 計畫），第一期（2018-2019）設定五大議題：「在地關懷」、「產業鏈結」、「永續環境」、「食品安全與長期照顧」及「其他社會實踐」；第二期（2020-2022）兩大議題：「地方創生」與「國際連結」（教育部，2019；教育部大學社會責任推廣中心，2019）。

無論是十二年國教新課綱揭示中小學聚焦的「自發、互動、共好」三大教育核心理念（教育部，2021），或者教育部（2021）推動的大學社會責任（University Social Responsibility），所訴求的以人為本、在地連結、人文關懷、國際參與、擴大視野等，在在都呈現全球視野與在地主體的治理思維，一方面緊跟全球趨勢，同時也呼應在地情懷。

從組織開放生態系統的角度觀之，學校內在系統包含了教師、行政服務人員、學生、教師會和家長會等附屬團體，外在系統從社區、主管教育行政機關不斷擴大延伸。學校是社會開放系統的一環，承擔著社會的付託，理所當然需能培育促進社會永續發展的社會公民。而另一方面，學校也自然的承載了社會各層級系統間文化歧異造成的互動與共好困境。

從社會行為動力情境開放系統的構思，檢驗學校治理的成效或其產出變項，大致包含機構效能與效率、成員欲求滿足、友善環境與社會責任，由此可見學校組織治理的挑戰度頗高。受到全球化的困境效應，友善環境與社會責任已成為全球性的組織治理指標，所謂「環境、社會與組織治理」的呼聲，已為全球任何政府、非政府以及企業組織治理必須善盡的職責，學校本身就是組織治理的社會楷模，而這也是學校教育的核心，更是當前學校治理之時代使命。

二、泯除學校中任何可能潛藏真理政權環節，以孕育清晰自我概念和同理包容的情懷

Foucault（1970）所謂的真理只不過是權力的外衣，絕對而客觀的真理並不存在，剩下的只是真理政權，真理是政治、權力、論述重重包裹、建構而來的時代產物（張鍠焜，2006）。這也正是後現代主義主張解構社會威權與質疑絕對真理的根源，但是解構了社會威權與絕對真理之後，又將何去何從呢？主體性與同理溝通可能會淪為宰制，真理將如同政權嗎？

從後現代主義、現象社會學、批判詮釋論與文化心理學到危機社會學在地全球化的論述中，共同理念就是互為主體、同理與包容。而主體性的核心就在於能自我規範、獨立自主及清晰的角色認同，這些能力不可能是與生俱來的，後天的環境與學習更是重要（馮朝霖，2000）。

封閉的社會民族性必然是保守與僵化，但是再怎麼霸道蠻橫的族群，還是可以看到人性的溫暖。健全的個體、合宜的學習與成長過程及開放的社會文化情境，乃是涵育清晰自我概念和具同理溝通理性個體的先決條件。

族群的文化規範無疑的形塑了該族群個體的行為組型，但是只要非受制於外在環境壓力，任何一個個體都有抉擇的自由。人的主體性呈現在其認知的主觀建構意義，以及對文化體制規範的自由抉擇意志。文化與主觀的自由意志同樣左右了個人的行為，但即便是一個健全的個體，還是要有學習與成長的環境和開放的社會文化，清晰自我概念和具同理溝通理性才有可能發展完成。

就發展心理學者 Jean Paul Piaget 的認知發展論（cognitive-development theory）的角度來看，要培養一個具有理想人格的人，必須具有基本的學習能力，而且成長在有合適的學習與發展環境，同時有開放的社會文化條件，三者缺一不可（引自張春興，2017）。學校充滿了正式課程、非正式課程和潛在課程，此一有形與無形兼具了社會化與教育功能，因此學校理應盡其所能，排除可能潛藏於正式、非正式和潛在課程中的任何真理政權線索，以孕育學習者清晰的自我概念和同理包容的情懷。

三、學校治理之主軸在於形塑優質的學校文化，以弭平文化落差、追求公平正義

學校既是因應社會的需求而產生，學習者到學校來最需要學習的內容，自是最有益於其所處社會生活的文化精華。文化就是族群所有生活的內容，從最簡單的每天食、衣、住、行、育、樂，到我們的社會制度，進而到最頂層的人生觀與價值哲學觀（Schein, 1992/1996）。這也就很自然的呈現在整個學校教育的目的，正式與潛在課程，相應的教育歷程，伴隨的教學設計，以至於學校的禮儀規範，甚而學校建築、校園的一草一木，無非就是此一社會人群生活文化的縮影（李新鄉，2013；林生傳，2000；陳奎憙，2014）。

Bernstein（1971）提到語言符碼、社會化與階級再造（class reproduction）的關聯性，語言符碼與社會階層結構之間的相互建構歷程，並從而剖析潛在的階級結構如何透過出生後開始的語言習得歷程，達成階級再造或文化再製（王瑞賢，2002；Bernstein, 1990）。Bourdieu（1986）則認為不同社會階級擁有不同的文化資本（cultural capital），以此演變成代代的文化再製（cultural reproduction）。社會文化結構與階層間，優勢族群握有豐富的經濟與文化資本，社會的公平與正義也受到扭曲。

知識社會學整合社會再製論、象徵互動論、俗民方法論，並與批判理論相關聯，認為學校用以傳遞知識的教育課程，從選擇、分類、傳遞與評鑑一系列過程，都反映出該社會結構與權力分配的現實狀況。而 Bernstein 和 Bourdieu 論述核心議題社會化、階級再造與文化再製，可見其與知識傳遞或教育歷程息息相關（李奉儒，2000；陳伯璋，1982；Young, 1971）。

社會全民的實際生活場域差距頗大，尤其是在全民與全人教育訴求的中小學。文化背景的差異很容易導致族群社會行為認知的偏差，諸如文化意識型態、刻板印象（stereotype）與偏見（prejudice）等，由此引起學校內的衝突與霸凌也經常可見。而國民中學以下階段乃是常態分班的教學型態，由於階層生活成長經驗、原生家庭使用語言習慣等不同，其人格特質、態度與能力皆呈現差異，不只師生之間，甚至學生之間次級文化形成的隔閡，這些都可能造成弱勢族群更大的學習不利。

學校是社會開放系統的一環，承擔著社會的付託，而另一方面，學校也承載著外在系統間的次文化歧異，因此學校治理上勢必要能體察學校所處場域此時此地的社會文化脈絡，形塑優質學校文化，全力營造一個充滿包容、互動與共好的環境，以形塑關懷、多元、平等與包容的優質學校文化，以弭平文化落差、追求公平正義。

參考文獻

一 中文部分

丁一顧、張德銳（2004）。美英兩國教師評鑑系統比較分析及其對我國之啟示。臺北市立師範學院學報，**35**(2)，85-100。

丁學勤（2007）。溝通與信任對更換夥伴、未來繼續合作與策略性整合的影響。顧客滿意學刊，**3**(2)，31-56。

王文科、王智弘（2020）。教育研究法（19版）。臺北：五南。

王瑞賢（2002）。結構主義、符碼理論與伯恩斯坦。臺灣教育社會學研究，**2**(1)，25-56。

卯靜儒、張建成（2005）。在地化與全球化之間：解嚴後臺灣課程改革論述的擺盪。臺灣教育社會學研究，**5**(1)，39-76。

方永泉（2009）。從文化資本到次文化資本——當代青少年次文化研究的新取向。初等教育學刊，**32**，29-53。

中視新聞（2010年9月7日）。道奇臺灣日——電音三太子開球跳女神卡卡 Lady Gaga。20220507取自 YouTube，https://www.youtube.com/watch?v=mEY1xWccgCw

牟宗三譯註（1983）。康德的道德哲學（原作者：Ron Miller）。臺北：學生。（原著出版：1990）

羊憶容（1995）。學術本土化——兩個運動（從「中國化」到「臺灣化」）；一種矛盾（尋找主體性）。載於師大教研中心主編，大學教育研討會——大學自主與社會責任論文集，頁183- 216。臺北：國立臺灣師大教研中心。

江信宏、林建宇、謝承勳、曾國恆（2018）。優秀運動員社會化過程之探究。運動文化研究，**32**，93-115。

仲崇親（2005）。全球化與社會安全探微。載於元智大學通識教學部主編，第三屆「國家治理、公民社會與通識教育」學術研討會論文集，頁1-9。20221012

http://yzuir.yzu.edu.tw/handle/310901000/72525
余安邦（1996）。文化心理學的歷史發展與研究進路：兼論其與心態史學的關係。本土心理學研究，**6**，2-60。
余安邦（2017）。臺灣心理學本土化運動史略：從民族學研究所的歷史經驗談起（1970-1990 年代）。載於胡台麗、余舜德、周玉慧（主編），跨．文化：人類學與心理學的視野（頁 279-336）。臺北：中央研究院民族學研究所。
余明助（2006）。組織變革不確定感與員工工作態度關係之研究——以組織溝通和員工信任爲中介變數。人力資源管理學報，**6**(2)，89-110。
余朝權（2005）。現代管理學。臺北：五南。
余嬪（2006）。臺灣、大陸與香港中小學教師玩興、教學創新、工作滿足與工作表現之關係。教育與心理研究月刊，**29**(2)，227-266。
何英奇（1990）。大學生自我認證與次文化近五年間的轉變：以師大教育院系學生爲例。教育與心理學報，**23**，119-142。
吳汝鈞（2001）。胡塞爾現象學解析。臺北：臺灣商務。
吳明烈（1997）。邁向共同的願景：學習型組織。成人教育雙月刊，**38**，45-52。
吳昭容、張景媛（2000）。訊息處理模式。載於國家教育研究院（編著），教育大辭書。20220312 引自網址 http://terms.naer.edu.tw/detail/1313561/
吳勁甫（2018）。校長正向領導、教師組織公民行爲與學校效能關係之後設分析。教育科學期刊，**17**(2)，1-32。
吳淑鑾、李炳昭（2019）。從運動社會化觀點論臺中市東平國小扯鈴隊之社會支持與阻礙因素。教育理論與實踐學刊，**40**，1-24。
吳清山（1994）。美國教育組織與行政。臺北：五南。
吳清山（2001）。教育發展研究。臺北：元照。
吳清山（2007）。教育行政議題研究。臺北：高等教育。
吳清山（2021）。學校行政（第八版）。臺北：心理。
吳清山、林天祐（2005）。教育新辭書。臺北：高等教育。
吳就君（2000）。訓練團體：T-Group。載於國家教育研究院（編著），教育大辭書。20220330 引自網址 https://terms.naer.edu.tw/detail/1308802/
吳靜吉（1979）。心理與生活。臺北：遠流。
吳豐維（2006）。何謂主體性？一個實踐哲學的考察。思想，**4**，63-78。

宋鎮照（2000）。團體動力學。臺北：五南。

李亦園、楊國樞主編（1972）。中國人的性格：科際綜合性討論。臺北：桂冠。

李亦園（1984）。當前青年次文化的觀察。中國論壇，**205**，9-15。

李安明（2020）。以文化觀點探討素養導向課程變革之策略探析。教育研究月刊，**313**，125-140。

李奉儒（2000）。批判理論及其在教育研究上的應用。載於國立中正大學教育研究所主編，質的研究方法（頁 23-52）。高雄：麗文。

李奉儒、高淑清、鄭瑞隆、林麗莉、吳芝儀、洪志成、蔡清田（2001）。質性教育研究：理論與方法。嘉義：濤石。

李佳如、李建亞、劉興旺、蔡明哲、莊閔傑（2019）。臺大實驗林共榮計畫之原住民木工訓練班學習成效探討——以利用疏伐木進行戶外野餐桌設計與實務表現爲例。國立臺灣大學生物資源暨農學院實驗林研究報告，**33**(3)，197-215。

李美枝（1982）。社會心理學（第五版）。臺北：大洋。

李美枝（1992）。社會心理學：理論研究與應用（二刷）。臺北：大洋。

李新鄉（1996）。自我概念、專業工作經驗、學校認同與國小教師教學工作投入關係之研究。國科會研究彙刊：人文及社會科學，**6**(2)，191-212。

李新鄉（2002）。學校經營：中小學文化整合觀點。載於楊國賜（主編），新世紀的教育學概論（頁 419-449）。臺北：學富。

李新鄉（2008）。組織心理學。臺北：五南。

李新鄉（2013）。國小校長轉型中的課程領導——理念到實際間的初步檢視。載於周淑卿、丁一顧、蔡清田、李新鄉、陳美如、黃旭鈞、楊振昇、李安明、蔡進雄合著，課程與教學領導（頁 57-82）。臺北：高等教育。

李碧涵（2000）。全球市場與國家策略：依賴發展論和經濟全球化的省思。臺北：臺灣大學國家發展研究所。

李碧涵、蕭全政（2014）。新自由主義經濟社會發展與分配問題。國家發展研究，**14**(1)，33-62。

狄仁華（Don Baron）（1963 年 5 月 18 日）。人情味與公德心。中央日報，副刊。取自 20220505: https://zh.m.wikipedia.org/zh-tw/%E8%87%AA%E8%A6%BA%E9%81%8B%E5%8B%95

沈碩彬（2020）。教師靈性、心理資本、工作價值觀、情緒勞務與學校生活適應之徑路模式分析。教育學誌，43，105-162。

周玉秀（1998）。維高斯基心理歷史分析。幼教天地，**15**，241-251。

周世偉、黃慧玲、李冠穎、許英傑（2007）。加盟連鎖系統忠誠導向之研究——溝通觀點。人文暨社會科學期刊，**3**(2)，19-26。

周竹一（2022）。新北市國民小學校長正向領導與教師教學效能關係之研究。學校行政雙月刊，**137**，92-114。

周桂田（2002）。在地化風險之實踐與理論缺口——遲滯型高科技風險社會。臺灣社會研究季刊，**45**，69-122。

周桂田（2003）。從「全球化風險」到「全球在地化風險」之研究進路：對貝克理論的批判思考。臺灣社會學刊，**31**，153-188。

林一平（2020）。科技與人文的連結。聯合報網路版 /2020-10-04/23:05。20221121 引自 https://www.shinmin.tc.edu.tw/ischool/public/resource_view/open.php?file

林生傳（2000）。教育社會學（三版）。臺北：巨流。

林生傳（2005）。教育社會學（四版）。臺北：巨流。

林岳賢（2021）。全球化下的尊重與實踐。20210721 引自網址 http://www2.thu.edu.tw/~trc/1-epts/1-class/2.2.3.pdf。

林志鈞、莊坤財（2018）。國小教師心理資本對團體凝聚力的影響——情緒勞務、休閒調適之中介效果。慈惠學報，**14**，72-100。

林明地、梁金都（2016）。校長領導與學校集體智慧。臺北：高等教育。

林明地、楊振昇和江芳盛（譯）（2000）。教育組織行為（*Organizational behavior in education*）（原作者：R. G. Owens）。臺北：揚智。（原著出版年：1987）

林珮瑾（2021）。在經驗中學習、從行動中突破：臺灣社會團體工作專業養成的經驗與特色。社會政策與社會工作學刊，**25**(1)，93-135。

林湘芸、黃靖文（2019）。國小教師團體凝聚力與組織效能關係之研究——教師專業發展之中介效果。師資培育與教師專業發展期刊，**12**(1)，83-102。

林清山（2020）。心理與教育統計學。臺北：東華。

林清江（1981）。教育社會學新論。臺北：五南。

林瑞欽（1990）。師範生任教職志之理論與實徵研究。高雄：復文。

武文瑛（2004）。由領導意涵申論領導者之理念、行爲與認知。學校行政，**31**，46-61。

香港中文大學社會學系（2013）。反全球化運動面面觀。20220507 取自 https://www.cuhk.edu.hk/hkiaps/pprc/LS/globalization/6_c.htm

姜添輝（2006）。K. Marx：衝突理論的先驅大師。載於譚光鼎、王麗雲（主編），教育社會學：人物與思想（頁 3-31）。臺北：高等教育。

姜添輝、黃柏叡（2015）。教育危機：當代趨勢與議題。臺北：高等教育。

俞文釗（1996）。管理心理學（初版二刷）。臺北：五南。

洪銘國、但昭偉（2015）。皮德思教育三規準論在臺灣的引介及其引發的問題。市北教育期刊，**50**，33-52。

秦夢群（1987）。教育行政：理論部分。臺北：五南。

秦夢群（1997）。教育行政：理論部分（五版）。臺北：五南。

秦夢群（2019）。教育行政理論與模式（四版）。臺北：五南。

徐木蘭（1983）。行為科學與管理。臺北：三民。

徐宗林、沈姍姍（2000）。孔德：Comte, Auguste。載於國家教育研究院（編著），教育大辭書。20211106 引自網址 http://terms.naer.edu.tw/detail/1313561/

馬薇茜（2019）。戲曲藝術教育創新行動平臺——以國立臺灣戲曲學院產學合作爲例。戲曲學報，**20**，159-190。

翁淑緣（1984）。臺灣北部地區大學生的價值觀念與生活型態的研究。教育與心理研究，**6**，95-116。

教育部（2014）。十二年國民基本教育課程綱要總綱（教育部 20141128 臺教授國部字第 1030135678A 號）。臺北：教育部。20211130 取自 https://www.lmsh.tn.edu.tw/ischool/resources/

教育部（2018）。教育部令（教育部 20180125 臺教授國部字第 1070007209B 號）。取自 https://www.lmsh.tn.edu.tw/ischool/resources/

教育部（2019）。教育部推動大專校院社會責任實踐計畫補助要點（教育部 20191017 臺教技（三）字第 1080122117C 號）。臺北：教育部。20211130 取自 http://edu.law.moe.gov.tw/

教育部大學社會責任推廣中心（2019）。教育部推動第二期（**109-111** 年）大學社會責任實踐計畫。臺北：教育部大學社會責任推廣中心。20211112 取自 https://usr.moe.gov.tw/

教育部（2021）。修正十二年國民基本教育課程綱要總綱（教育部 20210315 臺教授國部字第 1100016363B 號）。臺北：教育部。20220519 取自 https://www.lmsh.tn.edu.tw/ischool/resources/

國家教育研究院（2015）。十二年國民基本教育領域課程綱要核心素養發展手冊。新北：國家教育研究院。

張玉圓（2020）。借疫使力打造臺灣特色產業生態鏈。工業技術與資訊月刊，**347**，22-25。

張春興（1978）。心理學。臺北：東華。

張春興（1989）。張氏心理學辭典。臺北：東華。

張春興（1991）。現代心理學。臺北：東華。

張春興（2003）。心理學原理。臺北：東華。

張春興（2006）。張氏心理學辭典。臺北：東華。

張春興（2017）。教育心理學：三化取向的理論與實踐（重修二版第 19 刷）。臺北：東華。

張春興、林清山（1991）。教育心理學。臺北：東華。

張景媛（2000）。完形心理學──Gestalt Psychology。載於國家教育研究院（編著），教育大辭書。20220327 引自網址 http://terms.naer.edu.tw/detail/1305580/

張建成（2004）。批判的教育社會學研究。臺北：學富。

張鈿富（1996）。教育政策分析：理論與實務。臺北：五南。

張源泉（2006）。J. Habermas：批判理論之集大成者。載於王麗雲、譚光鼎（主編），教育社會學：人物與思想（頁 341-366）。臺北：高等教育。

張嘉眞、李美枝（2000）。親子間情感行爲的溯源與文化塑形。中華心理衛生學刊，**13**(2)，1-35。

張德銳、黃昆輝（2000）。領導特質論。載於國家教育研究院（編著），教育大辭書。20211106 引自網址 http://terms.naer.edu.tw/detail/1313561/

張曉春、蕭新煌、徐正光（1986）。社會轉型：一九八五臺灣社會批判。臺北：敦理。

張鍠焜（2006）。M. Foucault：從規訓到自我的技藝。載於王麗雲、譚光鼎（主編），教育社會學：人物與思想（頁 341-366）。臺北：高等教育。

許詩淇、葉光輝（2019）。華人人際及群際關係主題研究的回顧與前瞻。本土心理學研究，**51**，36-71。

陳正沛（1983）。研究人員之工作投入。未出版之碩士論文，國立政治大學企業管理研究所，臺北。

陳伯璋（1982）。哈伯瑪斯的「批判詮釋學」及其對課程研究的啟示。國立臺灣師範大學教育研究所集刊，**24**，73-133。

陳伯璋（1987）。教育思想與教育研究。臺北：師大書苑。

陳伯璋、薛曉華（2001）。全球在地化的理念與教育發展的趨勢分析。理論與政策，**15**(4)，49-70。

陳依婷、胡惟喻、劉怡君（2018）。幼托整合後幼兒園教師快樂嗎？——從工作價值觀、角色壓力與主觀幸福感三者關係之探討。中華科技大學學報，**73**，81-100。

陳英豪（2017）。以生態系統理論之居間系統探討提早入學學生的幼小銜接策略。臺灣教育評論月刊，**6**(3)，239-244。

陳奎熹（1994）。學校組織與學校文化。國立臺灣師範大學教育研究所集刊，**36**，55-81。

陳奎熹（2014）。教育社會學。臺北：三民。

陳建佑（2011）。從關懷與交易觀點探討職場友誼與組織公民行爲之關係。人文暨社會科學期刊，**7**(2)，17-24。

陳皎眉（2004）。人際關係與人際溝通。臺北：雙葉。

陳皎眉、王叢貴、孫蒨如（2002）。社會心理學。新北：國立空中大學。

陳嘉彌（1997）。教師參與在職進修動機取向與其接受創新程度間之關係研究。教育研究資訊，**5**，45-62。

陳彰儀（1999）。組織心理學（二版）。臺北：心理。

郭爲藩、李安德（1979）。自我心理學的理論架構。教育研究集刊，**21**，51-146。

郭諭陵（2005）。舒茲的現象社會學與教育。臺北：桂冠。

郭諭陵（2006）。T. Parsons：和諧理論的代表人物。載於王麗雲、譚光鼎（主編），教育社會學：人物與思想（頁 113-134）。臺北：高等教育。

彭建文（2020）。除了高薪高壓，「台積電員工」有哪些 DNA？6 原則，看懂護國神山經營力。商業周刊彭建文專欄（商周 .com）2020.11.26。20221121 引自 https://www.businessweekly.com.tw/management/blog/3004655

葉乃靜（2012）。俗民方法論。載於國家教育研究院（編著），圖書館學與資訊科學大辭典。新北：國家教育研究院。20211019 引自網址：http://terms.naer.edu.tw/detail/1302590/

葉東瑜（2009）。去中心化世代多元或茫然。國立交通大學傳科學生網，**67** 期。20200505 取自 https://ir.nctu.edu.tw/handle/11536/34706

葉保強（2007）。企業社會責任的發展與國家角色。應用倫理研究通訊，**41**，35-47。

葉啟政（2001）。社會學和本土化。臺北：巨流。

費孝通（1948）。鄉土中國。上海：觀察社。

湯淑貞（1991）。管理心理學（八版）。臺北：三民。

黃光國（1982）。社會行爲。載於劉英茂主編，普通心理學（頁 379-413）。臺北：大洋。

黃光國（1990）。人情與面子：中國人的權力遊戲。載於楊國樞（主編），中國人的心理，頁 289-318。臺北：桂冠。

黃光國（1993）。互動論與社會交易：社會心理學本土化的方法論問題。本土心理學研究，**2**，94-142。

黃光國（2014）。儒家關係主義：哲學反思、理論建構與實徵研究（再版）。臺北：心理。

黃宗顯、湯堯、林明地（譯）（2006）。學校的權力和政治學。載於林明地（主編），教育行政學：理論、研究與實際（原作者：W. K. Hoy & C. G. Miskel）（頁 271-318）。臺北：麥格羅希爾。（原著出版年：2001）

黃昆輝（1984）。教育行政溝通原理及其應用。國立臺灣師範大學教育研究所集刊，**26**，23-59。

黃昆輝（1988）。教育行政學。臺北：東華。

黃昆輝（2000）。一般系統理論。載於國立編譯館（主編），教育大辭書（一），頁 17。臺北：文景。

黃昆輝、張德銳（2000）。社會系統理論。載於國立編譯館（主編），教育大辭書（四），783-784。臺北：文景。

黃政傑（1986）。潛在課程概念評析。教育研究集刊，**28**，163-182。

黃培軒、孫旻暐（2021）。探討青少年偏差行爲嚴重程度對社會助長效應之影響。青少年犯罪防治研究期刊，**13**(2)，67-91。

黃瑞琪（1996）。批判社會學——批判理論與現代社會學。臺北：三民。

黃靖文、蔡玲瓏、宋建輝（2021）。團隊學習與服務創新對工作績效之影響——兼論專業成長之調解效果。創新與管理，**17**(2)，1-28。

黃嘉勝（1994）。創新觀念接受度量表在教學科技上的運用。教學科技與媒體，**15**，31-36。

馮朝霖（2000）。教育哲學專論：主體、情性與創化。臺北：高等教育。

彭朱如、劉哲瑋、顏孟賢（2015）。從代工到自創品牌：在合作中啟動競爭。管理學報，**32**(4)，347-369。

詹昭能、黃玉清（2000）。勒溫 Lewin, Kurt。載於國立編譯館（主編），教育大辭書。20211019 引自網址：http://terms.naer.edu.tw/detail/1302590/

詹盛如（2020）。評介《大學社會責任與生活品質》。當代教育研究季刊，**28**(4)，97-106。

詹棟樑（2000）。教育人類學。臺北：五南。

湯淑貞（1991）。管理心理學（八版）。臺北：三民。

楊洲松（2000）。後現代知識論述與教育。臺北：師苑。

楊洲松、王俊斌（2021）。臺灣重大教育政策與改革的許諾及失落：批判性檢視。臺北：學富。

楊國樞（1993）。中國人的社會取向：社會互動的觀點。楊國樞、余安邦主編，中國人的心理與行為——理念與方法篇。臺北：桂冠。

楊國樞、文崇一主編（1982）。社會及行為科學研究的中國化。臺北：中央研究院民族學研究所。

楊深坑（2005）。全球化衝擊下的教育研究。教育研究集刊，**51**(3)，1-25。

楊深坑（2007）。本土知識在全球化教育改革研究中的地位。載於國家教育研究院籌備處主編，批判與超越——華人社會的課程改革學術研討會論文集，68-97。新北：國家教育研究院。

賈馥茗（2000）。社會契約（Social Contract）。載於國家教育研究院（編著），教育大辭書。20220418 引自網址 https://terms.naer.edu.tw/detail/1306780/

賈馥茗（2005）。教育的本質。臺北：五南。

賈馥茗（2009）。教育美學。臺北：五南。

甄曉蘭、曾志華（1997）。建構教學理念的興起與應用。國民教育研究學報，**3**，

179-208。

臺灣金融監督管理委員會（2020）。財團法人中華民國證券櫃檯買賣中心「上櫃公司編製與申報企業社會責任報告書作業辦法」。20220603 引自 http://www.selaw.com.tw/LawContent.aspx?LawID=G0101624

歐用生（2010）。課程研究新視野。臺北：師大書苑。

歐陽教（1973）。教育哲學導論。臺北：文景。

歐陽教（1997）。德育原理。臺北：文景。

蔡佳芳、謝才智（2021）。績效管理制度對私立高校教師工作投入度的影響。臺灣教育評論月刊，**10**(1)，239-248。

蔡淑華（2020）。新住民語言教學支援人員工作態度、價值觀與自我認同感之研究。臺灣教育評論月刊，**9**(10)，246-273。

蔡清田（2021）。十二年國教新課綱與教育行動研究。臺北：五南。

趙曉薇（2000）。互爲主體性。載於國家教育研究院（編著），教育大辭書。20211106 引自網址 http://terms.naer.edu.tw/detail/1313561/

熊漢琳、陳靖凱（2020）。大學校院學生事務組織創新經營之研究——以北部地區爲例。中華創新發展期刊，**5(1)**，76-95。

劉威德（2000）。認知論（Cognitive Theory）。載於國家教育研究院（編著），教育大辭書。20220811 引自 https://pedia.cloud.edu.tw/Entry/Detail/?title= 認知論

劉美慧、洪麗卿（2018）。高中公民與社會教科書多元文化議題之分析。教科書研究，**11**(2)，1-25。

劉約蘭（2009）。全球在地化教育行政決策模式建構之研究。國立臺灣師範大學教育學系博士論文，未出版，臺北。

劉樺蓉（2013）。價值本質之探索研究。國立中央大學資訊管理學系博士論文，未出版。

潘正德（2012）。團體動力學（第三版）。臺北：心理。

齊力（2007）。主體性的風險——對臺灣人本主義教育的質疑。教育與社會研究，**13**，1-40。

鄭世仁（2001）。教育社會學導論。臺北：五南。

鄭伯壎（1985）。工作取向領導行為與部屬工作績效：補足模式及其驗證。未出版之博士論文，國立臺灣大學心理研究所，臺北。

鄭伯壎（1995）。差序格局與華人組織行爲。本土心理學研究，**3**，142-219。

鄭伯壎（2003）。組織行爲的回顧與前瞻：群體與組織層次。應用心理研究，**20**，25-26。

鄭伯壎、周麗芳、樊景立（2000）。家長式領導：三元模式的建構與測量。本土心理學研究，**14**，3-64。

鄭伯壎（2006）。家長式領導：模式與證據。臺北：華泰。

鄭瑞澤（1980）。社會心理學。臺北：中國行爲科學社。

樓繼中（2000）。理想國（The Republic）。載於國家教育研究院（編著），教育大辭書。20220418 引自網址 http://terms.naer.edu.tw/detail/1313561/

盧瑞陽（1993）。組織行為──管理心理導向。臺北：華泰。

賴志峰、秦夢群（2018）。一位國民小學初任校長之社會化探究。臺北市立大學學報──教育類，**49**，51-71。

賴英照（2021）。永續報告書的罪與罰。2021-07-14，聯合報，A8 版。

賴秀玉（2003）。系統與生態觀點比較分析。取自網址 home.kimo.com.tw/tonshen.tw/socialwork/theory/theory-14.htm

賴協志（2020）。國民中學校長教學領導、導師正向管教與班級經營效能關係之研究。課程與教學，**23**(1)，217-248。

謝文全（1990）。教育行政理論與實務。臺北：五南。

謝文全（2003）。教育行政學。臺北：高等教育。

謝文全（2018）。教育行政學（6 版）。臺北：高等教育。

謝文全、林新發、張德銳、張明輝（1995）。教育行政學。新北：國立空中大學。

謝爲任、謝文英（2021）。國中小校長多元架構領導對學校效能影響之研究──以教師組織承諾爲中介變項。學校行政，**135**，74-94。

謝佩儒、鄭伯壎、周婉茹（2020）。工作偏私與情感偏私：雙構面差序式領導的區分效果。本土心理學研究，**54**，3-62。

鍾年、彭凱平（2016）。文化心理學的興起及其研究領域。武漢大學哲學學院教授叢書。2021-07-21 取自原文網址：https://read01.com/8R500K.html

鍾鳳嬌（1999）。幼兒社會化歷程中社會能力之探討。國家科學委員會研究彙刊：人文及社會科學，**9**(3)，398-422。

薛芬林、張耀川（2018）。美容休閒產業商業模式之研究──以高雄地區美容美體微型企業爲例。健康產業管理期刊，**4**(4)，16-28。
蕭全政（1998）。讓政治科學回到政治的科學。暨大學報，**2**(1)，103-132。
蕭全政（2000）。社會科學本土化的意義與理論基礎。政治科學論叢，**13**，1-26。
蕭佳純（2011）。領導者創新領導行爲、組織創新氣氛、知識管理能力與社區大學創新經營關連之探究。教育研究學報，**45**(1)，45-69。
藍天雄、羅佳蕙（2018）。企業組織變革之影響以導入資訊科技部門爲例。管理資訊計算，**7**(2)，20-30。
譚光鼎（2010）。教育社會學。臺北：學富。

二 外文部分

Adams, J. S. (1963). Toward an understanding of inequity. *Journal of Abnormal and Social Psychology*, *67*, 422-436.
Alderfer, C. P. (1969). An empirical test of a new theory of human needs. *Organizational Behavior and Human Performance*, *4*, 142-175.
Alderfer, C. P. (1977). Group and intergroup relation. In J. R. Harkman & J. L. Stutle (Eds.), *Improving life at work: Behavioral science approaches to organizational change* (pp. 227-296). Santa Monica, CA: Goodyear Publishing.
Allport, G. W. (1961). *Pattern and growth in personality*. New York, NY: Holt, Rinehart & Winston.
Allport, G. W. (1968). *The person in psychology*. Boston, MA: Beacon Press.
American Psychological Association (2020). Gestalt psychology. *APA Dictionary of Psychology*. 20211019 網址 http://www.apa.org。
Alper, T., & Wapner, S. (1952). As joint determinants of performance in paired-associate learning. *Journal of Personality*, *35*, 425-434.
Argyris (1957). *Personality and organization*. New York: Harper & Row.
Aronson, E., Wilson, T. M., Akert, R. M., & Sommers, S. R. (2019). *Social psychology* (10th.). Bengaluru: Pearson India.
Aronson, E., Wilson, T. M., Akert, R. M., & Sommers, S. R. (2020). 社會心理學（余伯泉、陳舜文、危芷芬、余思賢譯）。臺北：楊智。（原著出版於 1987）

Asch, S. E. (1946). Forming impressions of personality. *The Journal of Abnormal and Social Psychology*, *41*(3), 258-290.

Asch, S. E. (1956). Studies of independence and conformity: A minority of one against a unanimous majority. *Psychological Monographs: General and Applied*, *70*, 1-70.

Babbie, E. R. (2020). *The practice of social research* (15th ed.). Boston, MA: Cengage.

Bandura, A. (1977). Self-efficacy: Toward a unifying theory of behavior change. *Psychological Review*, *84*, 191-215.

Bandura, A. (1988). Organizational application of social cognitive theory. *Australian Journal of Management*, *13*(2), 275-302.

Barbuto, J. E., Fritz, S. M., & Marx, D. (2002). A field examination of two measures of work motivation as predictors of leaders' influence tactics. *The Journal of Social Psychology*, *142*(5), 601-616.

Baron, R. A., Branscombe, N. R., & Byrne, D. R. (2008). *Social psychology* (12th). Boston, MA: Allyn & Bacon, Inc.

Bass, B. M. (1985). *Leadership and performance beyond expectation.* New York: Free Press.

Beck, U. (1999). *World risk society*. (P. Camiller, Trans.). Cambridge, MA: Polity Press. (Original workpublished 1997)

Beck, U. (2000). *What is globalization*? (P. Camiller, Trans.). Cambridge, UK: Polity Press. (Original work published 1997)

Beehr, T. A. (1996). *Basic organization psychology*. Boston: Allyn & Bacon.

Beer, M., & Walton, E. (1990). Developing the competitive organization: Interventions and strategies. *American Psychologist*, *45*(2), 154-161.

Bennis, W. (1992). *Visionary leadership: Creating a compelling sense of direction for your organization*. San Francisco: Jossey-Bass.

Bennis, W., & Nanus, B. (1985). *Leadership: The strategies for taking charge*. New York: Harper & Row.

Benton, D. A. (1998). *Applied human relations: An organizational and skill development approach* (6th ed.). Hoboken, N. J., USA: Prentice Hall.

Berelson, B., & Steiner, G. A. (1964). *Human behavior: An inventory of scientific findings.*

San Diego, CA: Harcourt, Brace & World.

Berlo, D. D. (1960). *The process of communication: An introduction to theory and practice*. New York: Holt, Rinehart, & Winston.

Bernstein, B. (1971). *Class, codes and control: Theoretical studies towards a sociology of language*. New York, NY: Routledge & Kegan Paul Ltd.

Bernstein, B. (1990). *The structuring of pedagogic discourse.* New York, NY: Routledge & Kegan Paul Ltd.

Bertalanffy, L. V. (1968). *General system theory*. New York, NY: George Braziller.

Blake, R. R., & Mouton, J. S. (1962). Overevaluation of own group's product in intergroup competition. *Journal of Abnormal Social Psychology*, *64*, 237-238.

Blood, M. R. (1969). Work values and job satisfaction. *Journal of Applied Psychology*, *53*(6), 456-459.

Bowles, S., & Gintis, H. (1976). *Schooling in capitalist America: Educational reform and the contradictions of economic life*. New York, NY: Basic Books.

Bourdieu, P. (1973). Cultural reproduction and social reproduction. In R. Brown (Ed.), *Knowledge, education, and cultural change* (pp. 71-84). London: Tavistock Publications.

Bourdieu, P. (1986). The forms of capital. In J. Richardson (Ed.), *Handbook of theory and research for the sociology of education* (pp. 241-258). Westport, CT: Greenwood.

Bowlby, J. (1969). *Attachment and loss*, *Vol. 1: Attachment*. New York, NY: Basic Books.

Brandenburger, A. M., & Nalebuff, B. J. (2015). *Co-opetition: A revolution mindset that combines competition and cooperation* (9th ed.). N.Y.: Crown Publishing Group.

Bronfenbrenner, U. (1979). *The ecology of human development: Experiments by nature and design*. Cambridge, MA: Harvard University Press.

Burgess, G. H. (1989). *Industrial organization.* N.J.: Prentice-Hall.

Burns, J. M. (1978). *Leadership.* New York: Harper & Row.

Byrne, Z. S., & LeMay, E. (2006). Different media for organizational communication: Perceptions of quality and satisfaction. *Journal of Business and Psychology*, *21*(2), 149-173.

Caffrey, B. (1960). Lack of bias in students' evaluation of teachers. *Proceedings of the*

77th annual convention of the American Psychological Association, *4*, 641-642.

Campion, A. M., Medsker, J. G., & Higgs, A. C. (1993). Relations between work group characteristics and effectiveness: Implications for designing effective work groups. *Personnel Psychology*, *46*(4), 823-850.

Carvalho, D. F. (2021). Contributions of the science museums for teacher education in Brazil. *Creative Education*, *12*, 1079-1089. doi: 10.4236/ce.2021.125080

Christie, R., & Geis, F. L. (1970). *Studies in Machiavellianism*. New York: Academic Press.

Cole, M. (1990). Cultural psychology: A once and future discipline? In J. J. Berman (Ed.), *Nebraska Symposium on Motivation, 1989*: *Cross-cultural perspectives* (pp. 279-335). Lincoln: The University of Nebraska Press.

Coleman, J. S. (1966). *Equality of educational opportunity*. Washington, D.C.: U.S. Government Printing Office.

Collins, J. (2001). *Good to great: Why some companies make the leap and others don't*. New York, NY: Harper Collins.

Combs, A. W., & Snygg, D. (1959). *Individual behavior: A perceptual approach to behavior*. New York: Harper.

Cottrell, N. B., Rittle, R. H., & Wack, D. L. (1967). The presence of an audience and list type (competitional or noncompetitional) as joint determinants of performance in paired-associate learning. *Journal of Personality*, *35*(3), 425-434.

Coulter, M. A. (2002). *Strategic management in action*. Englewood Cliffs, NJ: Prentice-Hall.

Crain, D. R. (1973). *The effect of work values on the relationship between job characteristics and job satisfaction*. Unpublished Doctoral Dissertation. Graduate School of Bowling Green State University.

Crutchfield, R. S. (1955). Conformity and character. *American Psychologist*, *10*, 191-198.

Damanpour, F. (1991). Organizational innovation: A meta-analysis of effects of determinants and moderators. *Academy of Management Journal*, *34*(3), 555-590.

Damanpour, F., & Gopalakrishnan, S. (2001). The dynamics of the adoption of product and process innovations in organizations. *Journal of Management Studies*, *38*(1), 45-65.

Deming, W. E. (1986). *Out of the crisis: Quality, productivity and competitive position.* Cambridge, MA: Cambridge University Press. 20220506 取自 https://deming.org/

Deutsch, M. (1969). Conflicts: Productive and destructive. *Journal of Social Issues 25*(1), 7-41.

De Vos, G. A., & Hippler, A. E. (1969). Culture psychology: Comparative studies of human behavior. In D. Lindezey & G. Aronson (Eds.), *The Handbook of Social Psychology, Vol. 4*. Addison, MA.: Wesley Publishing Company.

Dion, K. K. (1972). Physical attractiveness and evaluation of children's transgression. *Journal of Personality and Social Psychology*, *24*, 207-213.

Ellis, D., & Fisher, B. (1994). Phases of conflict in small group development: A Markov analysis. *Human Communication Research*, *1*(3), 195-212.

Epstein, S. (1973). The self-concept revisited: Or a theory of a theory. *American Psychologist*, *28*, 404-414.

Erikson, E. H. (1963). Childhood and society. Toronto, CA: George J. McLeod Limited.

Farris, G. F. (1973). The technical supervisor: Beyond the Peter principle. *Technology Review*, *75*(5), 26-33.

Fedor, D. B., Caldwell, S., & Herold, D. M. (2006). The effects of organizational changes on employee commitment: A multilevel investigation. *Personnel psychology*, *59*(1), 1-29.

Ferrier, W. J., Fhionnlaoich, C. M., Smith, K. G., & Grimm, C. M. (2002). The impact of performance distress on aggressive competitive behavior: A reconciliation of conflicting views. *Managerial and Decision Economics*, *23* (4-5), 301-316.

Festinger, L. (1957). *A theory of cognitive dissonance.* Redwood City, CA: Stanford University Press.

Festinger, L., Pepitone, A., & Newcomb, T. (1952). Some consequences of de-individuation in a group. *Journal of Abnormal and Social Psychology*, *47*, 382-389.

Fiedler, F. E. (1967). *A theory of leadership effectiveness.* New York: McGraw-Hill.

Fiedler, F. E., Chemers, M. M., & Mahar, L. (1976). *Improving leadership effectiveness: The leader match concept*. New York: John Wiley & Sons.

Forsyth, D. R. (2006). *Group dynamics* (4th ed.). Belmont, CA: Wadsworth Cengage

Learning.

Forsyth, D. R. (2014). *Group dynamics* (6th ed.). Belmont, CA: Wadsworth Cengage Learning.

Forsyth, D. R. (2019). *Group dynamics* (7th ed.). Belmont, CA: Wadsworth Cengage Learning.

Foucault, M. (1970). *The order of things*: *An archaeology of the human science*. New York: Vintage.

Frank, W. (2013). *The wounded storyteller: Body*, *illness*, *and ethics* (2nd Ed.). Chicago, IL: The University of Chicago Press.

French, J. R., & Raven, B. (1960). The bases of social power. In D. Cartwright and A. Zander (Eds.), *Group dynamics* (2nd ed., pp. 607-623). New York: Harper and Row.

French, W. L., & Bell, C. H. (1990). *Organizational development: Behavioral science interventions for organization improvement* (4th ed.). NJ: Prentice Hall.

Friedlander, F., & Margulies, N. (1969). Multiple impacts of organizational climate and individual value systems upon job satisfaction. *Personnel Psychology*, *22*, 171-183.

Gagné, R. M. (1974). *Educational technology and the learning process.* Newbury Park, California: Sage Publishing.

Garrigós-Simón, F. J., Marqués, D. P., & Narangajavana, Y. (2005). Competitive strategies and performance in Spanish hospitality firms. *International Journal of Contemporary Hospitality Management*, *17*(1), 22-38.

Garfinkel, H. (1967). *Studies in ethnomethodology*. Englewood Cliffs, NJ: Prentice-Hall, Inc.

George, J. M., & Jones, G. R. (2002). *Organizational behavior* (3rd ed.). NJ: Prentice-Hall.

Gersick, C. J. (1989). Marking time: Predictable transitions in task groups. *Academy of Management Journal*, *32*, 274-309.

Getzels, J. W., & Guba, E. G. (1957). Social behavior and the administrative process. *The School Review*, *65*(*4*), 423-441.

Getzels, J. W., Lipham, J. M., & Campbell, R. F. (1968). *Educational administration as a social process: Theory, research, practice*. New York: Harper & Row.

Ghiselli, E. E. (1971). *Explorations in managerial talent.* California: Goodyear Publishing

Company.

Gindes, M., & Lewicki, R. (1971). *Social intervention: A behavioral science approach.* New York: Free Press.

Gold, M. (1958). Power in the classroom. *Sociometry*, *21*, 50-60.

Gong, Y., Huang, J., & Farh, J. (2009). Employee learning orientation, transformational leadership, and employee creativity: The mediating role of employee creative self-efficacy. *Academy of Management Journal*, *52*(4), 765-778.

Goode, W. J. (1977). *Principles of sociology*. New York: McGraw-Hill.

Gopinath, C., & Saleem F. (2020). Effect of structuring on team behavior and learning. *Journal of Education for Business*, *95*(6), *359-366.*

Graves, C. W. (1970). Levels of existence: An open system theory of values. *Journal of Humanistic Psychology*, *10*(2), 131-155.

Greenberg, J. (2005). *Managing behavior in oganizations*. Upper Saddle River, NJ: Paerson Education Inc..

Greenberg, J. (2006). 組織行為（張善智譯）。臺北：學富。（原著出版年：2005）

Guilford, J. P. (1950). Creativity. *American Psychologist*, *5*, 444-454.

Guzzo, R. A., & Shea, G. P. (1992). Group performance and intergroup relations in organizations. In M. D. Dunnette & L. M. Hough (Eds.), *Handbook of industrial and organizational psychology* (2nd ed., pp. 269-313). Consulting Psychologists Press.

Habermas, J. (1979). *Communication and the evolution of society* (translated by Thomas McCarthy). Boston, MA: Beacon Press.

Habermas, J. (1984). *The theory of communicative action: Reason and the rationalization of society* (I). Boston, MA: Beacon Press.

Hackman, R. J., & Lawler, E. E. (1971). Employee reactions to job characteristics. *Journal of Applied Psychology*, *55*, 259-286.

Halpin, A. W. (1966). *Theory and research in administration*. New York: Macmillan.

Hargreaves, D. H. (1972). *Interpersonal relations and education*. London: Routledge.

Heider, F. (1946). Attitudes and cognitive organization. *The Journal of Psychology*, *21*, 107-112.

Heider, F. (1958). *The psychology of interpersonal relations*. John Wiley & Sons.

Hersey, P., & Blanchard, K. H. (1977). *Management of organizational behavior: Utilizing human resources* (3d ed.). Englewood Cliffs, NJ: Prentice-Hall.

Herzberg, F., Mausner, B., & Snyderman, B. B. (1959). *The motivation of work.* New York: Wiley.

Herzberg, F. I. (1966). *Work and the nature of man*. Cleveland, OH: World Publishing Co.

Hilgard, E. R. (1949). Human motives and the concept of the self. *American Psychologist*, *4*, 374-382.

Hitt, M. A., Middlemist, R. D., & Mathis, R. L. (1986). *Management: Concepts and effective practice.* Saint Paul: West Publishing Company.

Hofstede, G. (1980a). *Culture's consequences: International differences in work-related values*. Los Angeles, CA: Sage Publications.

Hofstede, G. (1980b). Motivation, leadership, and organization: Do American theories apply abroad? *Organizational Dynamics*, *9*(1), 42-63.

Hollander, E. P. (1958). Conformity, status, and idiosyncrasy credit. *Psychological Review*, *65*, 117-127.

Hollander, E. P. (1978). *Leadership dynamics*. New York: Free Press.

Homans, G. C. (1950). *The human group.* New York: Harcourt Brace Jovanovich.

House, R. J. (1971). A path goal theory of leader effectiveness. *Administrative Science Quarterly*, *16*, 321-339.

House, R. J., & Mitchell, T. R. (1974). Path-goal theory of leadership. *Journal of Contemporary Business*, *4*(3), 81-98.

Hoy, W. K., & Miskel, C. G. (1982). *Educational administration: Theory, research and practices* (2nd. Ed.). NY: Random House.

Hoy, W. K., & Miskel, C. G. (2001). *Educational administration: Theory, research and practices* (6th ed.). NY: McGraw-Hill.

Hoy, W. K., & Miskel, C. G. (2003). 教育行政學：理論、研究與實際（林明地等譯）。臺北：麥格羅希爾。（原著出版年：2001）

Hughes, J. E., & Norris, A. (2001). *Creativity, innovation and strategy: The innovation challenge.* London: John Wiley & Sons Ltd..

James, W. (1890). *Principles of psychology*. New York: Holt.

Janis, I. L. (1968). *Victims of groupthink.* Boston: Houghton, Mifflin.

Janis, I. L., & Rausch, C. N. (1970). Selective interest in communications that could arouse decisional conflict: A field study of participants in the draft-resistance movement. *Journal of Personality and Social Psychology*, *14*, 46-54.

Jerry, G. (2002). Using ICT for innovation in school. *Education Review*, *16*(1), 68-71.

Jung, D. (D.), & Sosik, J. J. (2006). Who are the spellbinders? Identifying personal attributes of charismatic leaders. *Journal of Leadership & Organizational Studies*, *12*(4), 12-26.

Kallestad, J. H. (2000). Teacher emphases on general educational goals: An approach to teacher socialization in Norwegian schools? *Scandinavian Journal of Educational Research*, *44*, 193-205.

Kanter, R. M. (1988). When a thousand flowers bloom: Structural, collective, and social conditions for innovation in organizations. *Research in Organizational Behavior*, *10*, 169-211.

Kast, F. E., & Rosenzweig, J. E. (1970). *Organization and management: A systems approach*. New York, NY: McGraw-Hill.

Kast, F. E., & Rosenzweig, J. E. (1985). *Organization and management*. New York, NY: McGraw-Hill.

Katz, D., & Kahn, R. L. (1966). *The social psychology of organizations*. NY: John Wiley & Sons.

Keil, F. (2013). *Developmental psychology: The growth of mind and behavior.* New York City, NY: W. W. Norton & Co Inc.

Kelman, H. C. (1958). Compliance, identification, and internalization: Three processes of attitude change. *Journal of Conflict Resolution*, *2*, 51-60.

Kennedy, G., Benson, J., & McMillan, J. (1987). *Managing negotiations* (3rd.). New York City, NY: Random House Business Books.

Kim, W. C., & Mauborgne, R. (2005). *Blue ocean strategy: How to create uncontested market space and make competition irrelevant*. Cambridge, MA: Harvard Business School Press.

King, N., & Anderson, N. (1995). *Innovation and change in organization.* New York:

Routledge.

Kirkman, B. L., & Rosen, B. (1999). Beyond self-management: Antecedents and consequence of team empowerment. *Academy of Management Journal*, *42*, 58-74.

Köher, W. (1998). 完形心理學（Gestalt Psyghology）（李姍姍譯）。臺北：桂冠。（原著英文版出版年：1992）

Komorita, S. S., & Brenner, A. R. (1968). Bargaining and concession making under bilateral monopoly. *Journal of Personality and Social Psychology*, *9*, 15-20.

Latane, B., & Darley, J. M. (1970). Social determinants of bystander intervention in emergencies. In J. Macauley & L. Berkowity (Eds.), *Altruism and helping behavior*. New York: Academy Press.

Lawler, E. E., III. & Porter, L. W. (1967). The effect of performance on job satisfaction. *Industrial Relations*, *7*, 20-28.

Lawrence, P. R. (1970). How to deal with resistance to change. In G. W. Dalton, P. R. Lawrence, & L. E. Greiner (Eds), *Organizational change and development* (pp. 181-197). Homewood, IL: Irwin.

Leavitt, H. L. (1965). Applied organisational change in industry: Structural, technological and humanistic approaches. In J. C. March (Ed.), *Handbook of organisation* (pp. 1144-1170). Chicago, IL: Rand McNally and Company.

Leavitt, H. J. (1972). *Managerial psychology* (3rd ed.). Chicago: University of Chicago Press.

Leavitt, H. J. (1975). Suppose we took groups seriously. In E. L. Cass, & F. G. Zimmer (Eds.), *Man and work in society.* New York: Van Nostrand Reinhold.

Leithwood, K., Jantzi, D., & Steinbach, R. (1999). *Changing leadership for changing times* (reprinted.). Buckingham, PA: Open University Press.

Lewin, K. (1935). *A dynamic theory of personality*. New York, NY: McGraw-Hill.

Lewin, K. (1936). *Principles of typological psychology*. New York: McGraw-Hill.

Lewin, K., Lippitt, R., & White, R. K. (1939). Patterns of aggressive behavior in experimentally created "social climates". *Journal of Social Psychology*, *10*, 271 -299

Lewin, K. (1952). Group decision and social change. In G. E. Swanson, T. M. Newcomb, & F. E. Hartley (Eds.), *Readings in social psychology*. New York: Holt.

Lewin, K. (1958). Group decision and social change. In Maccoby, E .E., Newcomb, T. M. and Hartley, E. L. (Eds.), *Readings in social psychology* (pp. 197-211). New York, NY: Holt, Rinehart and Winston.

Likert, R. (1961). *New patterns of management.* New York: McGraw-Hill.

Lodahl, T. M., & Kejnar, M. (1965). The definition and measurement of job involvement. *Journal of Applied Psychology*, *49*, 24-33.

Lorenz, E. N. (1972). Predictability: Does the flap of a butterfly's wings in Brazil set off a Tornado in Texas. American Association for the Advancement of Science. http://gymportalen.dk/sites/lru.dk/files/lru/132_kap6_lorenz_artikel_the_butterfly_effect.pdf

Lupfer, M., Jones, M., Spaulding, L., & Archer, R. (1971). Risk-taking in cooperative and competitive dyads. *The Journal of Conflict Resolution*, *15*(3), 385-392.

Lyotard, J. F. (1954). *Phenomenology* (Translator: Brian Beakley). SUNY series in Contemporary Continental Philosophy. Albany, NY: State University of New York Press.

Lyotard, J. F. (1984). *The postmodern condition: A report on knowledge*. Minneapolis, MN: University of Minnesota Press.

Marx, K. (1969). Alienated labor. In T. Burns (Ed.), *Industrial man* (pp. 95-109). London: Penguin.

Maslow, A. (1954). *Motivation & personality*. New York: Harper & Row.

Mayo, E. (1945). *The social problems of an industrial civilization*. Boston: Harvard University Graduate School of Business.

McGrath, J. E. (1984). *Group interaction and performance.* NJ: Prentice-Hall.

McGregor, D. M. (1960). *The human side of enterprise*. New York: McGraw-Hill.

McGregor, D. M. (1967). *The professional manager*. New York: McGraw-Hill.

McKinney, J. P. (1973). The structure of behavioral values of college students. *Journal of Psychology*, *85*, 235-244.

Mead, G. H. (1934). *Mind, self, and society from the standpoint of a social behaviorist.* Chicago, IL: University of Chicago Press.

Mead, M. (1935). *Sex and temperament in three primitive societies.* New York, NY: Harper

Perennial.

Merton, R. K. (1957). The role-set: Problems in sociological theory. *British Journal of Sociology*, *8*(2), 106-120.

Meyer, J. W., & Rowan, B. (1983). The structure of educational organizations. In J. W. Meyer & W. R. Scott (Eds.), *Organizational environments: Ritual and rationality* (pp. 71-98). London: Sage.

Mowday, R. T., Porter, L. W., & Steers, R. M. (1982). *Employee-organization linkages: The psychology of commitment, absenteeism, and turnover*. New York: Academic Press.

Moscovici, S., & Zavalloni, M. (1969). The group as a polarizer of attitudes. *Journal of Personality and Social Psychology*, *12*(2), 125-135.

Muchinsky, P. M. (1977). Employee absenteeism: A review of the literature. *Journal of Vocational Behavior*, *10*(3), 316-340.

Norberg, J. (2003). *In defense of global capitalism.* Washington D.C.: Cato Institute.

Osterwalder, A., & Pigneur, Y. (2010). *Business model generation: A handbook for visionaries, game changers, and challengers* (The Strategyzer series). Hoboken, NJ: John Wiley and Sons.

Ouchi, William G. (1981). *Theory Z: How American business can meet the Japanese challenge*. New York: Avon Books.

Owens, R. G. (1987). *Organizational behavior in education* (3rd ed.). New Jersey: Prentice-Hall.

Owens, R. G. (2000). 教育組織行為（*Organizational behavior in education*）（林明地、楊振昇和江芳盛譯）。臺北：揚智。（原著出版年：1987）

Parker, G. M. (1990). *Team players and teamwork: The new competitive business strategy*. San Francisco: Jossey-Bass.

Parsons, T. (1951). *The social system*. New York, NY: Free Press.

Peters, R. S. (1966). *Ethics and education*. London, England: George Allen & Unwin.

Petersen, P. B. (1999). Total quality management and the Deming approach to quality Management. *Journal of Management History* (Archive), *5*(8), 468-488.

Peterson, R. B. (1972). A cross-cultural perspective of supervisory values. *The Academy of*

Management Journal, *15*(1), 105-117.

Petty Consulting Productions (1991). The Deming of America. Petty Consulting/ Productions, Documentary broadcast on the PBS network.20220418 https://zh.wikipedia.org/wiki/%E6%84%9B%E5%BE%B7%E8%8F%AF%E8%8C%B2%C2%B7%E6%88%B4%E6%98%8E

Pine, G. J., & Innis, G. (1987). Cultural and individual work values. *The Career Development Quarterly*, *35*(4), 279-287.

Pierce, J. L., & Delbecq, A. L. (1977). Organizational structure, individual attitudes and innovation. *Academy of Management Review*, *2*, 27-37.

Porter, L. W. (1961). Organizational commitment, job satisfaction and turnover among psychiatric technicians. *Journal of Applied Psychology*, *59*, 603-609.

Price-Williams, D. (1980). Toward the idea of a cultural psychology: A superordinate theme for study. *Journal of Cross-Cultural Psychology*, *11*, 75-88.

Redding, S. G. (1990). *The spirit of Chinese capitalism*. New York, NY: Walter de Gruyter.

Rich , J. M. (1992). *Innovations in education: Reformers and their critics* (6th ed.). Boston: Allyn and Bacon.

Riddle, E. (2008). *Lev Vygotsky's social development theory*. Cambridge, MA: Harvard University Press.

Rawls, John (1971). *A Theory of justice*. Cambridge, MA: Harvard University Press.

Ritzer, G. (2011). *Sociological theory.* New York, NY.: McGraw-Hill Education International.

Rivai, R., Gani, M. U., & Murfat, M. Z. (2019). Organizational culture and organizational climate as a determinant of motivation and teacher performance. *Advances in Social Sciences Research Journal*, *6*(2), 555-566.

Robbins, S. P. (1974). *Managing organizational conflict: A nontraditional approach*. Englewood Cliffs, NJ: Prentice-Hall.

Robbins, S. P. (1991). *Organizational behavior: Concepts, controversies, and applications* (5th ed). Hoboken, N. J.: Prentice Hall.

Robbins, S. P. (2001). *Organizational behavior* (10th ed.). Upper Saddle River, Englewood Cliffs, NJ: Prentice-Hall.

Robbins, S. P., & Coulter, M. A. (2009). *Management* (10th ed.). Upper Saddle River, NJ: Pearson Education.

Robbins, S. P., & Laughton, N. (2001). *Organizational behavior: Concepts, controversies and application* (2nd ed.). Toronto: Prentice Hall.

Robert, A. Baron (1983). *Behavior in organizations: Understanding and managing the human side of work*. Boston, Mass.: Allyn and Bacon.

Robertson, R. (1992). *Globalization: Social theory and global culture*. London: Sage.

Rogers, E. M. (1995). *Diffusion of innovation* (4th ed.). New York: The Free Press.

Rokeach, M. (1973). *The nature of human values*. New York: Free Press.

Ronen, S. (1978). Personal values: A basis for work motivation set and work attitude. *Organizational Behavior and Human Performance*, *21*, 80-107.

Rosenberg, M. J., & Hovland, C. I. (1960). Cognitive, affective, and behavioral components of attitudes. In C. I. Hovland & M. J. Rosenberg (Eds.), *Attitude organization and change*: *An analysis of consistency among attitude components* (pp. 233-239). New Haven, CT: Yale Univ. Press.

Ruh, R. A., White, J. K., & Wood, R. R. (1975). Job involvement, values, personal, background, participation in decision making, and job attitude. *Academy of Management Journal*, *18*(2), 300-312.

Schein, E. H. (1985). *Organizational culture and leadership*. San Francisco: Jossey-Bass.

Schein, E. H. (1988). *Organizational psychology* (3rd ed.). Englewood Cliffs, NJ: Prentice-Hall.

Schein, E. H. (1992). *Organizational culture and leadership: A dynamic view*. San Francisco: Jossey-Bass.

Schein, E. H. (1996). 組織文化與領導（陳千玉譯）。臺北：五南。（原著出版年：1992）

Schutz, A. (1976). *Collected papers II: Studies in social theory*. The Hague: Martinus

Senge, P. M. (1990). *The fifth discipline: The art and practice of the learning organization*. New York, NY: Doubleday.

Shearman, M. S. (2013). American workers' organizational identification with a Japanese multinational manufacturer. *The International Journal of Human Resource*

Management, *24*(10), 1968-1984.

Shek, D. T. L., & Hollister, R. M. (Eds.). (2017). *University social responsibility and quality of life*. London: Springer Nature.

Sherif, M., Harvey, O. J., White, B. J., Hood, W. R., & Sherif, C. W. (1961). *Intergroup conflict and cooperation: The Robbers Cave experiment.* Norman, Oklahoma: University Book Exchange.

Shweder, R. A., Mahapatra, M., & Miller. J. G. (1990). Culture and moral development. In J. W. Stigler, R. A. Shweder, & G. Herdt (Eds.), *Cultural psychology: Essays on comparative human development* (pp. 130-204). New York: Cambridge University.

Silin, R. F. (1976). *Leadership and values.* Cambridge, MA: Harvard University Press.

Spranger, E. (1928). *Types of men*: *The psychology and ethics of personality*. Halle (Saale), Niemeyer, 1928. Database: APA PsycInfo. © 2021 American Psychological Association. 750 First Street NE, Washington, DC 20002-4242

Sridharan, B., & Boud, D. (2019). The effects of peer judgements on teamwork and self-assessment ability in collaborative group work. *Assessment & Evaluation in Higer Education*, *44*(6), 894-909.

Stahl, M. J., & Harrell, A. M. (1981). Modeling effort decisions with behavioral decision theory: Toward an individual differences model of expectancy theory. *Organizational Behavior and Human Performance*, *27*, 303-325.

Stoel, L. McClintock (2004). Group identification: The influence of group membership on retail hardware cooperative members' perceptions. *Journal of Small Business Management*, *42*(2), 155-173.

Stogdill, R. M. (1948). Personal factors associated with leadership: A survey of the literature. *Journal of Psychology*, *25*, 35-71.

Stogdill, R. M. (1974). *Handbook of leadership: A survey of theory and research*. New York: Free Press.

Stone, E. E. (1976). The moderating effect of work-related values on the job scope-job satisfaction relationship. *Organizational Behavior and Human Performance*, *15*, 147-167.

Sundstrom, E., De Meuse, K. P., & Futrell, D. (1990). Work teams: Application and effectiveness. *American Psychology*, *45*(2), 120-133.

Super, D. E., Starishevsky, R., Matlin, N., & Jordaan, J. P. (1963). *Career development: Self-concept theory*. New York, NY: College Entrance Examination Board.

Super, D. E. (1970). *Manual of work values inventory*. Boston, MA: Houghton Mifflin.

Taylor, F. W. (1912). *Principles of scientific management*. New York, NY: Harper and Row.

Taylor, I. A. (1971). A transactional approach to creativity and its implications for education. *Journal of Creative Behavior*, *5*(3), 190-198.

Teger, A. I., & Pruitt, D. G. (1967). Components of group risk taking. *Journal of Experimental Social Psychology*, *3*, 189-205.

Thomas, K. W. (1976). Conflict and conflict management. In Dunnette, M. D. (Ed.), *Handbook of industrial and organizational psychology*. Chicago: Pand McNally. UK: Antiqbook.

Tylor, E. B. (1889). On a method of investigating the development of institutions; applied to laws of marriage and descent. *Journal of the Royal Anthropological Institute*, *18*, 245-269.

Udy, S. H. Jr. (1959). "Bureaucracy" and "rationality" in Weber's organization theory: An empirical study. *American Sociological Review*, *24*(6), 791-795.

Vroom, V. H. (1964). *Work and motivation*. New York: John Wiley.

Vroom, V. H., & Yetton, P. W. (1973). *Leadership and decision-making*. Pittsburgh, Pa: University of Pittsburgh Press.

Vygotsky, L. S. (1978). *Mind in society.* Cambridge, MA: Harvard University Press. (Original work published in 1934)

Wallas, G. (1926). *The arts of thought*. New York, NY: Harper and Row.

Weber, M. (1969). Bureaucracy. In Joseph A. Litterer (Ed.), *Organizations: Structure and behavior* (pp. 173-195). New York, NY: Wiley.

Weber, M. & Schneider, L. (1975). Marginal utility theory and the fundamental law of psychophysics. *Social Science Quarterly*, *56*, 21-36.

Weick, K. E. (1976). Educational organization as loosely coupled system. *Administrative Science Quartly*, *21*(1), 1-19.

Westwood, R. I. (ed.) (1992). *Organizational behavior: Southeast Asian perspectives*.

Hong Kong: Longman.

Wilson, E. O. (1990). *The ants: Underground kingdom*. Cambridge, MA: Harvard University Press.

Whyte, G. (1989). Groupthink reconsidered. *Academy of Management Review*, *14*, 40-56.

Wollack, S., Goodale, J. G., Wijting, J. P., & Smith, P. C. (1971). Development of the survey of work values. *Journal of Applied Psychology*, *55*, 331-338.

Wolosin, R. J., Sherman, S. J., & Till, A. (1973). Effects of cooperation and competition on responsibility attribution after success and failure. *Journal of Experimental Social Psychology*, *9*(3), 220-235.

Wrightsman, L. S. (1977). *Social psychology* (2nd ed.). California: Brooks/Cole Publishing Company.

Young, M. F. D. (1971). An approach to the study of curricula as socially organized knowledge. In M. F. D. Young (Ed.), *Knowledge and control: New directions for the sociology of education* (pp. 19-46). London: Collier Macmillan.

YouTube Premium (2010/09/06). 電音三太子於洛杉磯道奇球場臺灣之夜（震撼進場篇）。20220507 取自：https://www.youtube.com/watch?v=4RIqX0NnjhE

Yukl, G., Guinan, P. J., & Sottolano, D. (1995). Influence tactics used for different objectives with subordinates, peers, and superiors. *Group and Organization Management*, *20*, 272-296.

Zhao, B., & Pan, Y. (2018). Cross-cultural employee motivation in international companies. *Journal of Human Resource and Sustainability Studies*, *5*, 215-222.

Zimbardo, P. G. (1970). The human choice: Individuation, reason, and order versus deindividuation, impulse, and chaos. In W. J. Arnold & D. Levine (Eds.), *Nebraska symposium on motivation, 1969* (pp. 237-307). NE: University of Nebraska Press.

Zytowski, D. G. (1970). The concept of work values. *Vocational Guidance Quarterly*, *18*, 176-186.

專有名詞索引

0畫

1畫

2畫

3畫

4畫

5畫

6畫

7畫

8畫

9畫

10畫

11 畫

12畫

13 畫

14畫

15 畫

16 畫

17 畫

18 畫

19 畫

20 畫

21 畫

22 畫

23 畫

25 畫

國家圖書館出版品預行編目資料

組織行為與學校治理：文化與心理脈絡分析批判／李新鄉著. 一一二版. 一一臺北市：五南圖書出版股份有限公司，2025.01
面； 公分
ISBN 978-626-423-106-0（平裝）

1.CST: 組織行為 2.CST: 學校管理

494.2014 113020474

4I7D

組織行爲與學校治理
文化與心理脈絡分析批判

作　　者 — 李新鄉
編輯主編 — 黃文瓊
責任編輯 — 陳俐君、李敏華
封面設計 — 姚孝慈
出 版 者 — 五南圖書出版股份有限公司
發 行 人 — 楊榮川
總 經 理 — 楊士清
總 編 輯 — 楊秀麗
地　　址：106臺北市大安區和平東路二段339號4樓
電　　話：(02)2705-5066　傳　　真：(02)2706-6100
網　　址：https://www.wunan.com.tw
電子郵件：wunan@wunan.com.tw

法律顧問　林勝安律師

出版日期　2025年1月二版一刷
定　　價　新臺幣550元